普通高等教育“十一五”国家级规划教材

计算机科学与技术专业实践系列教材

教育部“高等学校教学质量与教学改革工程”立项项目

浙江省省级精品课程配套教材

计算机网络实践教程

顾永跟 主　编

杨学明 蒋云良 副主编

清华大学出版社

北京

内容简介

本书作为计算机网络课程的实践教程共分为基础篇、提高篇和综合篇，包括了26个难度不同的实践项目，适合学生循序渐进的学习。实验内容涵盖了Windows网络管理、网络综合布线、网络路由技术、网络交换技术、远程访问技术及综合网络工程项目实践等。

本书可作为本科院校的计算机及相关专业的计算机网络实践教材、非计算机专业计算机网络公共课程的实践教材，也可作为培训机构的网络培训材料，或供从事该领域的相关工程技术人员学习和参考。

图书在版编目(CIP)数据

计算机网络实践教程 / 顾永跟主编. —北京：清华大学出版社，2011.6(2023.9 重印)
(计算机科学与技术专业实践系列教材)
ISBN 978-7-302-25723-3

Ⅰ.①计… Ⅱ.①顾… Ⅲ.①计算机网络—高等学校—教材 Ⅳ.①TP393

中国版本图书馆CIP数据核字(2011)第107448号

责任编辑：白立军 赵晓宁
责任校对：李建庄
责任印制：宋 林

出版发行：清华大学出版社
网 址：http://www.tup.com.cn，http://www.wqbook.com
地 址：北京清华大学学研大厦A座 **邮 编**：100084
社 总 机：010-83470000 **邮 购**：010-62786544
投稿与读者服务：010-62776969，c-service@tup.tsinghua.edu.cn
质 量 反 馈：010-62772015，zhiliang@tup.tsinghua.edu.cn
印 装 者：北京建宏印刷有限公司
经 销：全国新华书店
开 本：185mm×260mm **印 张**：16.5 **字 数**：413千字
版 次：2011年6月第1版 **印 次**：2023年9月第7次印刷
定 价：49.00元

产品编号：037181-02

普通高等教育"十一五"国家级规划教材
计算机科学与技术专业实践系列教材

编 委 会

前　言

计算机网络课程是集计算机技术和通信技术为一体的综合性的交叉学科课程，需要软件和硬件的结合、计算机技术和通信技术的结合、理论和应用的紧密结合。因此该课程既是一门专业基础理论知识很广的学科，又是一门实践性很强的学科。如何使学生在掌握计算机网络理论知识的基础上，加强学生的动手实践能力是该课程教学的重点和难点。

本书作为计算机网络课程的实践教程包括了26个难度不同的实践项目，适合学生循序渐进的学习。实验内容涵盖了Windows网络管理、网络综合布线、网络路由技术、网络交换技术、远程访问技术及综合网络工程项目实践等。本实践教程旨在加深学生对计算机网络所涉及的理论知识的理解，提高学生的动手实践能力。通过这些实践项目，学生能掌握网络管理员和网络工程师所需要的基本实践技能。

与其他同类教材相比，本书有以下特色。

1. 先进的指导思想

根据教育部高等学校计算机科学与技术教学指导委员会编制的《高等学校计算机科学与技术专业发展战略研究报告暨专业规范(试行)》中将不同层次的高校在计算机专业人才培养规格归纳为三种类型、四个不同的专业方向：科学型(计算机科学专业方向)、工程型(包括计算机工程专业方向和软件工程专业方向)、应用型(信息技术专业方向)。目前绝大多数刚由专科升格为本科的院校在计算机专业人才培养规格上属于应用型(信息技术专业方向)。针对目前适用于该层次高校的计算机网络实践教材较少的情况，本教材在编写上明确面向应用型新建本科高校，偏向计算机网络的具体操作和应用。

2. 层次化的结构

根据多年的教学经验，本书将实验内容按不同的层次要求分为基础篇、提高篇和综合篇。不同的层次分别适用于非计算机专业学生、计算机专业学生和计算机专业网络方向学生。不同类型的学生可以各取所需，满足了多样化需求。

3. 翔实的背景知识

本书在内容编排上针对应用型新建本科高校学生的特点，对实践项目的背景知识进行详细介绍。学生在上机实践前，通过阅读实践项目的背景知识，能了解背后的理论知识，做到理论和实践相结合。同时对实践步骤进行具体介绍，依据这些实践步骤，学生能独立完成实践项目，可操作性强。对于书中所列实验，教师可以根据专业要求和实验环境进行筛选。

参加本教材编写的人员都是常年在计算机网络一线教学和研究的优秀工作者。基础篇由张媛和蒋云良编写；提高篇由刘红海和杨学明编写；综合篇由杨学明和顾永跟编写。全书由顾永跟统稿，蒋云良审稿。

由于笔者能力所限，编写时间仓促，书中难免有不足之处，恳请广大读者和同仁批评指正。

作　者

2011年5月

目　录

第 1 部分　基　础　篇

第2部分 提 高 篇

第 3 部分 综 合 篇

第 1 部分

基　础　篇

实验1 网线制作与测试

1.1 实验背景知识

大多数局域网使用非屏蔽双绞线(Unshielded Twisted Pair,UTP)作为布线的传输介质来组网,网线由一定距离长的双绞线与RJ-45头组成。

在局域网中,双绞线主要用于连接网卡与集线器或集线器与集线器(因为集线器的连接方式与交换机相同,所以如无特殊说明,集线器的连接方式同样适用于交换机的连接),有时也可直接用于两个网卡之间的连接。下面以5类(4对8根)非屏蔽双绞线为标准,介绍在10Base-T(普通以太网)和100Base-TX(快速以太网)星型布线中线缆的连接方法。

1. 双绞线连接网卡和集线器时的线对分布

在局域网中,从网卡到集线器间的连线为直通线,即两个RJ-45连接器中导线的分布应相同。为了适应将来的发展,网线必须遵循EIA/TIA 568A标准或EIA/TIA 568B标准(同一计算机网络中只能使用一个标准,通常采用EIA/TIA 568B标准),只要双绞线的两端,都按照以下排列制作即可。

100Base-T或10Base-T网络只要使用RJ-45插座的第1、2、3、6共4个引脚即可,网卡引脚功能定义如表1-1所示。集线器引脚正好相反,即发送数据变成接收数据,接收数据变成发送数据。

表1-1 双绞线排列标准

引脚	用途	T568A	T568B	是否用于百兆传输	是否用于百兆或千兆传输
1	传输	绿白	橙白	是	是
2	传输	绿	橙	是	是
3	接收	橙白	绿白	是	是
4	保留	蓝	蓝	否	是
5	保留	蓝白	蓝白	否	是
6	接收	橙	绿	是	是
7	保留	棕白	棕白	否	是
8	保留	棕	棕	否	是

如果双绞线两头都按一种方式(T568A或T568B标准)做就是直通线;如果双绞线的两头不按一种方式,一头是T568B,另一头是T568A,那么这种做法便是交叉线(跳线),如图1-1所示。

采用直通线可以进行下列连接:

(1) 交换机到路由器。

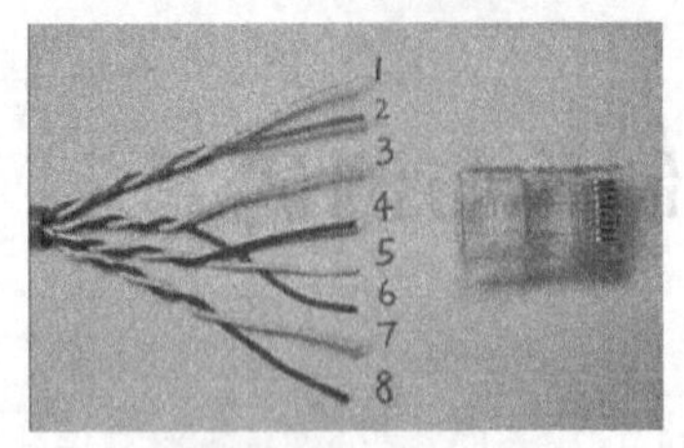

(a) 直连缆两端的排线方式

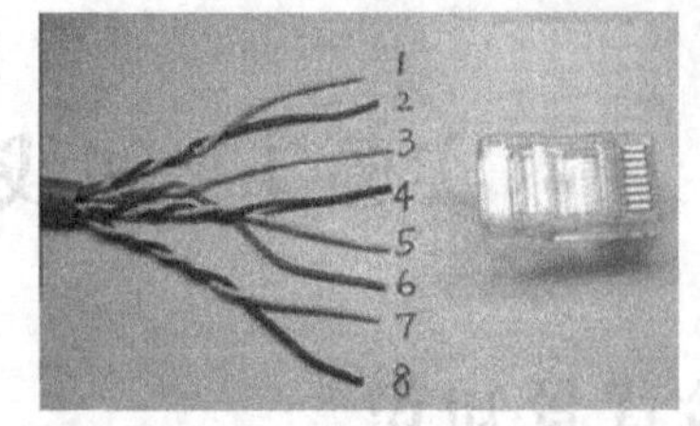

(b) 交叉缆其中一端的排线方式改成这样

图 1-1 直通线和交叉线的排线方式

(2) 交换机到 PC 或服务器。

(3) 集线器到 PC 或服务器。

采用交叉线则可以进行下列连接：

(1) 交换机到交换机。

(2) 交换机到集线器。

(3) 集线器到集线器。

(4) 路由器到路由器。

(5) 路由器到 PC。

(6) PC 到 PC。

2. 如何判断是否需要交叉线

通过以下方法可以判断是否需要交叉线：

(1) 查看说明书。如果该集线器在级联时需要交叉线，一般会在设备附带的说明书中进行说明。

(2) 查看连接端口。如果该集线器在进行相互间连接时不需要交叉线，大多数情况下都会提供一至两个专用的互连端口，并标有相应的说明。这些说明随生产厂家的不同而不同，有的在专用端口旁标有 Uplink(如图 1-2 所示)或 MDI(连线为直通)的字样，而有的在端口旁边直接标有 Out to Hub 等字样。有了这些说明文字，在进行设备之间的连接时，就不需要交叉线了。

图 1-2 Uplink 端口

(3) 实测。这是最有效的一种方法。可以先制作两条用于测试的双绞线，其中一条是直通线；另一条是交叉线。之后，用其中的一条连接两个集线器。这时，注意观察连接端口对应的指示灯，如果指示灯亮，表示连接正常，否则换用另一条双绞线进行测试。

3. 双绞线连网时的特点

双绞线一般用于星型网络的布线，每条双绞线通过两端安装的 RJ-45 连接器(俗称水晶头)与网卡和集线器(或交换机)相连，最大网线长度为 100m(不包括行千兆位以太网中的应用)。在 10Base-T 以太网中，如果要加大网络的范围，在两段双绞线电缆间可安装中继器(一般用 Hub 或交换机级联实现)，但最多可安装 4 个中继器，使网络的最大范围达到 500m。这种连接方法，也称为级联。如果是在 100Base-T 网络中，有两种情况：第一种情况是当所连接的设备是 100Mb/s 的集线器时，最多可同时连接两个集线器，而且集线器之间的最长距离只有 5m，这样网络的最大连接距离为 205m；第二种情况是当连接的设备是

100Mb/s 的交换机时，连接情况与 10Base-T 网络相同，即连接距离为 500m。这是因为交换机工作在交换模式下。

1.2 实验目的

掌握 TIA/EIA 568A（T568A）与 TIA/EIA 568B（T568B）标准；了解标准 T568A 与 T568B 网线的线序，掌握直通线和交叉线的制作和测试方法。

1.3 实验设备及环境

网线 4 段，RJ-45 压线钳 2 把，水晶头若干，电缆测试仪 2 台；每组 4 名同学，两两合作进行实验。

1.4 实验内容及步骤

双绞线是网络布线中最常使用的传输介质，对于工作技术人员和一些网络组建者来说都需要知道双绞线的制作和测试方法，在清楚了不同用途双绞线中导线的排列方式后，就可以进行双绞线的制作了，具体步骤如下。

1. 工具的准备

制作双绞线的工具一般包括 RJ-45 压线钳和测线仪，如图 1-3 和图 1-4 所示。

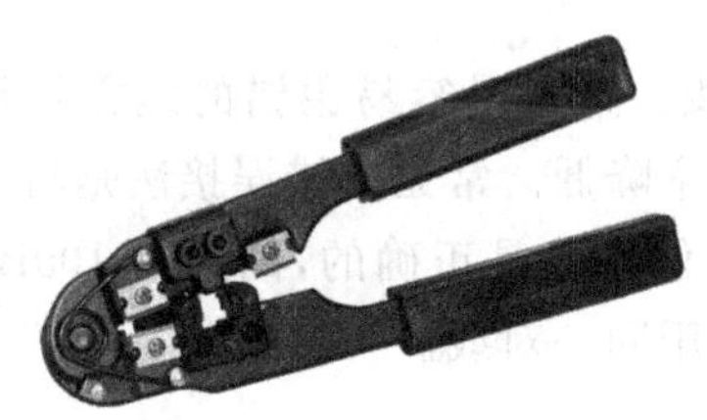

图 1-3 压线钳

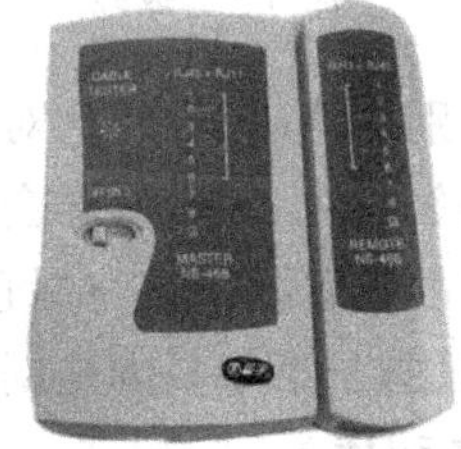

图 1-4 测线仪

2. 剪断和剥皮

利用压线钳的剪线刀口剪下所需要的双绞线长度，至少 0.6m，最多不超过 100m。然后再利用双绞线剥线切口将双绞线的外皮除去 2～3cm，如图 1-5 所示。有一些双绞线电缆上含有一条柔软的尼龙绳，如果在剥除双绞线的外皮时，觉得裸露的部分太短，不利于制作 RJ-45 接头时，可以紧握双绞线外皮，再捏住尼龙线往外皮的下方剥开，就可以得到较长的裸露线，如图 1-6 所示。

在剥皮过程中，可以将剥皮的长度留得长一些，太短不便于细导线的捋直和排序。当然，也不能过长，否则会造成不必要的浪费。使用压线钳剥皮时，可以将双绞线斜插入剥线刀口，避开挡板，然后轻握钳柄，旋转网线即可。所有 8 条线都不能有导线铜芯暴露的情况出现，否则很可能由于导线短路，而导致网线制作失败。

图 1-5 剪线

图 1-6 剥皮

3. 拨线和排序

将裸露的双绞线中的橙色对线拨向自己的左方，棕色对线拨向右方，绿色对线拨向前方，蓝色对线拨向后方，如图 1-7 所示。然后小心地剥开每一对线，白色混线朝前。因为遵循 EIA/TIA 568B 的标准来制作接头，所以线对颜色排列的顺序为：橙白—橙—绿白—蓝—蓝白—绿—棕白—棕，如图 1-8 所示。

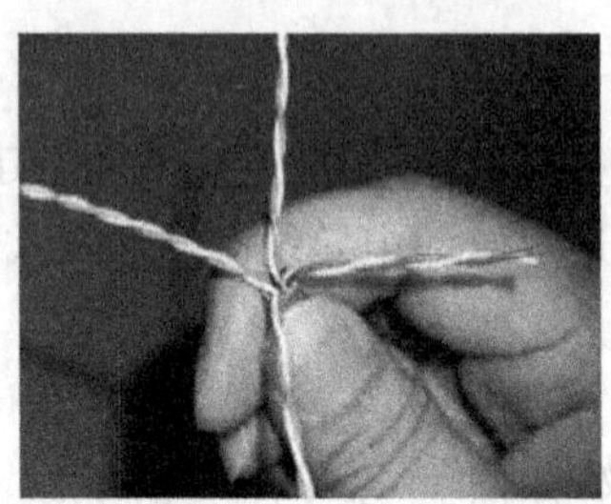
图 1-7 拨线

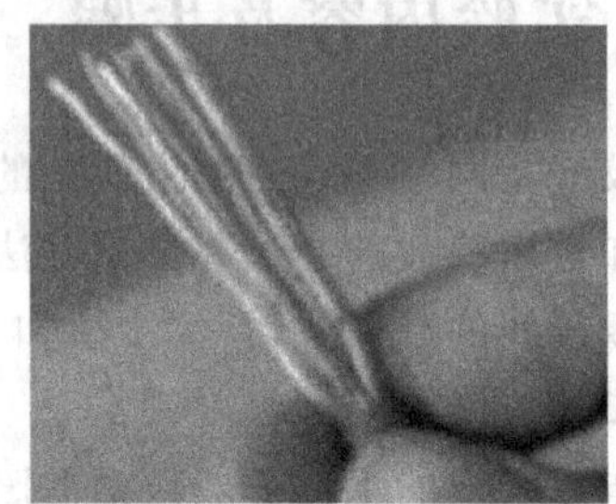
图 1-8 排序

需要特别注意的是，绿色对线应该跨越蓝色对线。这里最容易犯错的地方就是将绿白线与绿线相邻放在一起，这样会造成串扰，使传输效率降低。常见的错误接法是将绿色线放到第 4 只脚的位置。应该将绿色线放在第 6 只脚的位置才是正确的，因为在 100Base-T 网络中，第 3 只脚与第 6 只脚是同一对的，所以需要使用同一对线。

4. 剪齐和插入

将裸露出的双绞线用压线钳的刀口剪下只剩约 1.4cm 的长度，之所以留下这个长度是为了符合 EIA/TIA 的标准，可以参考有关 RJ-45 接头和双绞线制作标准的介绍。最后再将双绞线的每一根线依序放入 RJ-45 接头的引脚内，第一只引脚内应该放橙白色的线，其余类推，如图 1-9 和图 1-10 所示。

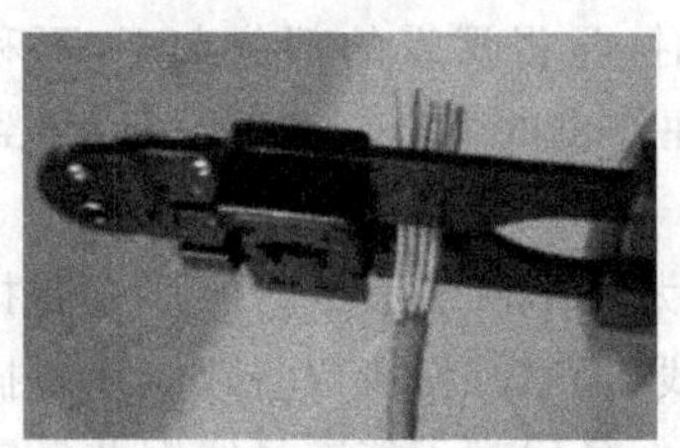
图 1-9 剪齐

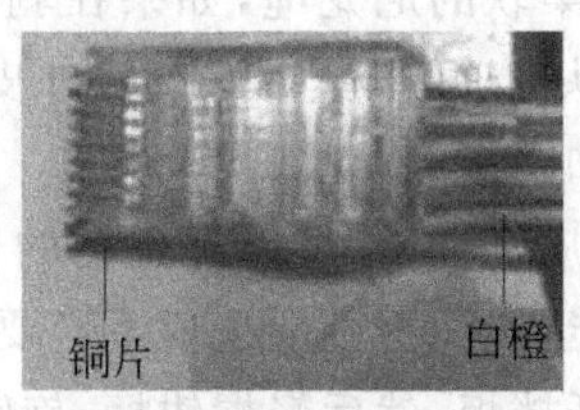

图 1-10 插入

将双绞线插入水晶头的操作如下：一手以拇指和中指捏住水晶头，使有塑料弹片的一侧向下，有铜片针脚一方朝向远离自己的方向，并用食指抵住。另一手捏住双绞线外面的胶皮，缓缓用力将8条导线同时沿RJ-45头内的8个线槽插入，一直到线槽的顶端。

5. 压制

用RJ-45压线钳压制RJ-45接头，把水晶头里的8块小铜片压下去后，使每一块铜片的尖角都触到一根铜线，如图1-11所示。至此，这条网线的一端就算制作好了，接下来重复以上步骤，制作另一端的RJ-45接头。按照相同的方法和线序，将网线的另一端的RJ-45水晶头压制好，这样一条网线就制作完成了，如图1-12所示。

图1-11　压制网线

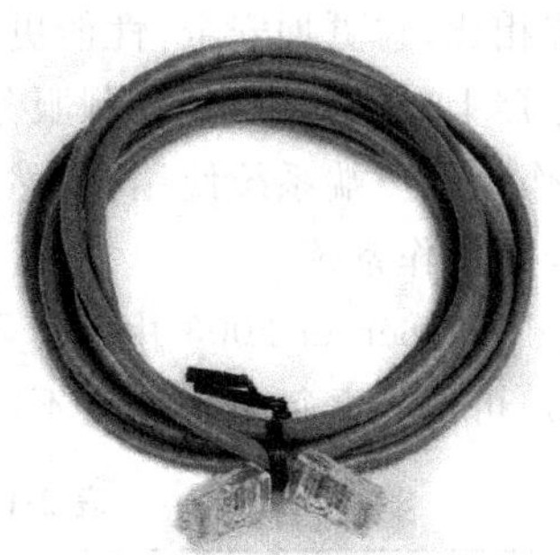

图1-12　制作完成的网线

6. 测试

最后用测线仪测试网线和水晶头是否连接正常，把网络线的两头分别插入主模块和副模块的RJ-45端口，打开测线仪的开关。注意观察主模块和副模块上灯的闪动的情况，如果两组1～8指示灯对应的灯同时亮，则表示网线制作成功。

主模块上灯闪动的顺序是1～8循环，如果副模块上灯闪动的顺序也是1～8，那么说明这根是直通的网络线。如果副模块上灯闪动的顺序是3,6,1,4,5,2,7,8，那么说明这根网线是交叉的网络线。

1.5 实验思考题

(1) 什么是传输介质？局域网使用的传输介质主要有什么？

(2) 为什么要制定两种标准T568A与T568B？它们的区别在什么地方？

实验2 网络操作系统的安装

2.1 实验背景知识

Windows Server 2003 是微软公司开发的新一代网络服务器操作系统，与以前的同类操作系统相比，它更加安全，性能更加稳定，而操作和使用却更加轻松。因此，它不仅能够安装到服务器上，设置成为域控制服务器、文件服务器等各种服务器，也能安装在局域网的客户机上，作为客户端系统使用，当然也可以安装到 PC 中，成为更加稳定、更加安全、更容易使用的个人操作系统。

Windows Server 2003 由 4 个不同的版本组成，如表 2-1 所示，每个版本都具有不同的作用，用户可以根据每个版本的不同功能和兼容性选择适合的产品。

表 2-1 Windows Server 2003 的版本

版本	Web 版	标准版	企业版	数据库版
处理器	2	4	8	32/64 *
内存	2GB	4GB	32GB,64GB *	64GB,512GB *
能否作为域控制器	否	是	是	是
是否支持	否	否	8-node	8-node
集群	否	否	是	是

Web 版设计主要用作 Web 服务器，其主要特点是不能配置 Web 版作为一个域控制器。标准版适合一个小的组织或部门使用，主要特点是可用于控制器或成员服务器。企业版设计主要用作中、大规模的组织，作为控制器、应用服务器、集群服务器使用，这一版本包含了 Standard Edition 的所有功能，其主要差别是企业版支持企业及应用的高性能的服务器。数据库版主要为实现最高性能的可伸缩性、可靠性而设计。例如，为企业数据库提供可靠的服务，高性能大批量的实时事务处理。数据库版和企业版的主要差别是数据库版支持较大的内存和较强的多任务处理方式。另外，Windows Datacenter 上的应用程序经过 OEMs 后才能运行在数据库版。

操作系统是计算机所有硬件设备、软件运作的平台，虽然 Windows Server 2003 有良好的安装界面和近乎全自动的安装过程并支持大多数最新的设备，但要顺利完成安装，仍需了解 Windows Server 2003 对硬件设备的最低需求，以及兼容性等问题。在正式安装之前，先介绍一下 Windows Server 2003 的兼容性，用户可以直接对 Windows Server 2003 进行升级安装。Windows Server 2003 是微软公司服务器系列操作系统的最稳定的和比较新的版本，保持向下兼容。因此，可以从如下操作系统直接升级到 Windows Server 2003。

- Windows NT Server 4.0 with Service Pack 5 或更高版本。
- Windows NT Server 4.0 Terminal Server Edition with Service Pack 5 或更高版本。

- Windows NT Server 4.0 Enterprise Edition with Service Pack 5 或更高版本。
- Windows 2000 Server。
- Windows 2000 Advanced Server。
- Windows Server 2003 标准版。

Windows Server 2003 提供了一个“升级顾问”工具，可以自动检查系统的兼容性。从安装光盘上运行 Setup.exe 文件启动安装程序后，在初始安装界面中选择“检查系统兼容性”选项，安装程序便会自动检查当前系统是否与 Windows Server 2003 兼容。

关于应用程序的兼容性，请访问微软公司的网站 http://www.microsoft.com/windowsserver2003/compatible/获取兼容性列表。若要从除了以上列出的操作系统中安装 Windows Server 2003，必须选择全新安装模式。全新安装的 Windows Server 2003 可以和现有的操作系统并存，但不能继承配置管理信息，因此需要重新设置。

2.2 实验目的

掌握网络操作系统 Windows Server 2003 服务器的安装方法，了解 Windows Server 2003 不同版本操作系统间的差异和用途。

2.3 实验设备及环境

服务器或 PC 一台，每 4 人一组。

2.4 实验内容及步骤

安装 Windows Server 2003 服务器时要注意以下几点：首先最好不要在正在使用的服务器上安装新操作系统；其次要做好备份；最后要注意多系统共存问题。

1. 系统配置要求和开始安装

(1) 系统配置主求。Windows Server 2003 企业版对硬件的要求如表 2-2 所示，如果计算机符合最低配置，即可将 Windows Server 2003 企业版安装到计算机中。

表 2-2 Windows Server 2003 企业版的配置要求

硬　件	需　求
最小 CPU 速度	基于 x86 的计算机：133MHz 基于 Itanium 的计算机：733MHz
推荐 CPU 速度	基于 x86 的计算机：550MHz
最小 RAM 容量	基于 x86 的计算机：128MB 基于 Itanium 的计算机：1GB
推荐 RAM 容量	基于 x86 的计算机：256MB

续表

硬　件	需　求
最大 RAM	基于 x86 的计算机：32GB 基于 Itanium 的计算机：64GB
多处理器支持	基于 x86 的计算机：最多 8 个处理器 基于 Itanium 的计算机：最多 8 个处理器
安装所需的磁盘空间	基于 x86 的计算机：1.25～2GB 基于 Itanium 的计算机：3～4GB

(2) 系统的安装。首先在启动计算机的时候进入 CMOS 设置，把系统启动选项改为光盘启动，保存配置后放入系统光盘，重新启动计算机，让计算机用系统光盘启动。

启动后，系统首先要读取必需的启动文件。接下来询问用户是否安装此操作系统，按 Enter 键确定安装，按 R 键进行修复，按 F3 键退出安装，如图 2-1 所示。

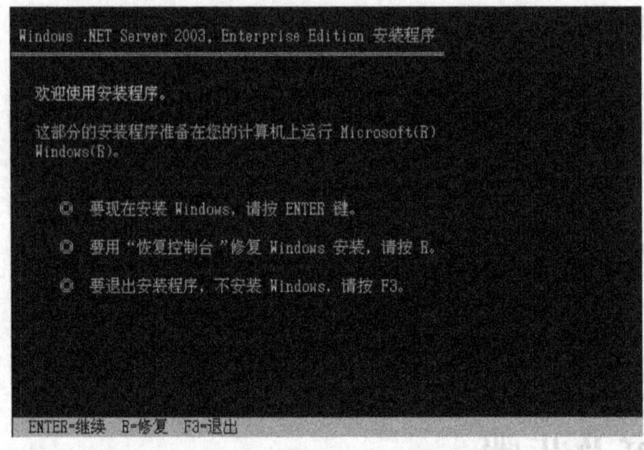

图 2-1　从光盘引导计算机

这时，按 Enter 键确认安装，接下来出现软件的授权协议，按 F8 键同意该协议方能继续进行，下面将搜索系统中已安装的操作系统，并询问用户将操作系统安装到系统的哪个分区中，如果是第一次安装系统，那么用光标键选定需要安装的分区，如图 2-2 所示。选定分区后，系统会询问用户把分区格式化成哪种分区格式，建议格式化为 NTFS 格式；对于已经格

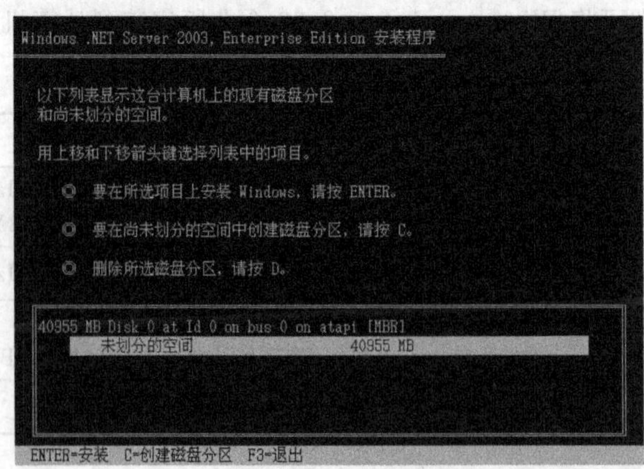

图 2-2　创建磁盘分区

式化的磁盘，软件会询问用户是保持现有的分区还是重新将分区修改为 NTFS 或 FAT 格式的分区，同样建议修改为 NTFS 格式分区。选定后按 Enter 键，系统将从光盘复制安装文件到硬盘上。当安装文件复制完毕后，第一次重新启动计算机。

2. 正式安装

(1) 系统重新启动后，即进入窗口界面，如图 2-3 所示，开始安装。在安装过程中，由于系统要检测硬件设备，所以屏幕会抖动几次，这是正常的。

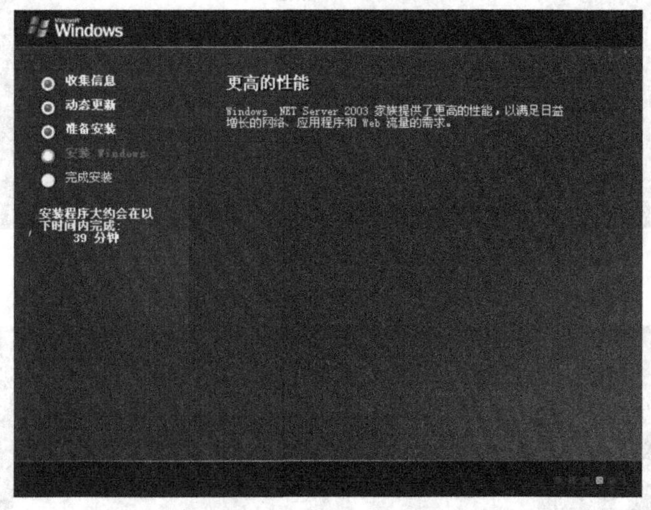

图 2-3 进入图形界面安装

(2) 在安装过程中，需要用户参与。第一次是系统语言、用户信息的配置，如图 2-4 所示，一般说来，只要使用默认设置即可，直接单击“下一步”按钮即可。

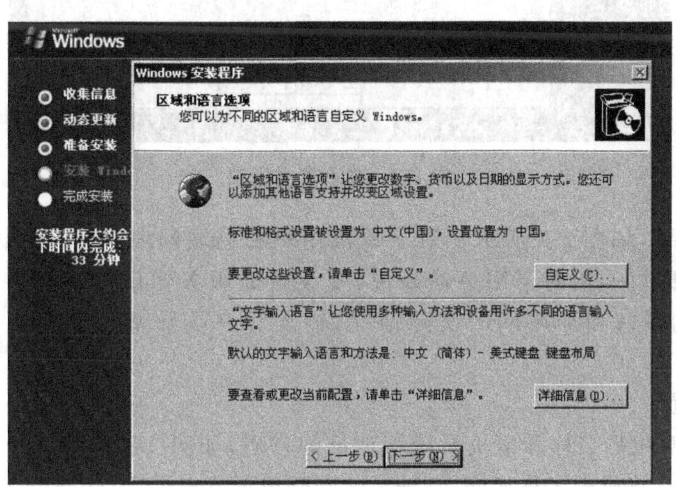

图 2-4 区域和语言选项

(3) 输入用户的姓名和单位名称，如图 2-5 所示，输入后单击“下一步”按钮继续。

(4) 输入软件的序列号，在光盘的封套或说明书中找到这个序列号，输入到如图 2-6 所示的“产品密钥”文本框中，单击“下一步”按钮继续。

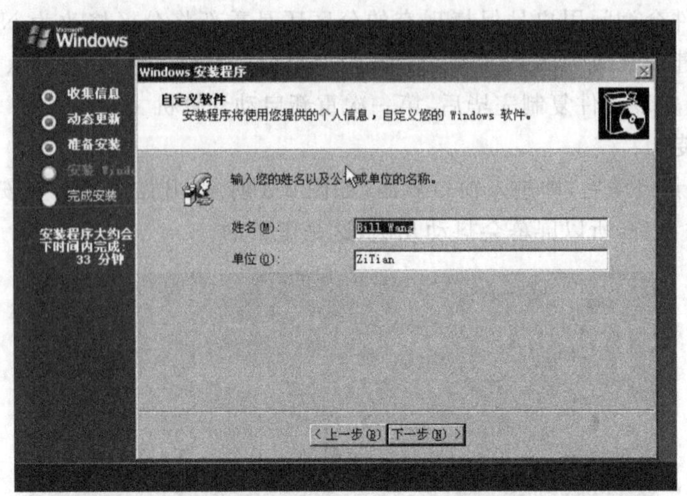

图 2-5　用户信息

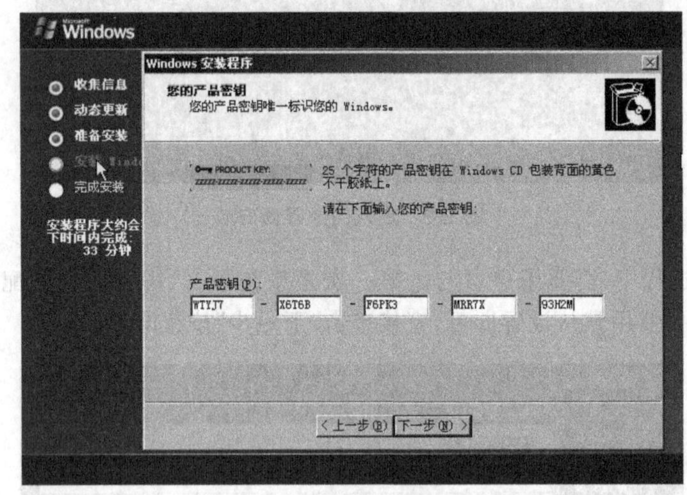

图 2-6　输入产品密钥

(5) 设置网络，如图 2-7 所示。对于单机用户和局域网内客户端来说，直接单击“下一步”按钮继续即可。但对于服务器来说，要设置此服务器供多少客户端使用，此时需要参考说明书的授权和局域网的实际情况，输入客户端数量。设置后，单击“下一步”按钮继续。

3. 安装设置

(1) 设置计算机的名称和本机系统管理员的密码，如图 2-8 所示。计算机的名称不能与局域网内其他计算机的名称相同，管理员的密码设置要安全，最好是数字、大写字母、小写字母、特殊字符相结合，然后单击“下一步”按钮继续。

(2) 系统关于网络的设置，如图 2-9 所示。在这里可以选择“典型设置”单选按钮，在安装后再进行调整。

(3) 当设置工作组或计算机域时，如图 2-10 所示，不论是单机还是局域网服务器，最好是选中第一项，当把系统安装完毕后再进行详细的设置。

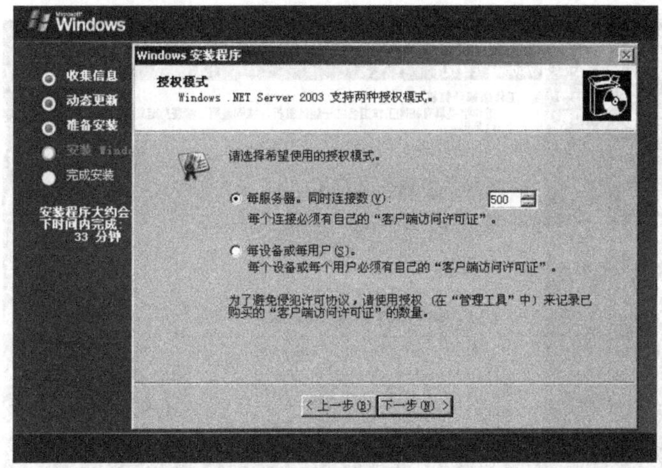

图 2-7　授权模式

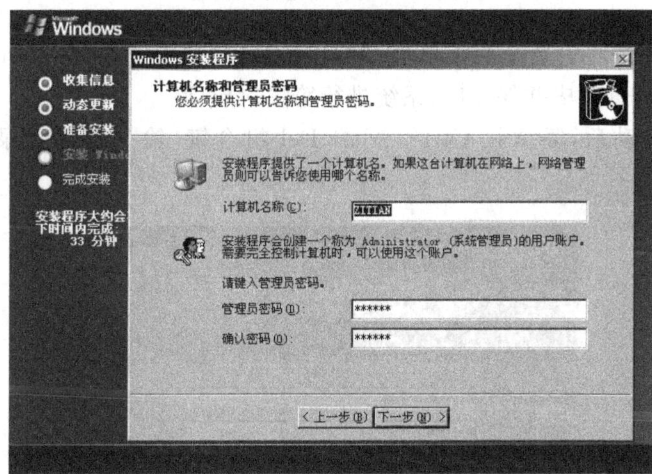

图 2-8　计算机名称和管理员密码

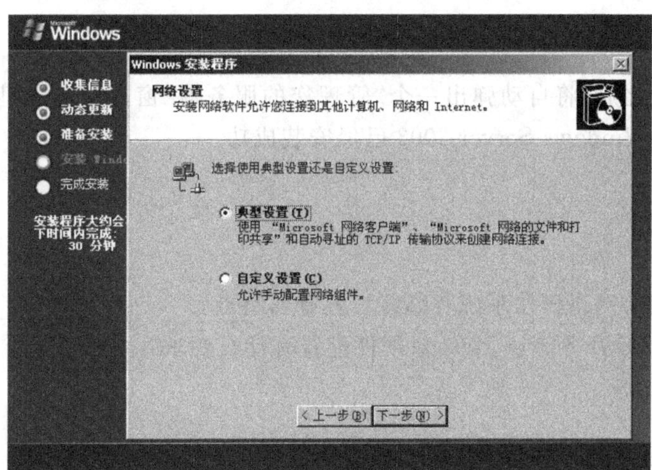

图 2-9　网络设置

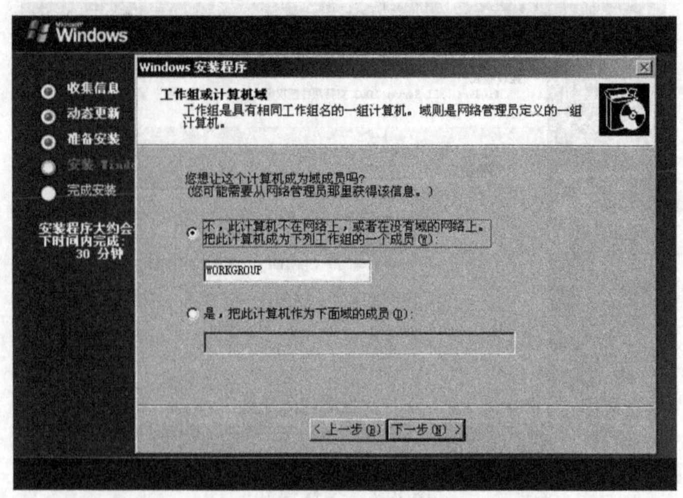

图 2-10　工作组或计算机域

(4) 设置后,系统将安装开始菜单项、对组件进行注册等进行最后的设置,这些都无须用户参与,所有的设置完毕并保存后,系统进行第二次启动。

(5) 第二次启动后,需要按 Ctrl＋Alt＋Del 组合键,输入密码登录系统,如图 2-11 所示。

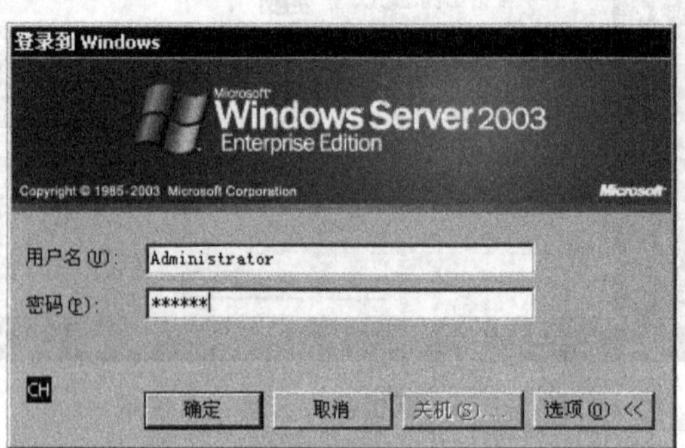

图 2-11　登录

(6) 进入系统之后,将自动弹出一个"管理您的服务器"窗口。在这里可以根据需要进行详细配置,至此 Windows Server 2003 已经安装成功。

2.5　思考题

(1) 目前常用的网络操作系统有哪些？各有何特点？

(2) 安装 Windows Server 2003 对硬件配置有什么要求？

实验3　网络操作系统的配置

3.1　实验背景知识

服务器的英文名称为Server，指的是网络环境下为客户机(Client)提供某种服务的专用计算机，即安装有网络操作系统(如 Windows Server 2003、Linux 或 UNIX 等)和各种服务器应用系统软件(如 Web 服务及电子邮件服务等)的计算机。这里的“客户机”指安装有DOS或 Windows 9x/2000/XP 等普通用户使用的操作系统的计算机，又称为“客户端”。

一个完整的服务器系统由硬件和软件共同组成，软件和硬件相辅相成。只有做到“软硬兼施”才能充分地发挥服务器的性能，并提高其稳定性。服务器的软件一般来说可以分为系统软件和应用软件，一般的应用软件都是以系统软件为基础运行的，而操作系统是系统软件中最基础且最核心的部分。

服务器操作系统以使共享数据资源、软件应用，以及共享打印机等网络特性服务达到最佳为目的，其特点如下。

(1) 允许在不同的硬件平台上安装和使用，能够支持多种网络协议和网络服务。

(2) 提供必要的网络连接支持，能够连接两个不同的网络。

(3) 提供多用户协同工作的支持，具有多种网络设置及管理的工具软件，能够方便地完成网络的管理。

(4) 有很高的安全性，能够控制系统安全性和各类用户的存取权限等。

服务器的处理速度和系统可靠性都要比普通 PC 高得多，因为服务器在网络中一般是连续不断工作的。普通 PC 中的数据丢失仅限于单台，服务器则完全不同。许多重要的数据都保存在服务器上，许多网络服务都在服务器上运行。一旦服务器发生故障，将会丢失大量的数据，造成的损失是难以估计的；而且服务器提供的功能，如代理上网、安全验证及电子邮件服务等都将失效，从而造成网络的瘫痪。按照不同的分类标准，服务器分为多种类型。

3.1.1　按网络规模划分

按网络规模划分，服务器分为工作组级、部门级及企业级服务器。

1. 工作组级

在工作组级服务器中，用于联网的计算机在几十台左右，并且对处理速度和系统可靠性等要求不高的小型网络，其硬件配置相对比较低，可靠性不高。

2. 部门级

在部门级服务器中，用于联网的计算机在百台左右，并且对处理速度和系统可靠性等要求中等的中型网络，其硬件配置相对较高，可靠性居于中等水平。

3. 企业级

在企业级服务器中，用于联网的计算机在数百台以上，并且对处理速度和数据安全等要求最高的大型网络，其硬件配置最高，其可靠性居于最高水平。

注意：这3种服务器之间的界限并不是绝对的，而是比较模糊的。例如，工作组级服务器和部门级服务器的区别就不太明显，有时统称为“工作组/部门级”服务器。

3.1.2 按架构(芯片)划分

按照服务器的结构，可以分为CISC(复杂指令集)架构和RISC(精简指令集)架构服务器。

1. CISC架构服务器

CISC架构服务器也称为“IA架构服务器”(Intel Architecture Server)，即通常所讲的PC服务器，它采用x86(CISC)芯片，如Intel Pentium Ⅲ(P4)和Intel(P4)Xeon(至强)等，并且主要采用Windows NT/Windows 2000、Linux及FreeBSD等操作系统的服务器。

2. RISC架构服务器

RISC架构服务器指采用非Intel架构技术的服务器，使用RISC芯片，如SUN公司的SPARC、HP公司的PA-RISC、DEC的Alpha芯片及SGI公司的MIPS等，并且主要采用UNIX操作系统的服务器。

由于RISC架构服务器的性能和价格比较CISC架构服务器高得多，所以近几年来，随着PC技术的迅速发展，CISC架构服务器与RISC架构的服务器之间的技术差距已经大大缩小。用户基本上倾向于选择CISC架构服务器，但是RISC架构服务器在大型且关键的应用领域中仍然居于非常重要的地位。

3.1.3 按用途划分

按照使用的用途，服务器又可以分为通用型和专用型(或称“功能型”)服务器。

1. 通用型

这种类型的服务器不是为某种特殊服务专门设计，可以提供各种服务功能的服务器，当前大多数服务器都是通用型服务器。

2. 专用型

这种类型的服务器专门为某一种或某几种功能设计的服务器，在某些方面与通用型服务器有所不同。例如，光盘镜像服务器用来存放光盘镜像，需要配备大容量高速硬盘及光盘镜像软件。

3.1.4 按外观划分

按照服务器的外观，可以分为台式服务器、机架式服务器以及刀片服务器。

1. 台式服务器

台式服务器与平时使用的PC相似，只是其内部的器件都是专业设计的，具有很好的稳定性和容错性，主要分为单塔式和双塔式。

2. 机架式服务器

机架服务器是一种外观按照统一标准设计的服务器，配合机柜统一使用。机架式服务器一般安装在19英寸工业标准机柜上的服务器，使用机柜的目的是在有限的空间内安装更多的服务器，有1U(1U=1.75英寸)、2U、4U等规格。

3. 刀片式服务器

刀片服务器指在标准高度的机架式机箱内可插装多个卡式的服务器单元(即刀片,其实际上是符合工业标准的板卡,上有处理器、内存和硬盘等,并安装了操作系统,因此一个刀片就是一台小型服务器),这一张张的刀片组合起来,进行数据的互通和共享,在系统软件的协调下同步工作就可以变成高可用和高密度的新型服务器。

刀片式服务器的应用范围非常广泛,尤其是对于计算密集型应用,如天气预报建模、指纹库检索分析、数据采集、数据仿真、数字影像设计、空气动力学建模等。同时,对于如电信、金融、IDC/ASP/ISP 应用、移动电话基站、视频点播、Web 主机操作及实验室系统等也同样适用。

3.2 实验目的

掌握网络操作系统 Windows Server 2003 的基本配置方法,了解服务器的种类和功能。

3.3 实验设备及环境

服务器或 PC 一台,每 4 人一组。

3.4 实验内容及步骤

虽然安装 Windows Server 2003 后即可直接使用,但为了充分发挥服务器的性能,需要配置服务器的相关选项。

3.4.1 实现自动登录

启动服务器后,系统提示按 Ctrl+Alt+Del 组合键登录 Windows Server 2003,如图 3-1 所示。

图 3-1 登录界面

1. 使用注册表操作

这对系统管理员来说可能是多余的,可以设置不用按 Ctrl+Alt+Del 组合键登录,方法如下。

如果使用注册表则执行如下操作。

(1) 在“运行”对话框中输入 Regedit 后按 Enter 键，打开“注册表编辑器”窗口，打开 HKEY_LOCAL_MACHINE\ SOFTWARE\ MicroSoft\ Windows NT\ CurrentVersion\ Winlogon。

(2) 右击右侧窗格，选择快捷菜单中的“新建”→“字符串”选项，并将该字符串的名称设置为 AutoAdminLogon。

(3) 双击该字符串，在弹出的“编辑字符串”对话框中，将其值修改为 1。

(4) 以同样方法建立一个字符串 DefaultPassword，将其值修改为超级用户 Administrator 的密码，如图 3-2 所示。

图 3-2 修改注册表

(5) 关闭注册表编辑器，重新启动 Windows，即可实现自动登录。

注意：一定要为 Administrator 设置一个密码；否则不能实现自启动。

2. 使用本地安全策略操作

如果使用本地安全策略，则执行如下操作。

(1) 在“控制面板”窗口中选择“管理工具”选项打开“管理工具”窗口。选择“本地安全策略”选项，打开“本地安全设置”窗口，如图 3-3 所示。

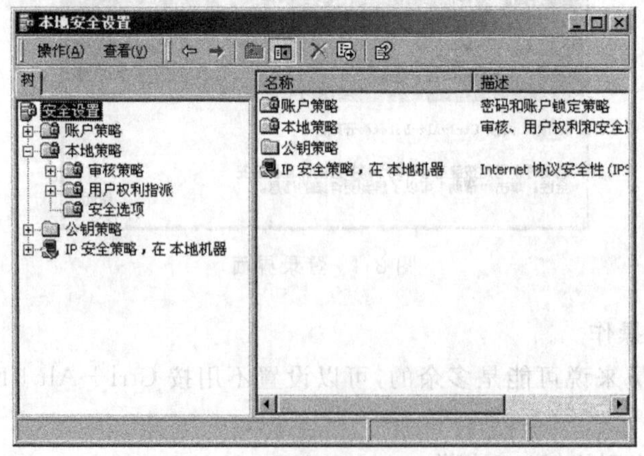

图 3-3 “本地安全设置”窗口

(2) 在左侧窗格中选择"本地策略"选项，依次展开"安全选项"→"禁用按 Ctrl＋Alt＋Del 键进行登录的设置"选项并双击，在弹出的对话框中选择"已启用"单选按钮，如图 3-4 所示。

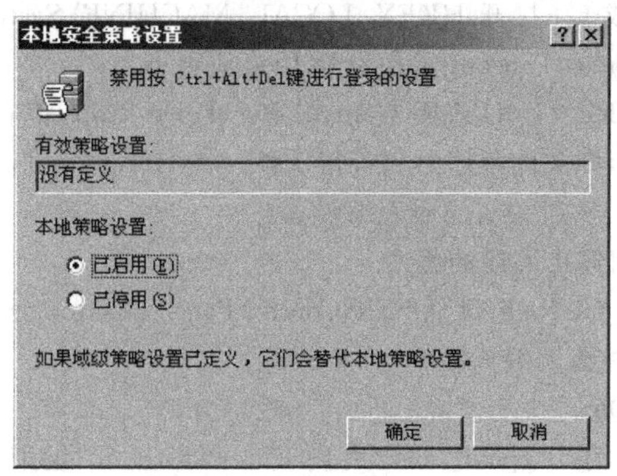

图 3-4　本地安全策略设置

(3) 单击"确定"按钮。

3.4.2　禁用"管理您的服务器"向导

进入 Windows Server 2003 系统后，总是会显示"管理您的服务器"向导窗口。如果不需要该向导，可以禁止其显示，操作方法如下。

在"管理您的服务器"窗口的左下角选中"在登录时不要显示此页"复选框，然后关闭该窗口，如图 3-5 所示。

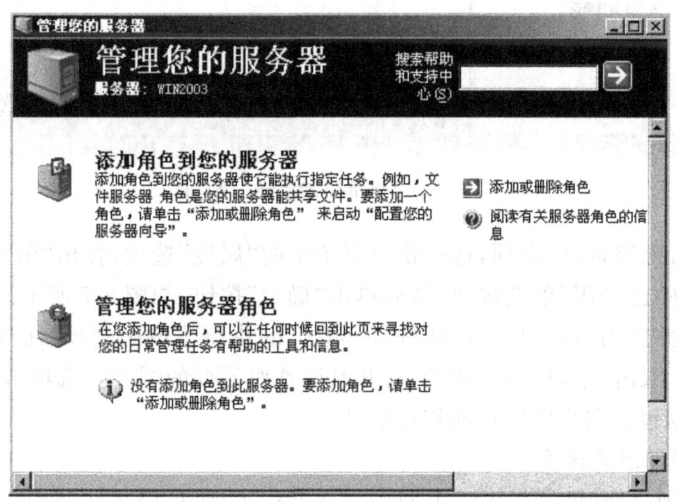

图 3-5　服务器管理界面

3.4.3　加快启动和运行速度的设置

为加快启动和运行的速度，执行如下操作。

1. 减少预读取和进度条等待时间

启动注册表编辑器，打开 HKEY_LOCAL_MACHINE\SYSTEM\CurrentControlSet\Control\Session Manager\Memory Management\PrefetchParameters 节，将名为 Enable Prefetcher 的值改为 1 或 5。打开 HKEY_LOCAL_MACHINE\System\CurrentControlSet\Control，将 WaitToKillServiceTimeout 的值设为 1000 或更小。

打开 HKEY_CURRENT_USER\Control Panel\Desktop，将右窗格中的 WaitToKill AppTimeout 改为 1000，即关闭程序时仅等待 1 秒。将 HungAppTimeout 值改为 200，表示程序出错时等待 0.5 秒，然后关闭注册表编辑器。

2. 让系统自动关闭停止回应的程序

打开注册表 HKEY_CURRENT_USER\Control Panel\Desktop 分支，将 AutoEndTasks 键的值设为“1”，然后关闭注册表编辑器。

3. 禁用系统服务 QoS

在“运行”对话框中输入 gpedit.msc 后按 Enter 键，显示“组策略编辑器”窗口。展开“管理模板”→“网络”文件夹，打开“QoS 数据包计划程序”文件夹，如图 3-6 所示。

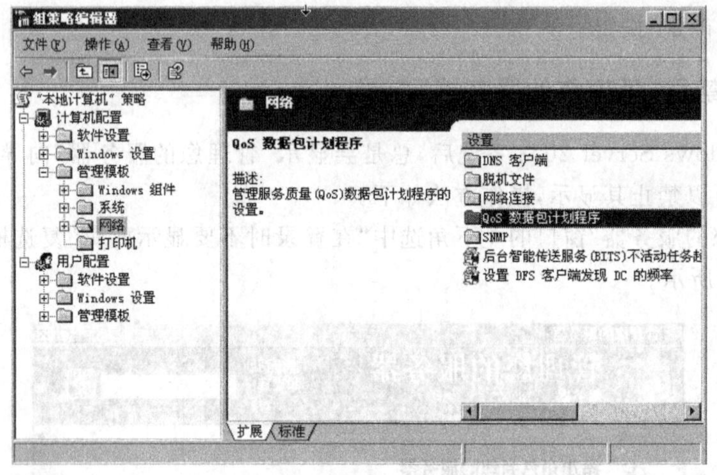

图 3-6 “组策略编辑器”窗口

右击“限制可保留带宽”选项，选择快捷菜单中的“属性”选项，弹出“限制可保留带宽 属性”对话框。选择“已禁用”单选按钮，然后单击“确定”按钮，如图 3-7 所示。

当修改完成并应用后，用户可以从“网上邻居”的快捷菜单中选择“属性”选项，打开“网络连接”对话框。双击“本地连接”选项，打开其属性对话框的“常规”选项卡。如果在其中能够看到“QoS 数据包计划程序”，说明修改成功。

4. 改变窗口弹出的速度

（1）在“注册表编辑器”窗口中打开 HKEY_CURRENT_USER\Control Panel\Desktop\Window Metrics 子键分支，在右窗格中找到 MinAniMate 键值，将其值改为 0，则禁止动画显示，如图 3-8 所示。

（2）关闭“注册表编辑器”窗口。

5. 调整系统性能

右击“我的计算机”图标，从快捷菜单中选择“属性”选项，弹出“系统属性”对话框。单击

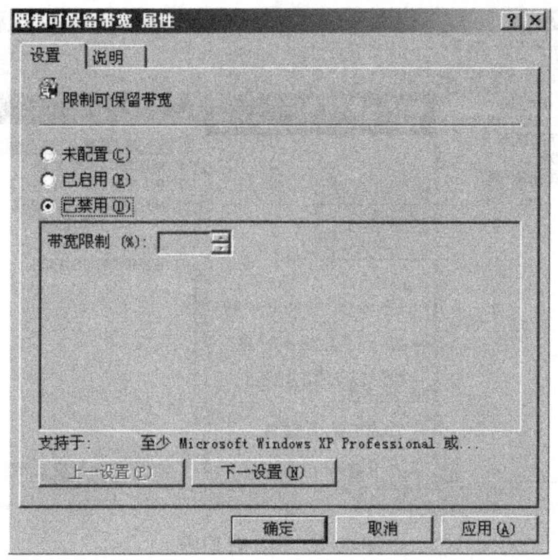

图 3-7 “限制可保留带宽 属性”对话框

“性能”选项中的“设置”按钮，弹出“性能选项”对话框。切换至“高级”选项卡，选择“处理器计划”选项组中的“程序”单选按钮。选择“内存使用”选项组中的“程序”单选按钮，单击“确定”按钮保存设置，如图 3-9 所示。

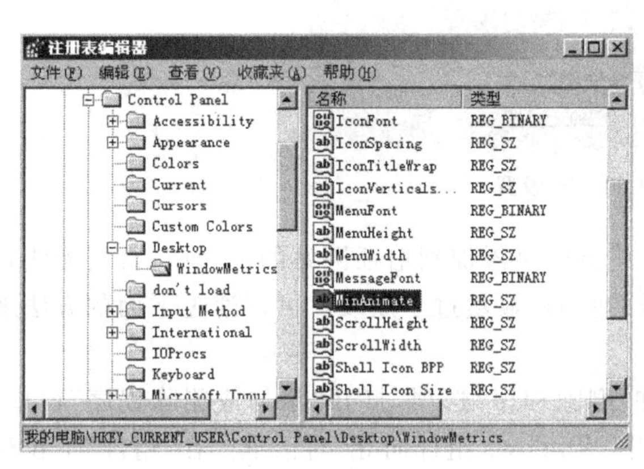

图 3-8 编辑注册表

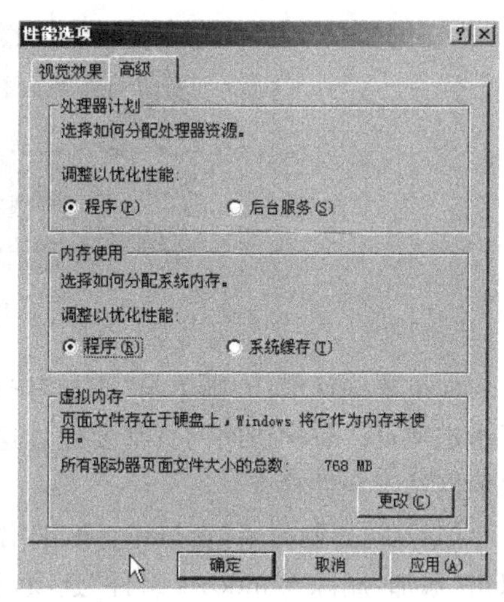

图 3-9 “性能选项”对话框

3.4.4 启用 ASP 支持

Windows Server 2003 默认不安装 IIS 6.0，需要另外安装。安装 IIS 6.0 后，还需要单独设置对于 ASP 的支持。为此，打开“控制面板”窗口后打开“管理工具”窗口。双击“IIS 信息服务管理器”选项，打开“Internet 信息服务(IIS)管理器”窗口。选择“Web 服务扩展”选项，将 Active Server Pages 项设置为“允许”，如图 3-10 所示。

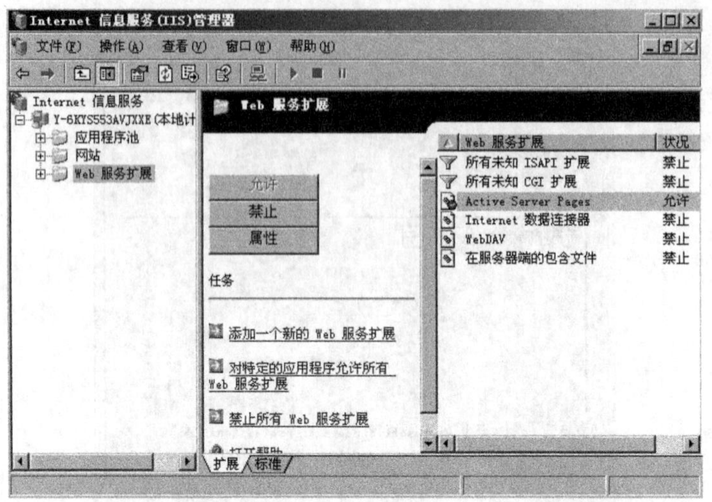

图 3-10　IIS 管理器

3.4.5　取消网站的安全检查

安装 Windows Server 2003 后，打开浏览器上网时 IE 总是提示是否需要将当前访问的网站添加到自己信任的站点中，如图 3-11 所示。

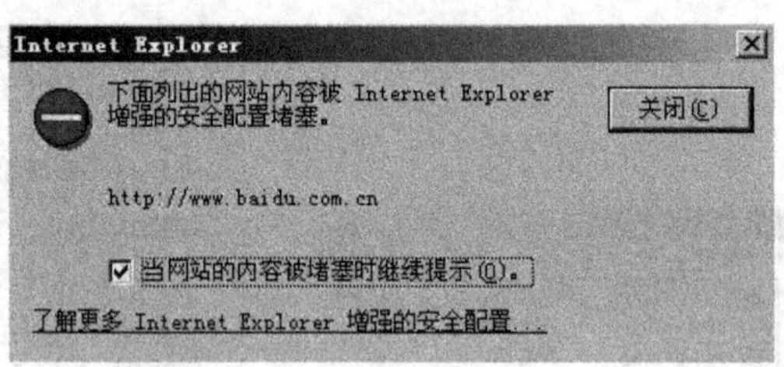

图 3-11　IE 设置

如果要确认信任，则单击“添加”按钮，将该网页添加到信任网站的列表中；否则无法打开指定网页。每次访问网页都要经过这样的步骤，显然过于烦琐。可以通过下面的方法来取消网站安全性检查。

(1) 在“控制面板”窗口中，双击“添加/删除程序”选项，打开“添加或删除程序”窗口。双击“添加/删除 Windows 组件”选项，打开“Windows 组件向导”对话框。在“组件”下拉列表框中去除“Internet Explorer 增强的安全配置”复选框，如图 3-12 所示。

(2) 单击“下一步”按钮，完成组件设置。也可以打开 IE 浏览器，选项“工具”→“Internet 选项”命令，显示“Internet 选项”对话框。

(3) 切换至“安全”选项卡，单击“自定义级别”按钮。

(4) 在弹出“安全设置”对话框，将“重置自定义设置”选项设置为“安全级—中”或“安全级—中低”，并可以根据需要将“设置”下拉列表框中有关选项的“提示”值修改为“禁用”，如图 3-13 所示。

(5) 单击“确定”按钮。

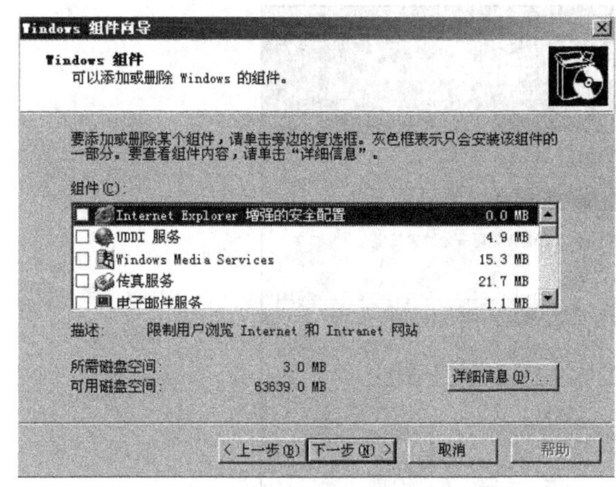

图 3-12 "Windows 组件向导"对话框

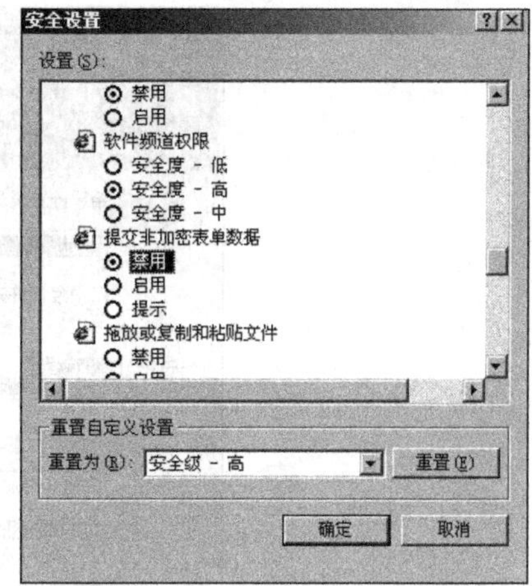

图 3-13 "安全设置"对话框

3.4.6 禁用错误报告

在系统程序发生错误而退出时，系统常常会给出错误报告，如图 3-14 所示。为禁用错误报告，执行如下操作：

(1) 右击"我的电脑"图标，在弹出的快捷菜单中选择"属性"选项，打开"系统属性"对话框。

(2) 打开"高级"选项卡，单击"错误报告"按钮，显示"错误汇报"对话框。选择"禁用错误报告"单选按钮，如图 3-15 所示。

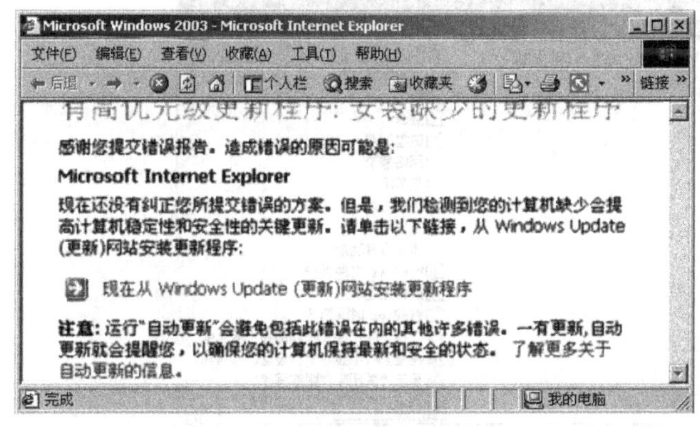

图 3-14 错误报告

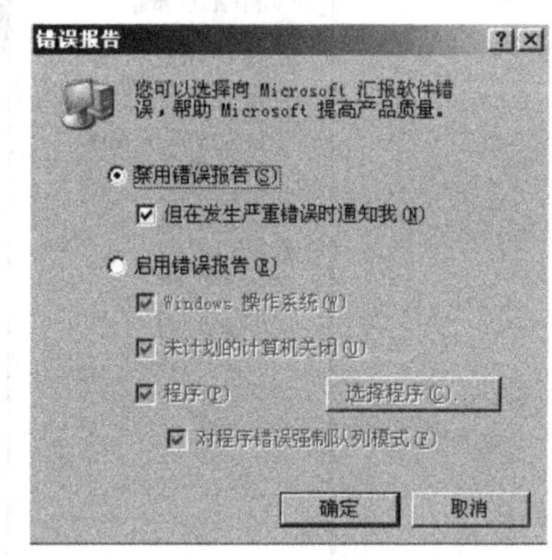

图 3-15 错误报告设置

(3) 单击"确定"按钮。

3.4.7 禁止关机时提示的关机目的选项

在关闭 Windows Server 2003 时，系统会弹出一个"关闭 Windows"对话框。其中，要求选择关闭计算机的目的选项，如图 3-16 所示。尽管它可以增强系统的安全性，确保用户更有效地管理和维护计算机。但每次关机或重新启动系统都要选择关机目的则显得麻烦。为快速地关闭计算机，执行如下操作步骤取消该对话框的提示。

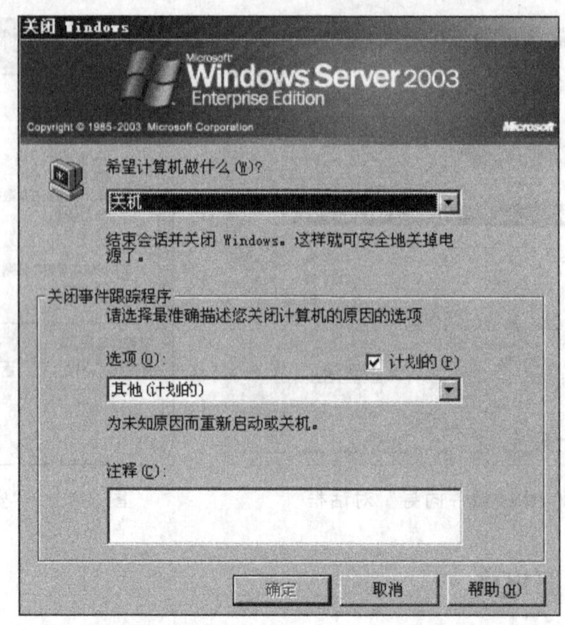

图 3-16 “关闭 Windows” 对话框

(1) 在“运行”对话框中输入 gpedit.msc 后按 Enter 键,显示“组策略编辑器”窗口。选择“计算机配置”选项,打开“管理模板”下的“系统”文件夹,如图 3-17 所示。

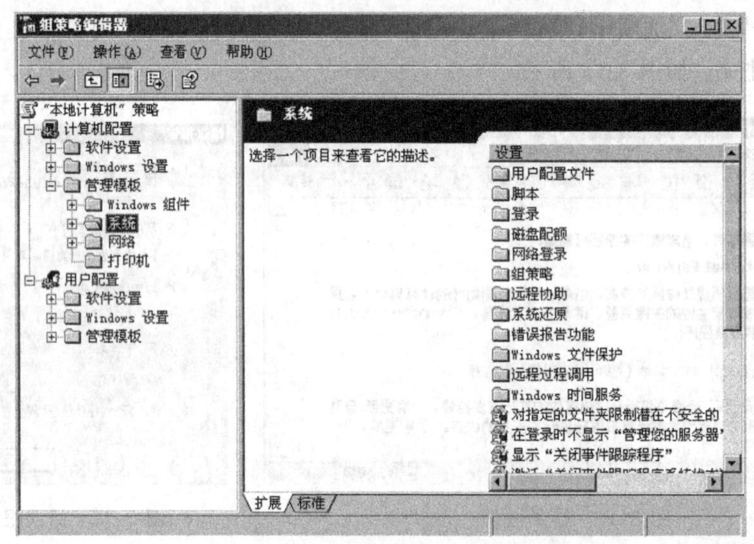

图 3-17 “组策略编辑器” 窗口

(2) 右击右窗格中的“显示‘关闭事件跟踪程序’”选项,选择快捷菜单中的“属性”选项,显示“显示‘关闭事件跟踪程序’属性”对话框。选择“已禁用”单选按钮。然后单击“确定”按钮,如图 3-18 所示。然后,关闭操作系统时显示类似 Windows 2000 的“关闭 Windows”对话框,如图 3-19 所示。

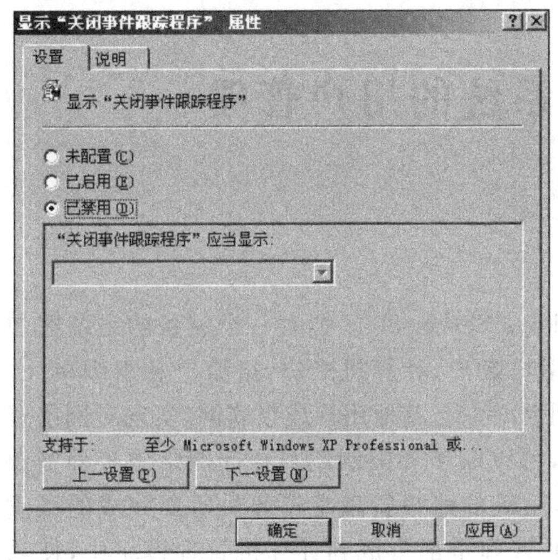

图 3-18 "显示'关闭事件跟踪程序'属性"对话框

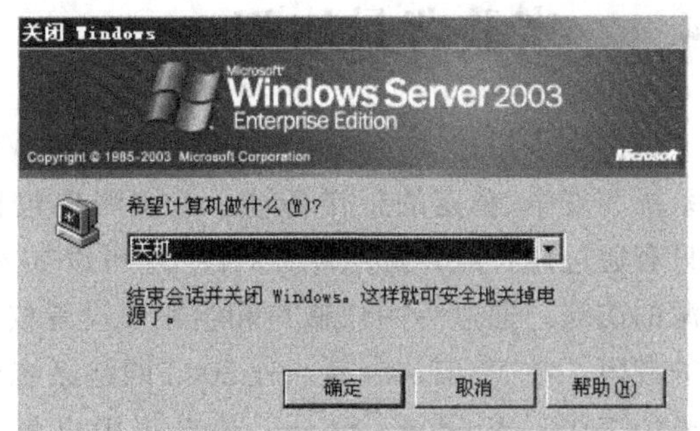

图 3-19 "关闭 Windows"对话框

3.5 思考题

(1) 网络服务器可以分为哪些类型?

(2) 安装服务器 Windows Server 2003 后,应该如何优化?

实验 4　网络操作系统的用户管理

4.1　实验背景知识

作为多用户、多任务的网络操作系统，Windows Server 2003 拥有一个完备的系统账户系统和安全、稳定的工作环境。系统账户包括用户账户、计算机账户、组账户和组织单元。只有通过用户账户和组账户，用户才可以加入到网络中与其他用户或组联网，实现对网络资源的访问。通过为用户账户和组账户设置权限，可以赋予和限制用户访问网络中各种资源的权限。在 Windows Server 2003 网络系统中，系统的账户管理是管理员所要完成的最重要的工作。Windows Server 2003 将用户和组的管理全部集成到计算机管理模块中，使系统管理员可以摆脱各种繁琐的工作，管理起来轻松自如。

如果多个用户共同使用一台计算机，那么，该计算机上的所有软硬件资源都是共享的，这样既不便于管理系统资源，也不便于保护个人的设置和数据。Windows Server 2003 提供的用户账户管理机制很好地解决了这个问题。用户通过自己的账户登录到计算机后，只能拥有共享资源的使用权，而不能查看或修改其他用户在该计算机上的数据和个人设置。

要登录到本地计算机或者网络中的用户必须拥有一个用户账户。用户账户是 Windows Server 2003 网络上的用户的唯一标识符。Windows Server 2003 使用域账户确认用户的身份，并通过创建、移动、设置用户账户授予用户对共享资源的访问级别和权限。

用户账户是多用户计算机系统和网络系统的一种认可。在 Windows Server 2003 网络中，任何人在使用共享资源和登录网络之前都必须具有一个用户账户。用户使用账户登录时，系统会确认该账户并为该用户提供一个访问令牌。当用户访问网络上的任何资源时，该访问令牌就会与访问控制列表进行比较以确定该用户是否具有访问资源的权限。

Windows Server 2003 提供了 3 种不同类型的用户账户，分别为全局用户账户、本地用户账户和内置用户账户。使用全局用户账户，用户可以登录到域上访问网络资源；使用本地用户账户，用户可以登录到一台特定的计算机上，访问该计算机上的资源；使用 Windows Server 2003 系统提供的内置用户账户，用户可以完成系统的资源管理工作或访问网络资源。

一般情况下，系统管理员和用户都可以使用全局账户、本地账户或者内置账户登录计算机和网络。在 Windows Server 2003 中提供的内置账户能够更方便系统管理员和用户进行系统管理和资源访问，内置账户是在系统的安装过程中自动在 Windows Server 2003 中添加的，其中最常用的两个内置账户是 Administrator 和 Guest。

Administrator 账户：即系统管理员，拥有最高的权限。通常，使用该账户可以管理 Windows Server 2003 系统和账户数据库。Administrator 账户是在安装 Windows Server 2003 时，系统提示输入系统管理员账户名称和密码后创建的，系统管理员账户的默认名称是 Administrator。用户可以根据需要改变系统管理员的账户名称，但是无法删除它，而且需要注意的是，Administrator 账户并不会自动拥有对 Windows Server 2003 上所有目录与文件的访问权限。

Guest 账户：即为临时访问计算机的用户提供的账户。Guest 账户是在安装系统时自动添加的，并且也不能被删除，但其名字可以改变。Guest 账户只有很少的权限，系统管理员可以改变 Guest 账户的权限。作为保护措施，Windows Server 2003 默认是禁止使用该账户登录的，也就是说，Guest 账户的默认值是禁止的，如果要使用该账户可将其启用。

4.2 实验目的

掌握网络操作系统 Windows Server 2003 中用户的管理方法，了解网络操作系统的多用户、多任务机制。

4.3 实验设备及环境

服务器或 PC 一台，每 4 人一组。

4.4 实验内容及步骤

在公司网络管理中，用户账户的管理是管理员经常要进行的工作，主要包括用户账户的添加、删除、停用/启用、移动和密码设置等，下面分别进行介绍。

4.4.1 创建用户账户

由于用户账户是用户进行本地登录和访问网络资源的凭证，所以，当有用户要使用计算机或网络时，系统管理员必须为其创建一个用户账户。用户在本地计算机系统上拥有用户账户时只能在本机上进行登录，仍然不能使用域网络中的资源。用户要加入到域中并使用域网络上的资源，必须请求管理员在域控制器中为其创建一个相应的域用户账户，否则该用户将无法访问域中的资源。

通常，系统管理员使用“Active Directory 用户和计算机”控制台创建新的域用户账户，具体操作步骤如下。

(1) 单击“开始”菜单，选择“管理工具”|“Active Directory 用户与计算机”命令，打开“Active Directory 用户和计算机”控制台窗口，在 Users 节点处单击鼠标右键，在弹出的快捷菜单中选择“新建”|User 命令，如图 4-1 所示。

(2) 选择 User 命令后将打开“新建对象-User”对话框，在该对话框中的“姓”和“名”文本框中分别输入所要创建的账户的姓和名，系统会自动在“姓名”文本框中生成用户的全称。然后在“用户登录名”文本框中输入用户登录时使用的名称。如果用户需要在运行 Windows 2000 以前版本的计算机上登录时，可以在“用户登录名”(Windows 2000 以前版本)文本框中输入不同的登录名，如图 4-2 所示。

(3) 指定用户登录名称后，单击“下一步”按钮，打开“新建对象”的设置密码对话框。在“密码”和“确认密码”文本框中输入要为用户账户设置的密码，如图 4-3 所示。

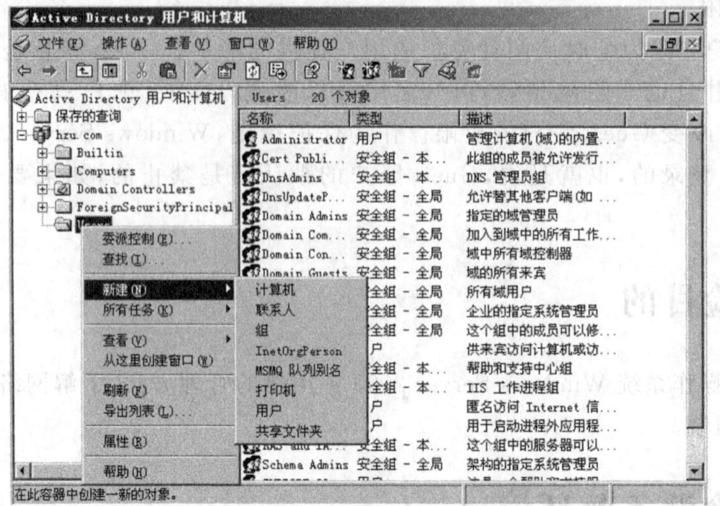

图 4-1 AD 用户和计算机

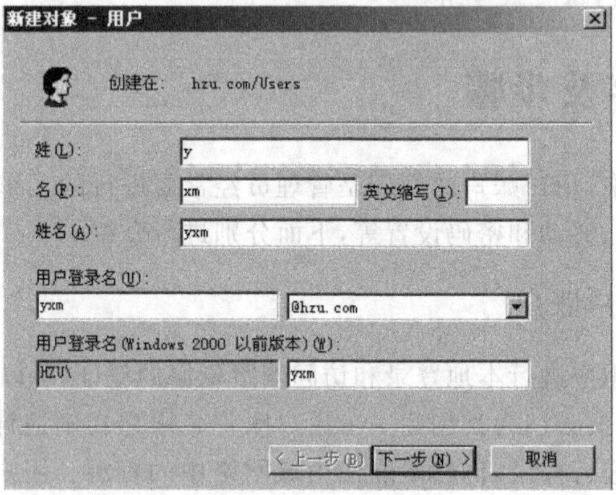

新建对象 - 用户

创建在: hzu.com/Users

姓(L): y

名(F): xm 英文缩写(I):

姓名(A): yxm

用户登录名(U): yxm @hzu.com

用户登录名(Windows 2000 以前版本)(W): HZU\ yxm

< 上一步(B) 下一步(N) > 取消

图 4-2 新建用户

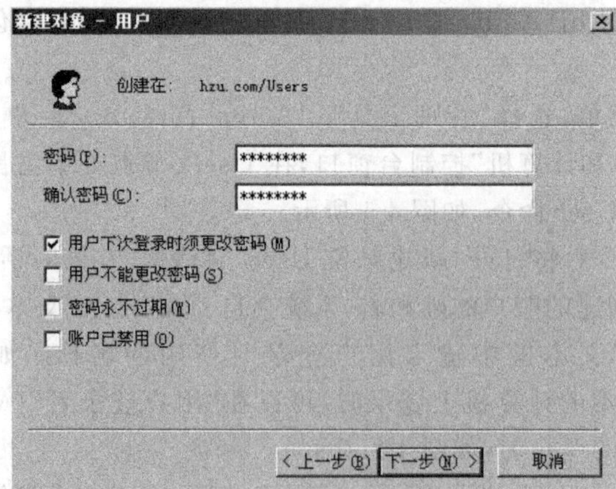

图 4-3 密码设置

设置密码对话框中还列出了账户密码的设置选项。如果管理员希望用户下次登录时更改密码,可以选中"用户下次登录时须更改密码"复选框;否则选中"用户不能更改密码"复选框。如果希望该账户密码永远不过期,可以选中"密码永不过期"复选框。如果暂不启用该用户账户,可以选中"账户已禁用"复选框。

(4) 设置完账户密码后,单击"下一步"按钮,将打开完成创建账户对话框,其中显示了所创建账户的基本信息,如图 4-4 所示。

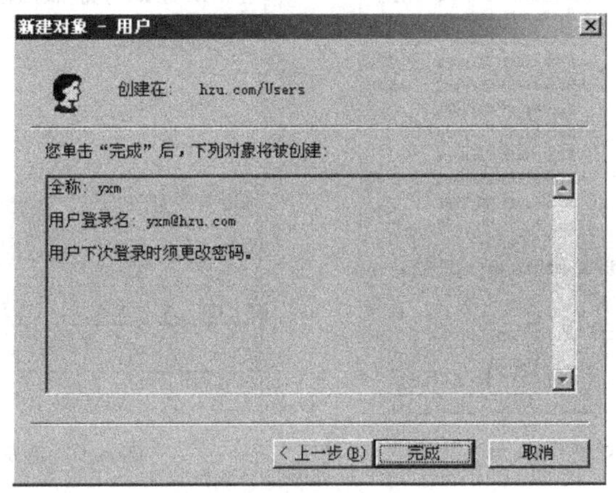

图 4-4 完成创建

(5) 设置完毕,单击"完成"按钮即可完成创建一个账户。

4.4.2 设置用户密码策略

用户密码是用户账户的重要安全依据。系统管理员应提供安全的用户密码策略,防止非法用户借用其他用户的账户和盗用来的密码进行计算机和网络登录,危害系统和信息资源的安全。设置 Windows Server 2003 用户密码策略包括密码长度、截止时间和登录失败后停止等。用户密码策略被存储在系统配置和分析工具中,该工具提供了对所有安全设置的集中管理界面。为了配置这些安全策略,Windows Server 2003 提供了一系列的安全模板。为了在 Windows Server 2003 中管理系统账户的安全,系统提供了 MMC 控制台管理单元,包括安全模板和安全配置分析。

1. 安全模板

Microsoft 公司提供了多个安全模板作为示例。系统管理员可以选择使用直接提供的安全模板或复制这些安全模板,并根据需要添加所需的管理单元。系统管理员可以使用这些安全模板为管理的服务器定义不同安全配置文件。

系统管理员创建个人安全模板,首先需要把安全管理单元加载到 MMC 控制台中,然后把模板加载到"安全配置和分析"管理单元数据库中,具体的操作步骤如下。

(1) 在"开始"菜单中选择"运行"命令,输入 mmc 命令后单击"确定"按钮。打开 MMC 控制台窗口,在"文件"菜单中选择"添加/删除管理单元"命令,从"添加独立管理单元"对话框中选择添加"安全模板"和"安全配置和分析"两个基本管理单元,如图 4-5 所示。

(2) 系统管理员也可以根据实际需要添加其他管理单元,然后单击"关闭"按钮关闭"添加独立管理单元"对话框,即可在"添加/删除管理单元"对话框的列表框中看到所添加的管理单元,如图 4-6 所示。

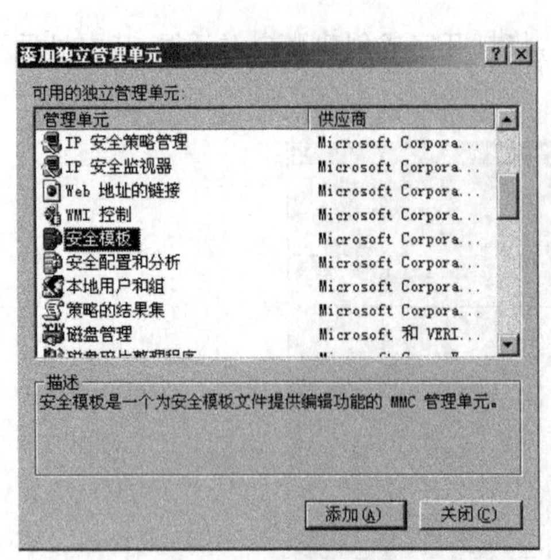

图 4-5　独立管理单元

图 4-6　添加管理单元

(3) 创建新的安全模板之后,管理员还需要创建"安全配置和分析"管理单元数据库,并把安全模板加载到该数据库中。在控制台窗口的"安全配置和分析"管理单元节点单击鼠标右键,在弹出的快捷菜单中选择"打开数据库"命令,如图 4-7 所示。

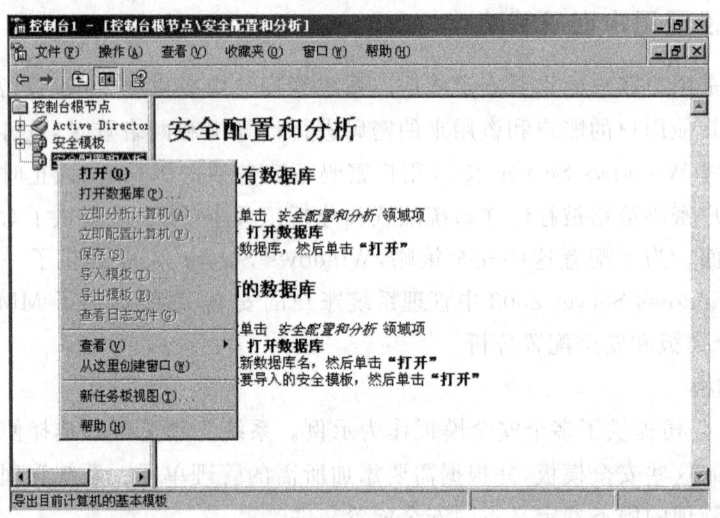

图 4-7　控制台

(4) 在打开的"打开数据库"对话框中,管理员可以在"文件名"文本框中为需要创建的数据库指定一个名称,然后单击"打开"按钮,如图 4-8 所示。

(5) 在打开的"导入模板"对话框中,选择用于安全配置数据库的模板,如 securedc 等,然后单击"打开"按钮即可完成"安全配置数据库"的创建,如图 4-9 所示。

(6) 要激活这个安全配置数据库,可以在控制台的"安全配置和分析"管理单元节点单

图 4-8 “打开数据库”对话框

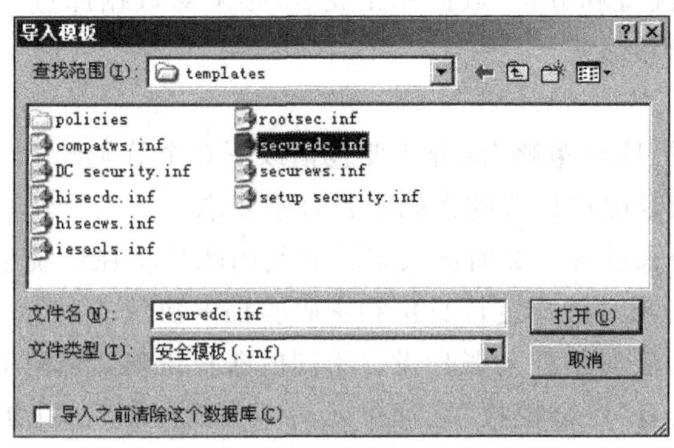

图 4-9 “导入模板”对话框

击鼠标右键，在弹出的快捷菜单中选择“立即配置计算机”命令，打开“配置系统”对话框。按照系统提示保存日志文件，单击“确定”按钮后，系统立即开始配置计算机安全策略，如图 4-10 所示。

(7) 完成数据库的配置后，右击“安全配置和分析”管理单元，在弹出的快捷菜单中选择“立即分析计算机”命令，打开“进行分析”对话框。在该对话框中指定需要分析的日志文件的路径，单击“确定”按钮后，系统立即开始分析系统的安全配置，如图 4-11 所示。

图 4-10 “配置系统”对话框

图 4-11 “进行分析”对话框

(8) 系统分析完毕后，将在“安全配置和分析”管理单元节点下出现安全摘要选项，管理员可以针对每个安全选项进行相应的安全配置，如图 4-12 所示。

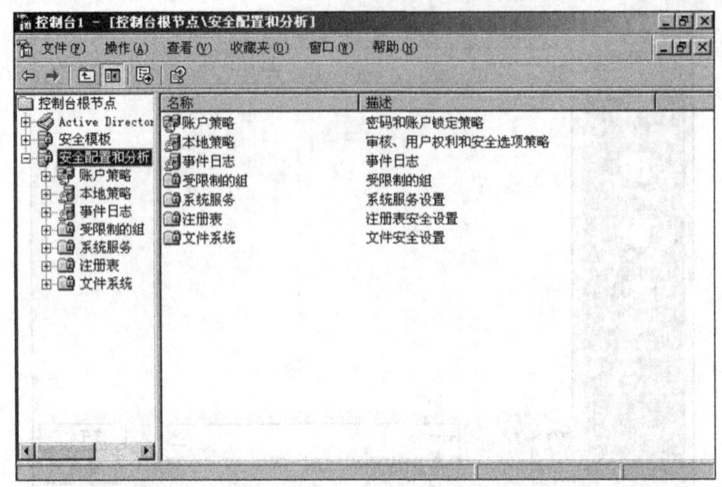

图 4-12　控制台界面

第一次创建“安全配置和分析”数据库完成后，必须对数据库进行分析才能激活该数据库并配置相关账户安全策略。

2. 设置账户策略

系统管理员设置的“账户策略”部分主要包括以下 3 个分类。

密码策略：用来确定用户设置的密码是否合乎要求。

账户锁定策略：用来设置什么时候及多长时间内账户将在系统中被锁定不能使用。

Kerberos 策略：用来对用户进行身份和密码验证的协议。

管理员可以根据需要对创建的账户设置不同的账户策略，具体的设置操作步骤如下。

(1) 打开或创建具有“安全模板”管理单元的 MMC 控制台，并扩展“安全模板”管理单元的节点，在选定的安全模板文件节点上继续扩展至“账户策略”，如图 4-13 所示。

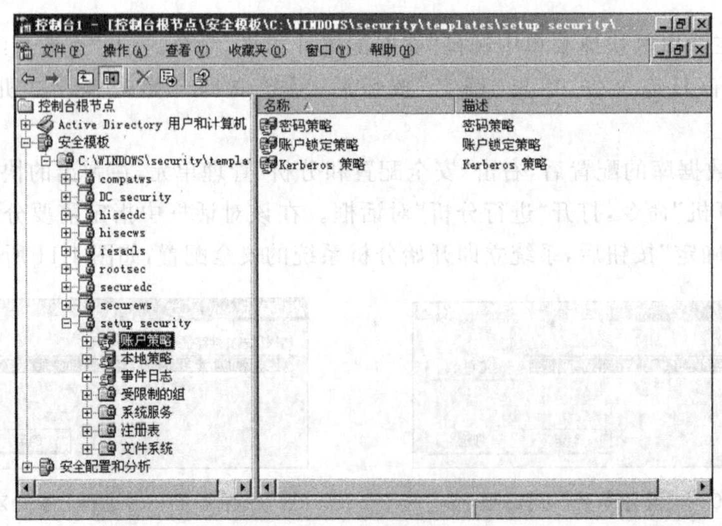

图 4-13　用户账户策略

(2) 单击“密码策略”子节点，在右边的窗格中将显示相关的配置控制列表，可以通过修改特定的参数设置账户的“密码策略”，如图 4-14 所示。

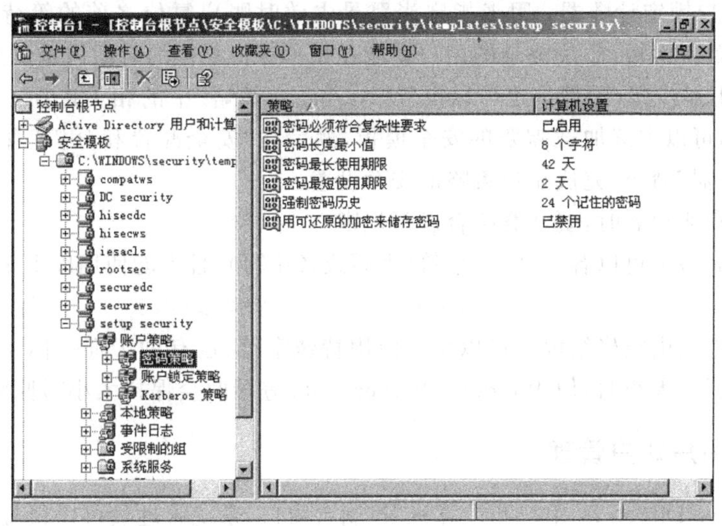

图 4-14　密码策略

例如，要禁用“密码必须符合复杂性要求”选项，可以在该选项上右击，在弹出的快捷菜单中选择“属性”命令，或双击该选项打开“属性”对话框，在对话框中可以选择是否启用“密码必须符合复杂性要求”选项，如图 4-15 所示。

如果需要设置账户密码的长度，可以打开“密码长度最小值属性”对话框，在其中指定密码长度的最小值，如图 4-16 所示。

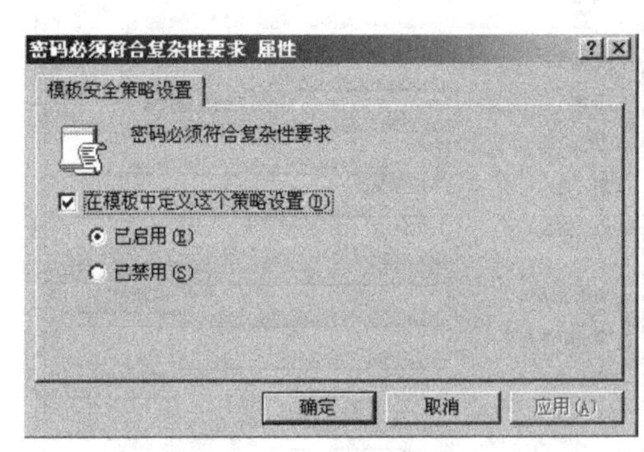

图 4-15　密码复杂性设置

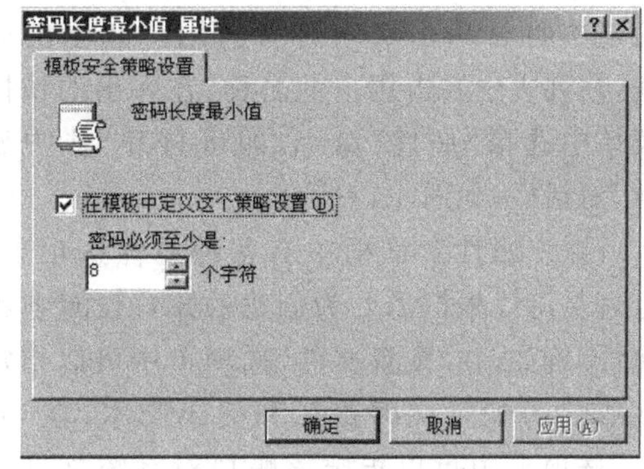

图 4-16　密码长度设置

其他的密码策略选项可以参考上述步骤进行设置，然后单击“确定”按钮即可使设置生效。

(3) 在“账户锁定策略”中，管理员可以设置相关的策略选项保证系统登录的安全性，主要包括以下选项。

① 账户锁定阈值：用来指定账户自动被禁用之前允许登录失败的次数，一般情况下可以把该阈值设置在 4～7 之间。这样能给用户足够的时间确定大写字母锁定键是否已被激活，并防止非法用户通过多次登录来测试账户的密码。

② 账户锁定时间：用来设置当达到账户锁定次数之后的账户保持锁定的时间值。一般情况下，管理员可以把该选项禁用，以防止锁定的账户自动变成重新启用。

③ 复位账户锁定计数器：用来指定当登录失效时账户复位之前的等待时间值。如果这个时间值设置得太短，非法登录的用户就能在账户等待复位的时间内重复测试密码。

(4) 参考上述步骤，管理员也可以设置“Kerberos 策略”中的相关选项。在设置了所有账户策略之后，可以继续加载需要的安全模板，然后在“安全配置和分析”管理单元中选择“立即配置服务器”命令，完成账户策略的安全设置。

在输入用户账户名时，要注意符合以下规则。

用户登录名最多可以容纳 20 个字符(大写或者小写)，且不能使用以下字符：

/ " [ ] : ; | = ? + * ? ＜＞

用户名不能仅由空格组成。可以组合使用特殊字符，这有助于唯一标识用户账户。用户的登录名不区别大小写，但 Windows Server 2003 登录时会保持大小写原状。

4.4.3　用户账户管理

通过“Active Directory 用户和计算机”控制台窗口，系统管理员可以很方便地完成用户账户管理的各种操作，包括设置用户账户的属性、重设用户账户的密码，以及移动、禁用、启用和删除用户账户等。

1. 设置账户属性

所有用户账户的属性管理都是通过 Active Directory 用户和计算机应用程序完成的。要设置账户的属性，可以打开“Active Directory 用户和计算机”控制台窗口，单击需要管理的域节点，选择 Users 子节点，右边的窗格中将显示出域中的当前用户和组的列表，在列表中右击用户的名称，在弹出的快捷菜单中选择“属性”命令，即可打开“账户属性”对话框，如图 4-17 所示。

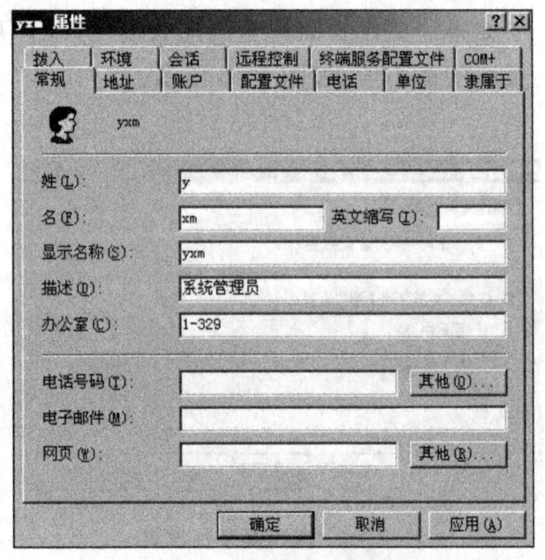

图 4-17　用户属性

账户属性对话框中有各种属性选项卡，管理员可以根据需要为创建的账户设置各种属性，例如，在“配置文件”选项卡中可以指定该账户的配置文件路径和登录脚本；在“安全”选项卡中可以指定该账户对系统文件的访问权限等。

2. 重设用户密码

在网络管理中，系统管理员需要定期修改用户的密码，以维护网络的登录安全。另外，当出现用户密码被人盗用或用户感到有必要修改密码时，系统管理员也应修改用户密码。通常，系统管理员可以通过使用 Windows Server 2003 提供的修改密码工具重新设置用户密码，所设置的密码应与用户所在的组织单元和用户账户的各种信息应保持一致性，以方便用户记忆。

重新设置用户密码的具体操作步骤如下。

(1) 打开“Active Directory 用户和计算机”控制台窗口,展开域节点并单击 Users 子节点,在右边的窗格中将显示出域中的当前用户和组的列表,在需要重新设置密码的用户账户上右击,从弹出的快捷菜单中选择“重设密码”命令,打开“重设密码”对话框,如图 4-18 所示。

(2) 在对话框中的“新密码”和“确认密码”文本框中输入要设置的新密码。如果管理员需要用户在下次登录时修改密码,可以选中“用户下次登录时须更改密码”复选框,然后单击“确定”按钮保存设置,同时系统会打开确认信息对话框,单击“确定”按钮即可完成设置。

在重新设置了用户密码后,用户必须注销之后重新登录,新密码才能生效。

3. 移动用户账户

移动用户账户就是将用户账户从一个组织单元或容器移动到另一个组织单元或容器。在一个大型网络中,用户账户经常被移动。例如,当一个用户从一个部门调到另一个部门时,管理员就应当将其账户移动到代表目标部门的组织单元中。

在 Windows Server 2003 中,移动用户账户的操作不但可以在本地域中进行,还可以在不同的域中进行。这就大大方便了管理员对用户账户的管理,减少了管理员重新创建用户账户的工作量。例如,管理员要删除域林中的一个域,但又不想删除该域中的用户账户设置,就可以将所有的用户账户移动到新的域中。

移动用户账户的具体操作步骤如下。

(1) 打开“Active Directory 用户和计算机”控制台窗口,展开域节点并单击 Users 子节点,在右边的窗格中将显示出域中的当前用户和组的列表,在需要移动的用户账户上右击,从弹出的快捷菜单中选择“移动”命令,打开“移动”对话框,如图 4-19 所示。

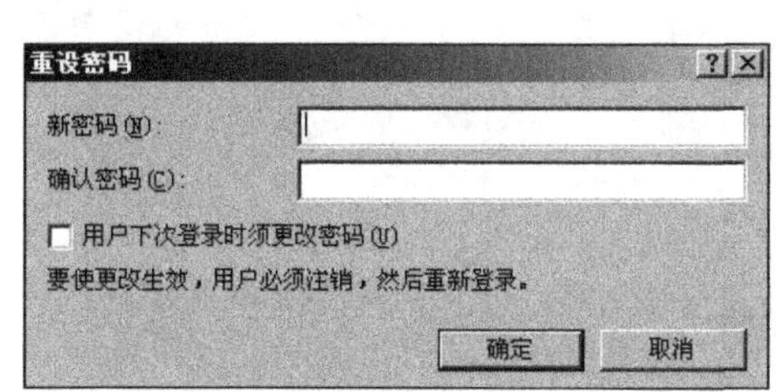

图 4-18 “重设密码”对话框

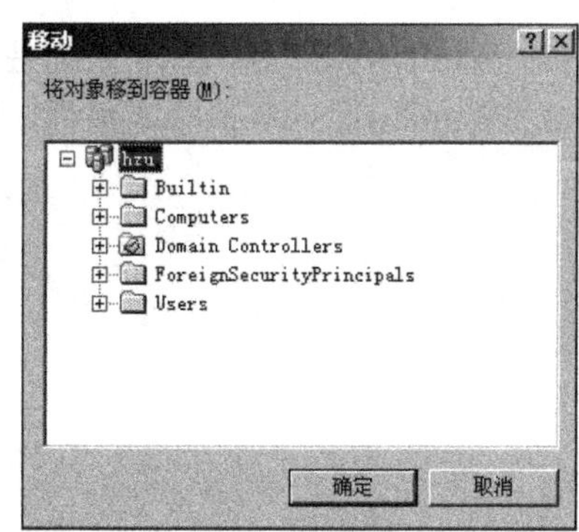

图 4-19 “移动”对话框

(2) 在“将对象移动到容器”列表框中双击域节点,展开该节点。如果网络中有多个域,可以将用户账户移动到其他域中。单击移动的目标组织单元或容器,然后单击“确定”按钮即可完成移动。

4. 禁用用户账户

要禁用用户账户,可打开“Active Directory 用户和计算机”控制台窗口,展开域节点并单击 Users 子节点,在右边的窗格中将显示出域中的当前用户和组的列表,在列表中需要禁用的用户账户上右击,从弹出的快捷菜单中选择“禁用账户”命令,在打开的如图 4-20 所示的确定信息对话框中单击“确定”按钮即可禁用该账户,在用户列表中将出现禁用账户的图标。

5. 启用用户账户

要启用用户账户，可打开“Active Directory 用户和计算机”控制台窗口，展开域节点并单击 Users 子节点，在右边的窗格中将显示出域中的当前用户和组的列表。在列表中需要禁用的用户账户上右击，在弹出的快捷菜单中选择“启用账户”命令，在打开的如图 4-21 所示的确定信息对话框中单击“确定”按钮，即可启用所选择的账户。

图 4-20　禁用用户账户

图 4-21　启用用户账户

6. 删除用户账户

当系统中添加的某个用户账户不再被使用时，管理员应将该用户账户删除以便更新系统的用户信息，防止其他用户使用该用户账户进行系统登录。要删除一个用户账户，可以在“Active Directory 用户和计算机”控制台窗口的目录树中，展开需要删除用户所在的组织单元或容器，然后在详细资料窗格中需要删除的用户上右击，在弹出的快捷菜单中选择“删除”命令，在弹出的信息提示框中单击“是”按钮即可删除该用户。

4.5　思考题

(1) Windows Server 2003 系统是如何实现多用户管理的？

(2) Windows Server 2003 提供了哪几种不同类型的用户账户？各有何特性？

实验 5 Web 服务器的安装与配置

5.1 实验背景知识

Web 服务器也称为 WWW(World Wide Web)服务器,主要功能是提供网上信息浏览服务。WWW 是 Internet 的多媒体信息查询工具,是 Internet 上发展起来的服务,也是发展最快和目前用的最广泛的服务。正是因为有了 WWW 工具,才使得 Internet 迅速发展,且用户数量飞速增长。

IIS(Internet Information Server)是 Microsoft 公司的 Web 服务器产品,是允许在公共 Intranet 或 Internet 上发布信息的 Web 服务器。IIS 是目前最流行的 Web 服务器产品之一,很多著名的网站都是建立在 IIS 的平台上。IIS 提供了一个图形界面的管理工具,称为 Internet 服务管理器,可用于监视配置和控制 Internet 服务。IIS 是一种 Web 服务组件,包括 Web 服务器、FTP 服务器、NNTP 服务器和 SMTP 服务器,分别用于网页浏览、文件传输、新闻服务和邮件发送等方面。IIS 使得在网络(包括互联网和局域网)上发布信息成了一件很容易的事。它提供 ISAPI(Intranet Server API)作为扩展 Web 服务器功能的编程接口;同时,还提供一个 Internet 数据库连接器,可以实现对数据库的查询和更新。

5.2 实验目的

掌握在 Windows Server 2003 IIS 6.0 环境下的 Web 服务器安装与配置方法。

5.3 实验设备及环境

服务器或 PC 一台,每 4 人一组。

5.4 实验内容及步骤

当建立和配置 Web 服务器时,首先要安装 IIS 组件。

1. 安装 IIS 6.0

IIS 6.0 安装包下载地址:http://www.xdowns.com/soft/1/71/2008/Soft_40413.html.实验步骤如下:

(1) 依次选择“开始”→“控制面板”命令,双击“添加或删除程序”项,在打开的对话框中,单击“添加或删除 Windows 组件”项,如图 5-1 所示。

(2) 依次单击“应用程序服务器→详细信息”,如图 5-2 所示。

(3) 选择“Internet 信息服务(IIS)”复选框,其他组件根据需要勾选,如图 5-3 所示。

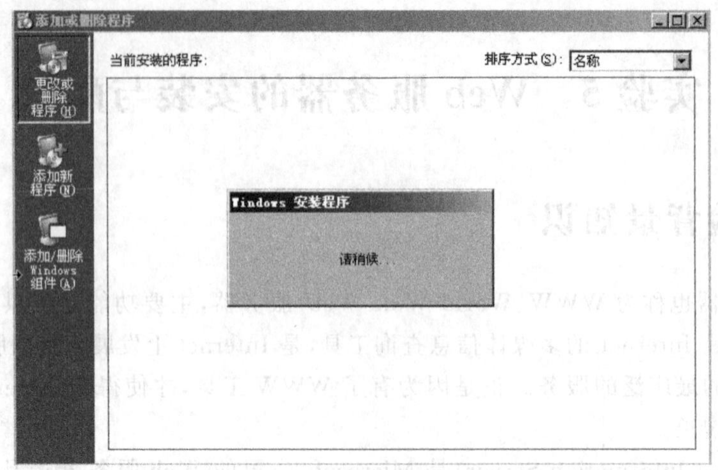

图 5-1 “添加或删除程序”界面

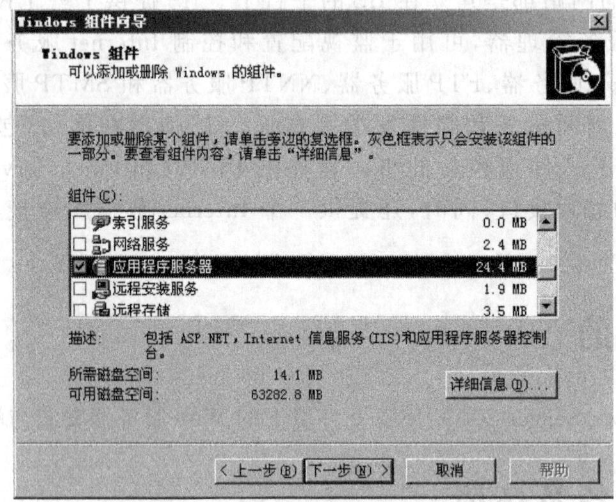

图 5-2 “Windows 组件向导”窗口

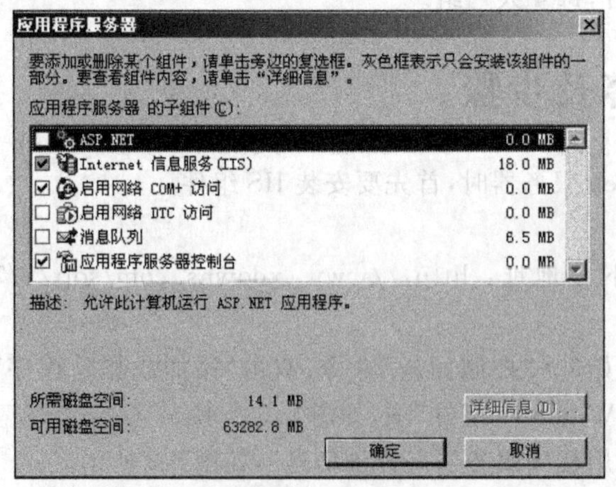

图 5-3 “应用程序服务器”窗口

(4) 单击“下一步”按钮。开始安装,安装的过程会有几次弹出这样的对话框,如图 5-4 所示,单击“确定”按钮。

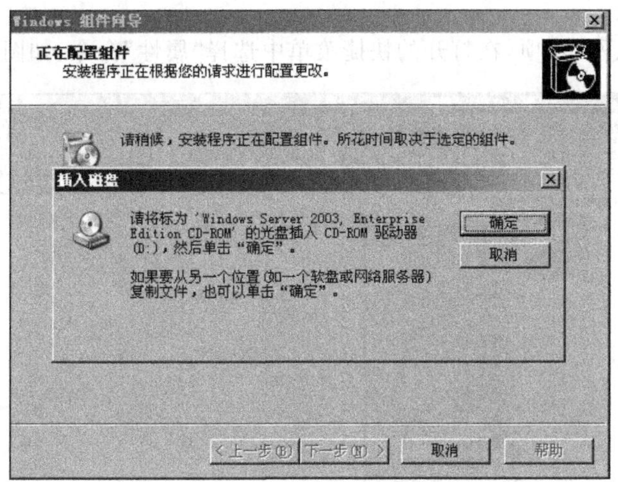

图 5-4 “插入磁盘”对话框

(5) 单击“浏览”按钮,找到 IIS 6.0 安装包相对应的文件(一般会自动寻找),如图 5-5 所示。

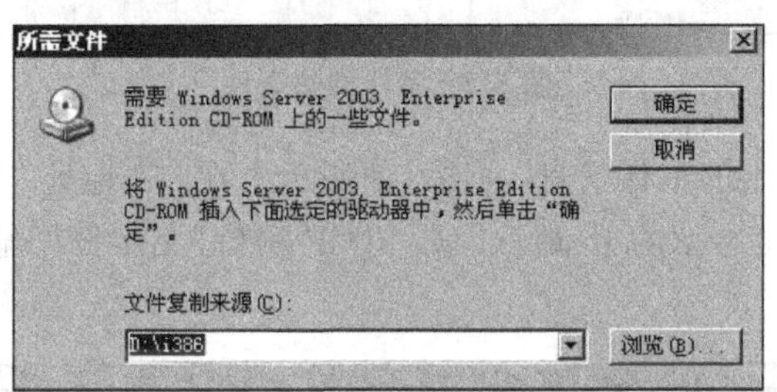

图 5-5 选择文件

(6) 提示“安装过程结束”,如图 5-6 所示。

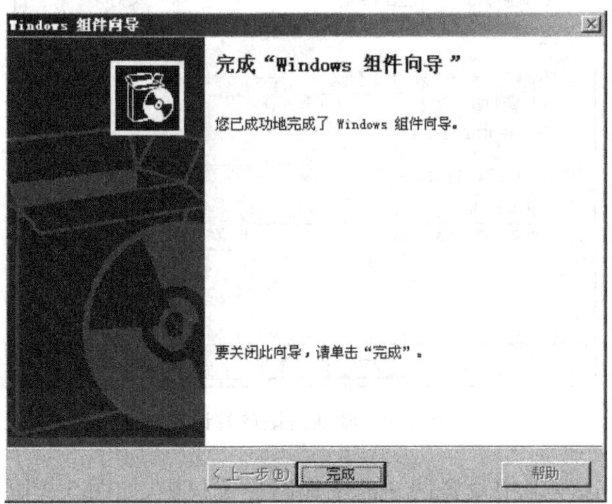

图 5-6 完成安装

2. IIS 6.0 配置

(1) 选择"开始"→"控制面板"命令,双击管理工具项,打开"Internet 信息服务(IIS)管理器"窗口。

(2) 右击"默认网站"项,在打开的快捷菜单中选择"属性"命令,如图 5-7 所示。

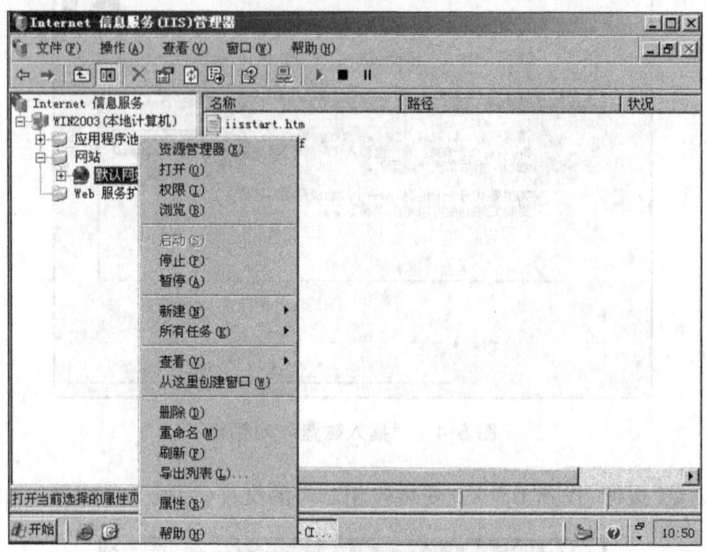

图 5-7 默认网站属性

(3) 设置默认站点上的具体信息,如图 5-8 所示。在"IP 地址"下拉列表框中可以选择"全部未分派"项或"指定本地的 IP 地址"项,"TCP 端口"文本框中输入 80,表示 Web 服务器默认的端口。

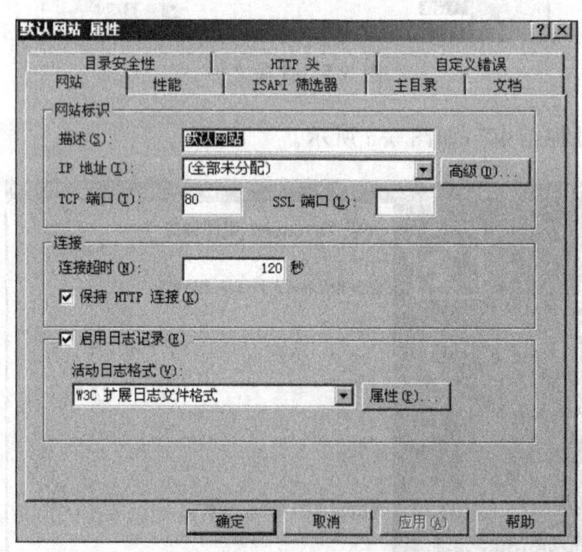

图 5-8 默认网站属性设置

(4) 在"主目录"选项卡中设置网站的本地路径及权限,如图 5-9 所示。

(5) 在"文档"选项卡中设置网站的首页,如图 5-10 所示。

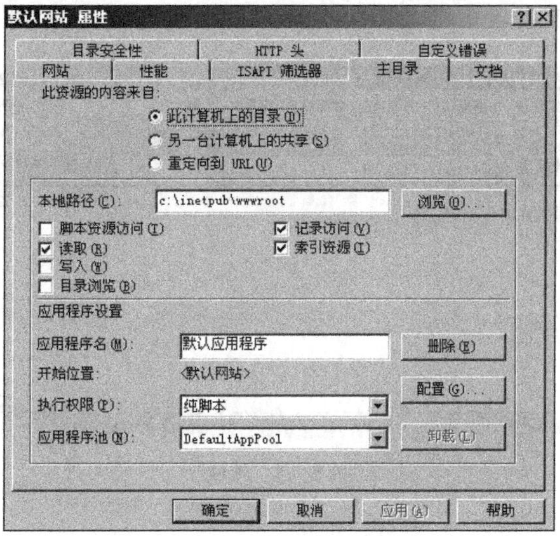

图 5-9 “主目录”选项卡

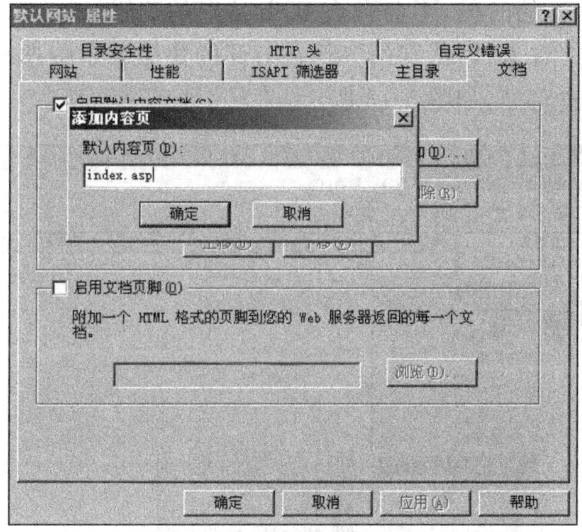

图 5-10 “文档”选项卡

(6) 在网站的本地路径下放置一个 htm 文件,如图 5-11 所示。

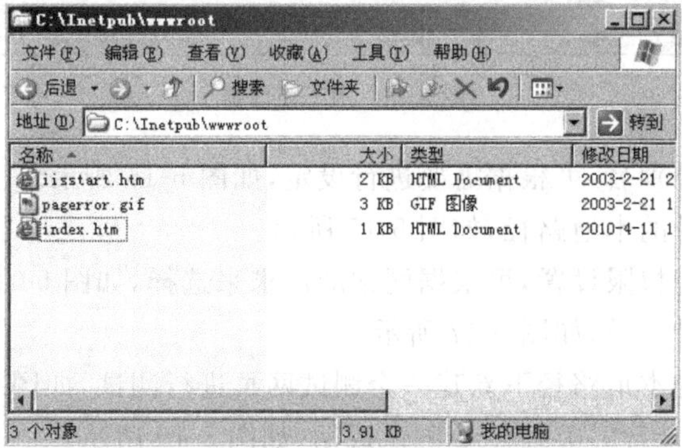

图 5-11 放置 htm 文件

（7）访问 http://127.0.0.1 或 http://localhost 进行测试，如图 5-12 所示。

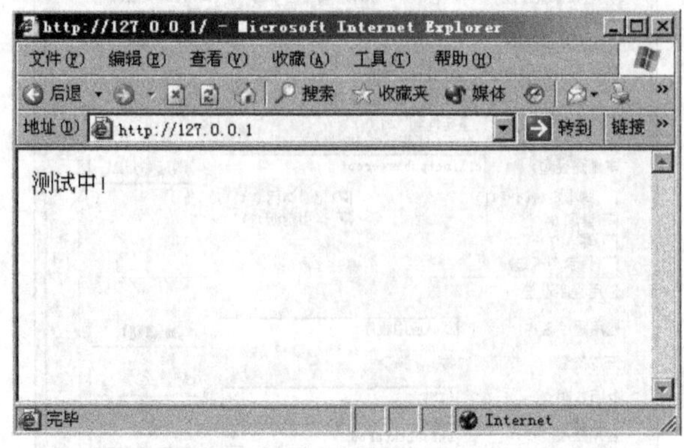

图 5-12 测试

3. 配置虚拟目录

配置虚拟目录可以将数据分散保存到不同的磁盘或计算机上，便于管理和维护；如果当数据移动到其他物理位置的时候，不会影响 Web 站点的逻辑结构。具体配置步骤如下。

（1）在 IIS 管理器中右击“默认网站”项，在打开的快捷菜单中选择“新建”→“虚拟目录”命令，进入虚拟目录创建向导，如图 5-13 所示。

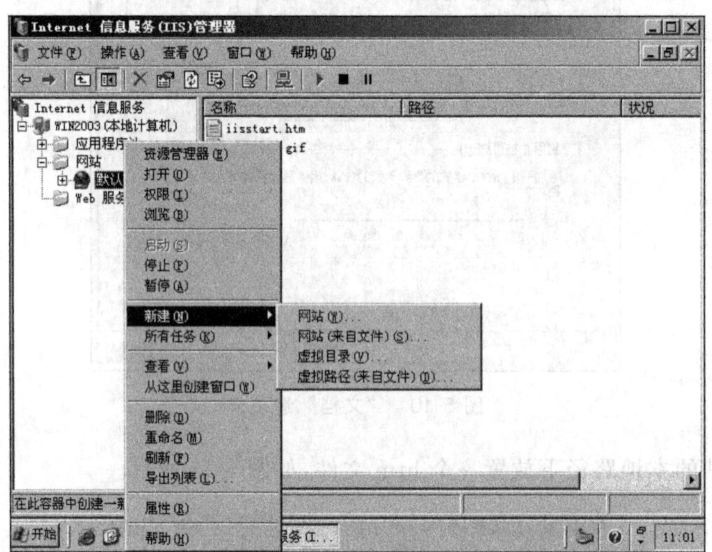

图 5-13 IIS 管理器

（2）设置虚拟目录别名，可根据需要进行设定，如图 5-14 所示。

（3）设置虚拟目录的本地路径，如图 5-15 所示。

（4）虚拟目录访问权限设置，可根据网站的需求来选择，如图 5-16 所示。

（5）完成虚拟目录向导，如图 5-17 所示。

（6）在虚拟目录的本地路径下新建一个测试网页进行测试，如图 5-18 所示。

（7）访问 http://127.0.0.1/test/测试成功，如图 5-19 所示。

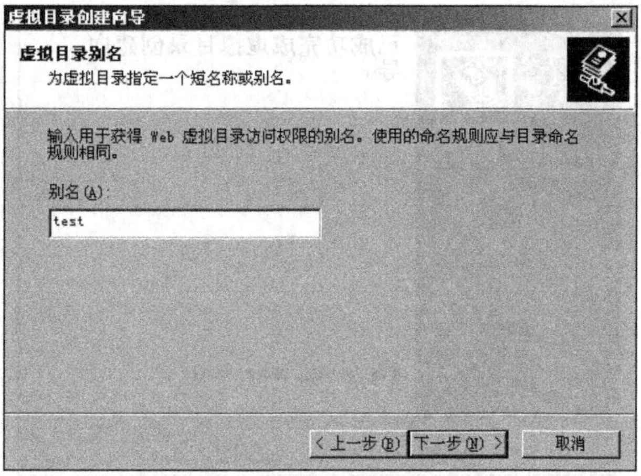

图 5-14　设置虚拟目录别名

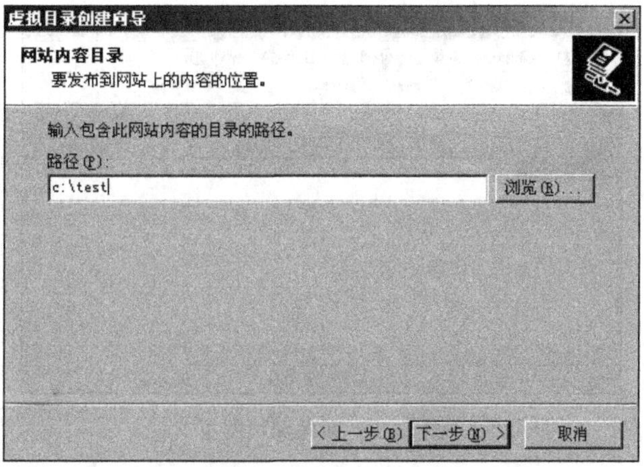

图 5-15　设置虚拟目录本地路径

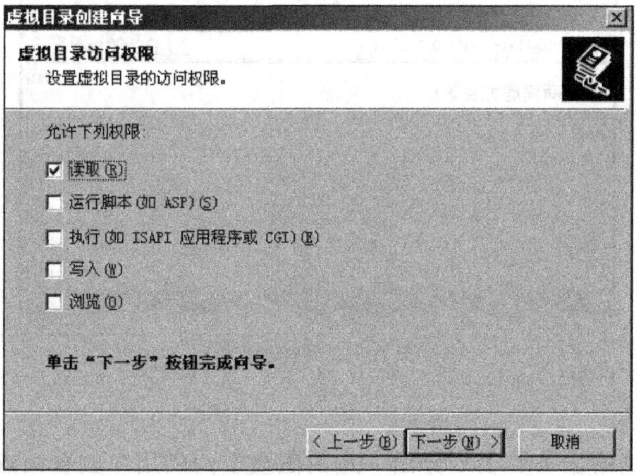

图 5-16　虚拟目录访问权限

图 5-17　完成创建

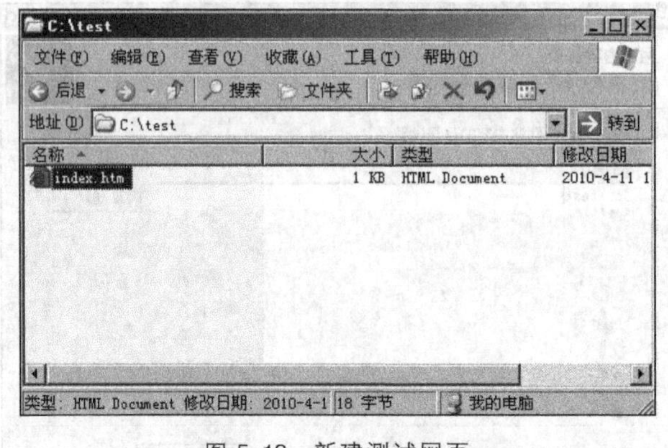

图 5-18　新建测试网页

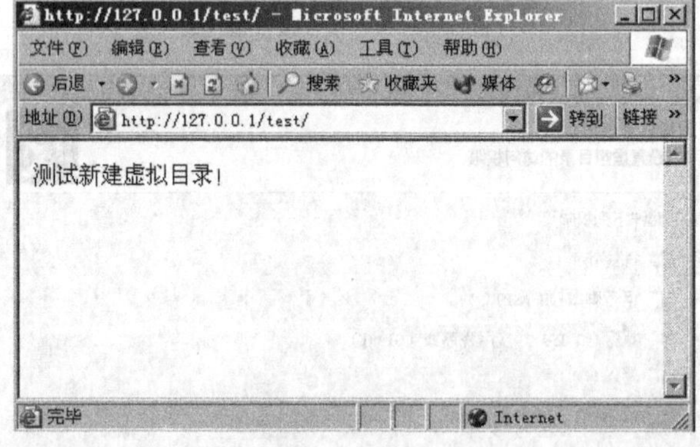

图 5-19　测试成功

4. 配置虚拟主机

虚拟主机是在网络服务器上划分出一定的磁盘空间供用户放置站点、应用组件等，提供必要的站点功能、数据存放和传输功能。所谓虚拟主机，也叫“网站空间”，就是把一台运行在互联网上的服务器划分成多个“虚拟”的服务器，每一个虚拟主机都具有独立的域名和完整的 Internet 服务器(支持 WWW、FTP、E-mail 等)功能。

配置虚拟主机一般有三种方法：使用不同的 IP 地址；使用相同的 IP 地址、不同的 TCP 端口；使用相同的 IP 地址和 TCP 端口、不同的主机头。

1) 通过不同的 IP 地址来访问

先配置两个 IP 地址为 192.168.184.4 和 192.168.184.5，本机的 IP 是 192.168.184.4，再添加 192.168.184.5，步骤如下：

(1) 右击"本地连接"项，在打开的快捷菜单中选择"属性"命令，打开"本地连接 属性"对话框，选择"TCP/IP 协议"项，单击"属性"→"高级"按钮，打开如图 5-20 所示的对话框。

(2) 添加 IP 地址 192.168.184.5，如图 5-21 所示。

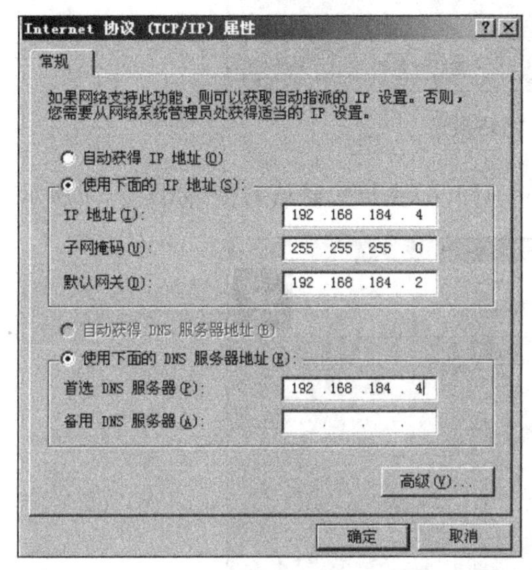

图 5-20 "Internet 协议（TCP/IP）属性"对话框

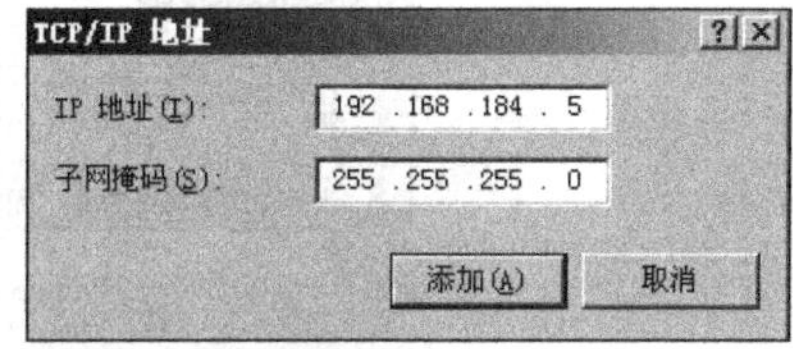

图 5-21 "TPC/IP 地址"对话框

(3) 打开 IIS 管理器，右击"网站"项，在打开的快捷菜单中选择"新建"→"网站"命令，如图 5-22 所示。

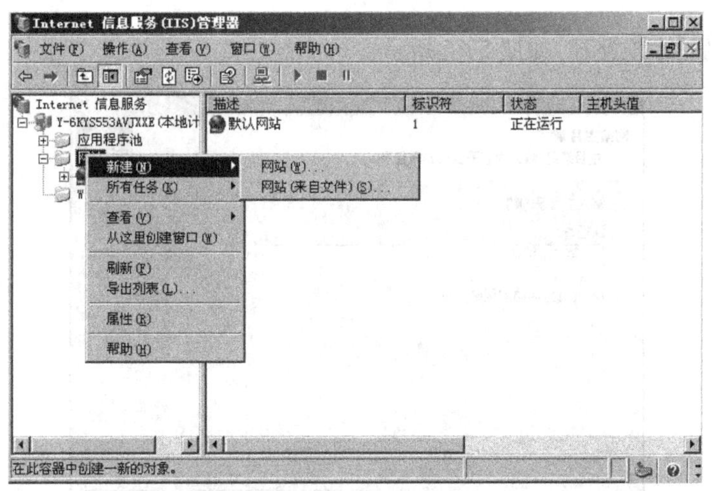

图 5-22 新建网站

（4）输入网站描述，如图 5-23 所示。

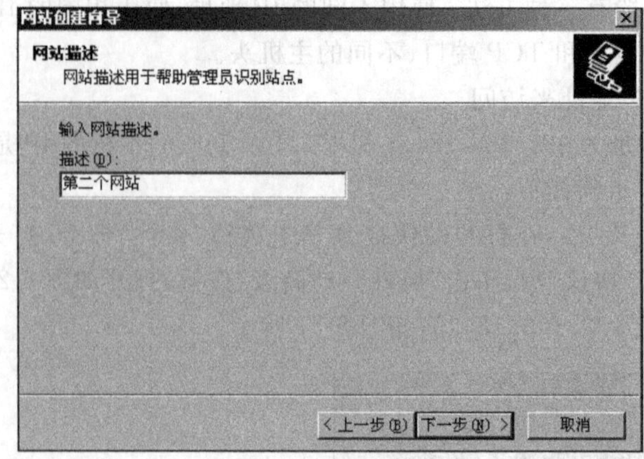

图 5-23　网站描述

（5）网站 IP 地址使用刚才新建的 192.168.184.5，主机头默认为空，如图 5-24 所示。

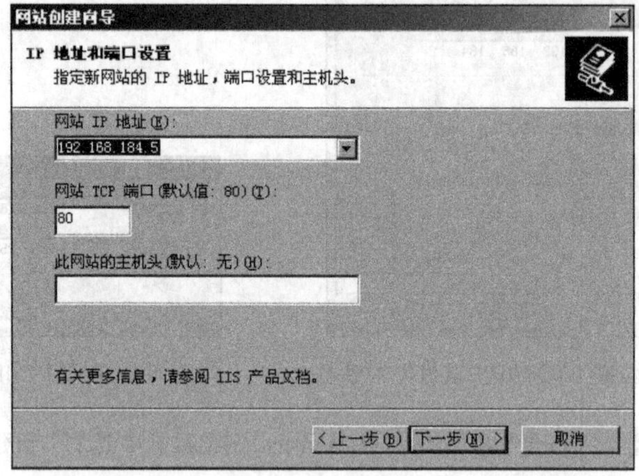

图 5-24　IP 地址和端口设置

（6）输入网站本地路径，如图 5-25 所示。

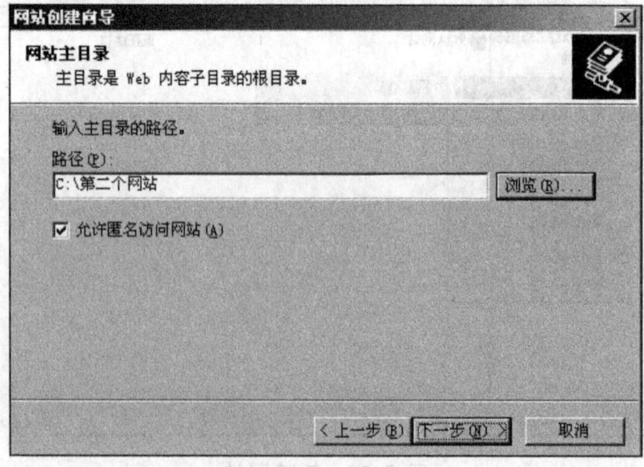

图 5-25　网站路径

(7) 权限设置,如图 5-26 所示。

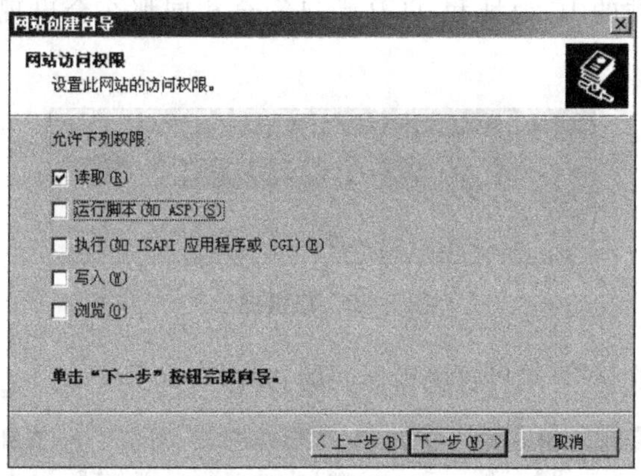

图 5-26 权限设置

(8) 单击"完成"按钮,设置结束,如图 5-27 所示。

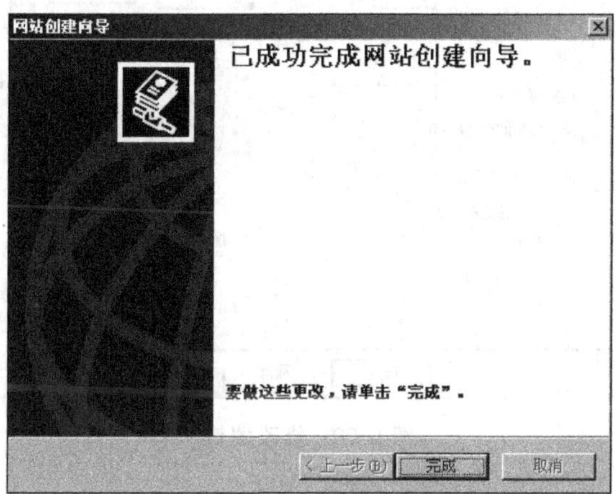

图 5-27 设置完成

(9) 进行测试,如图 5-28 所示。

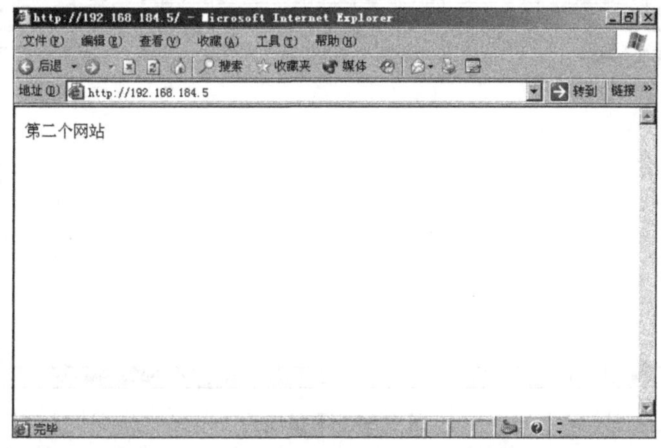

图 5-28 测试成功

2）使用相同的 IP 地址、不同的 TCP 端口

（1）如果两个网站的 IP 地址和 TCP 端口完全相同那么会出现错误提示，如图 5-29 所示。

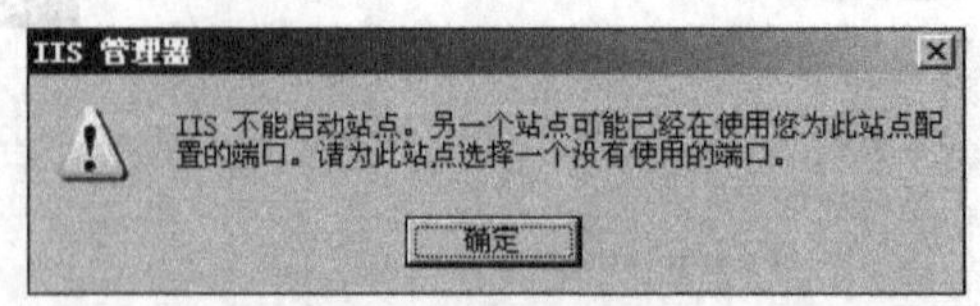

图 5-29　错误提示

（2）可以通过修改 TCP 端口解决错误问题，如图 5-30 所示。

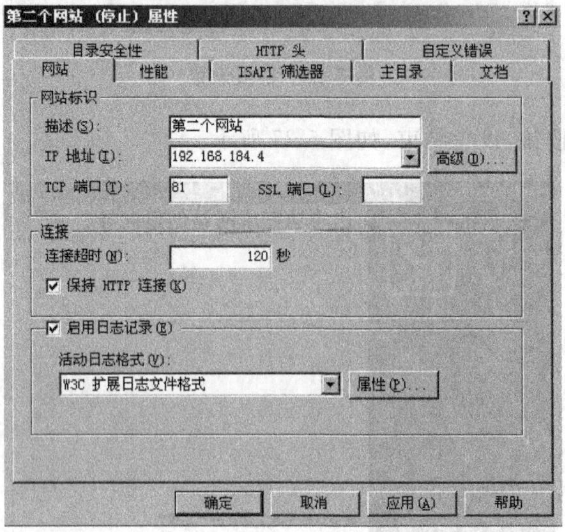

图 5-30　修改端口

（3）进行测试，如图 5-31 所示。

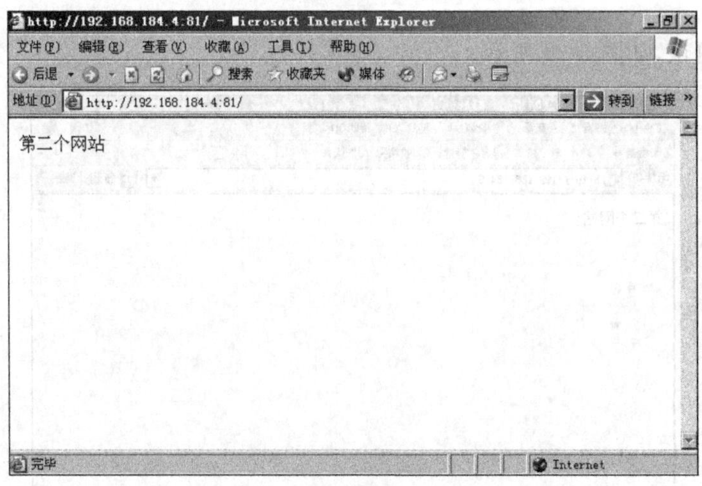

图 5-31　测试成功

3) 使用相同的 IP 地址和 TCP 端口、不同的主机头

在配置主机头之前应先创建 DNS 服务，因为 DNS 可以将域名解析成 IP 地址，将 IP 地址解析成域名。主机头的形式相当于 FQDN，如果当出现相同的 IP 地址和 TCP 端口的时候选择主机头完成相应的配置。关于 DNS 的详细配置，可参考实验 10。假设已经建好 DNS 服务器 hzu. com. dns。

图 5-32 “运行”界面

(1) 进入 DNS 管理器，如图 5-32 所示。已经事先新建了 www 主机头的主机，如图 5-33 所示。

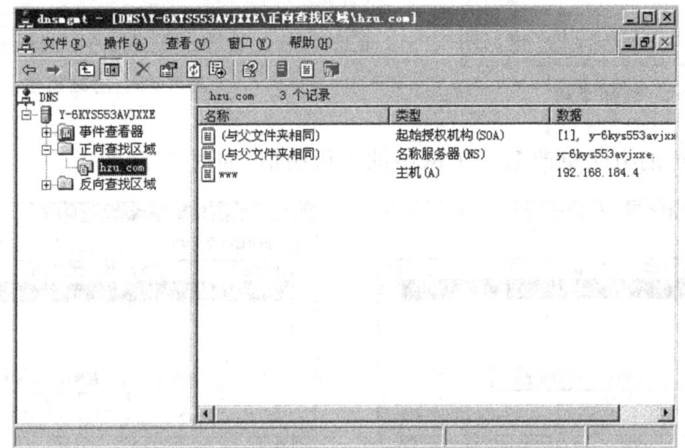

图 5-33 DNS 管理器

(2) 再新建一个主机头为 www1 的主机，如图 5-34 和图 5-35 所示。

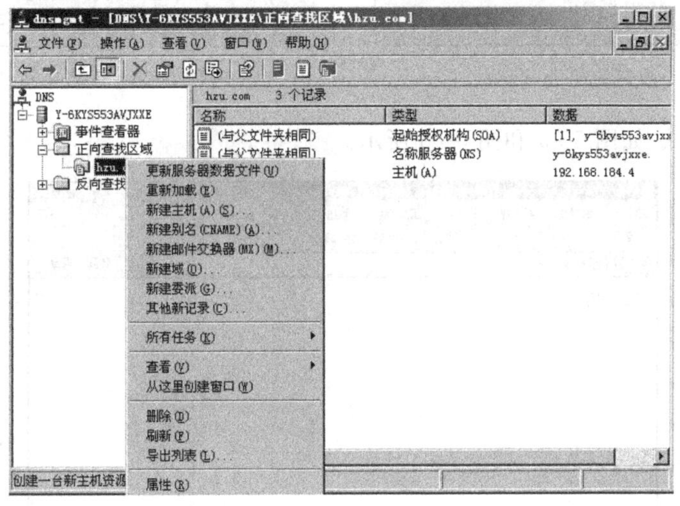

图 5-34 新建主机

(3) 更改第二个网站的属性，将它设置为 www1 的主机头，如图 5-36 和图 5-37 所示。

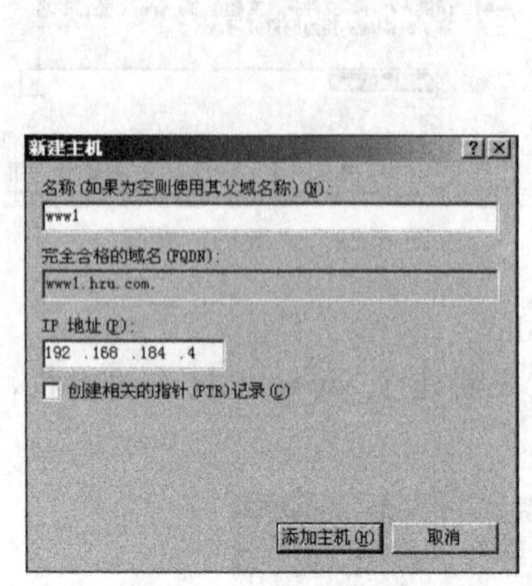

图 5-35　添加主机

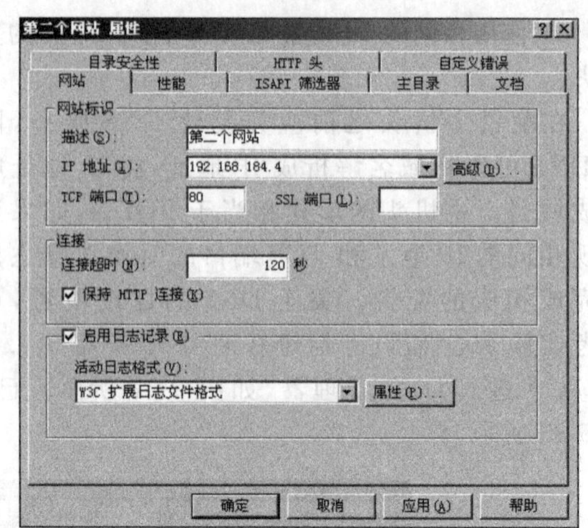

图 5-36　网站属性

(4) 使用同样的方法更改第一个网站的主机头值,如图 5-38 所示。

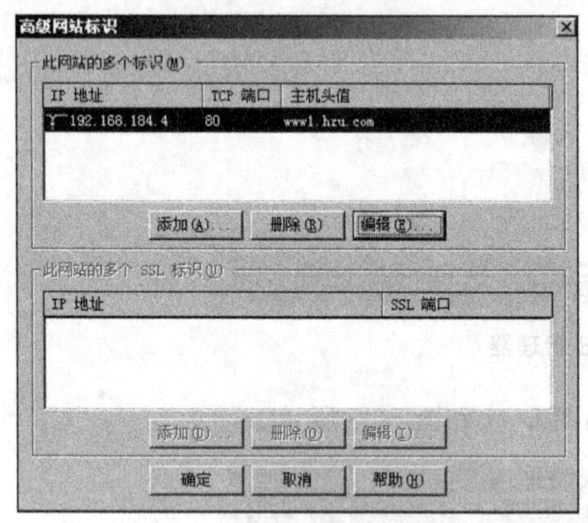

图 5-37　设置主机头 www1

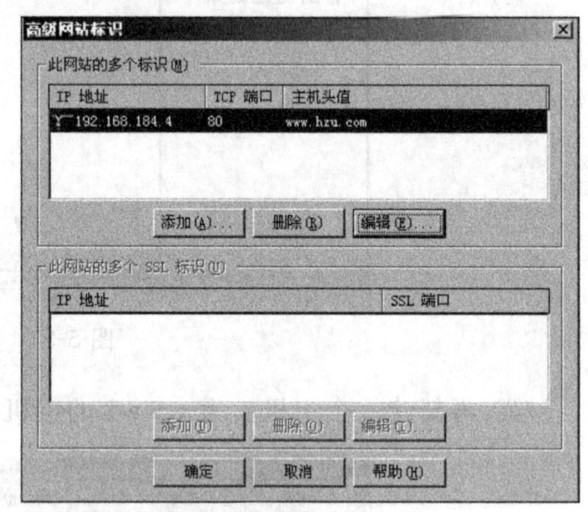

图 5-38　设置主机头 www

(5) 进行测试,如图 5-39 和图 5-40 所示。

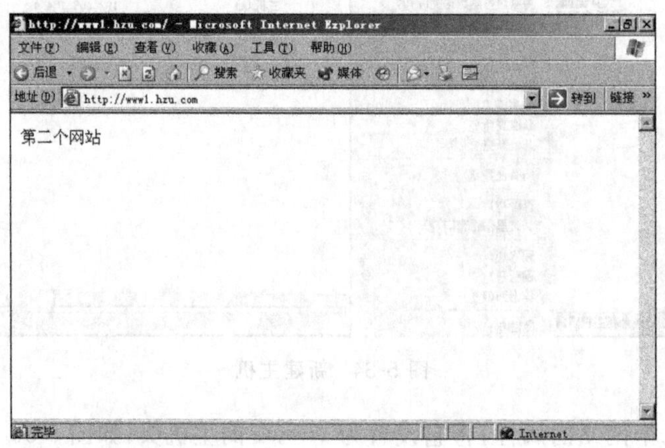

图 5-39　第二个网站

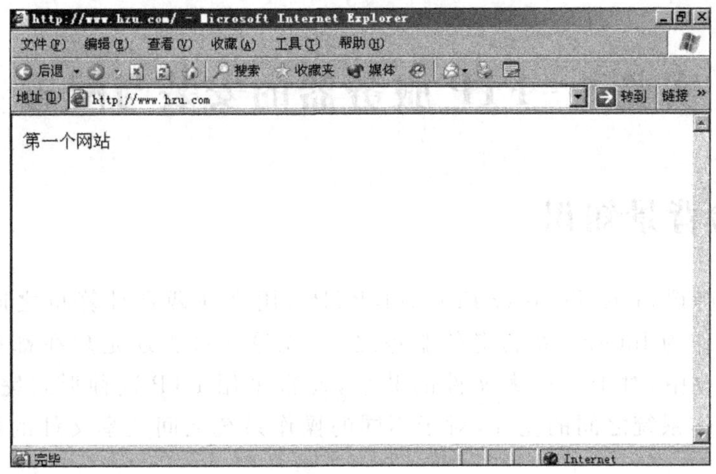

图 5-40 第一个网站

5.5 思考题

(1) Web 服务器的主要功能是什么?

(2) 虚拟目录和虚拟主机各有何用途?

实验6 FTP服务器的安装与配置

6.1 实验背景知识

文件传输协议(File Transfer Protocol,FTP),用来在两台计算机之间互相传送文件。FTP服务作为Internet最古老的服务之一,无论在过去还是现在都有着不可替代的作用。在企业中,对于一些大文件的共享,通常采用FTP这种形式完成,并且由于FTP能消除操作系统之间的差异,对于不同的操作系统之间共享文件的作用就显得尤为突出。

FTP协议有两种工作方式: PORT方式和PASV方式,中文意思为主动式和被动式。

PORT(主动)方式的连接过程是: 客户端向服务器的FTP端口(默认是21)发送连接请求,服务器接受连接,建立一条命令链路。当需要传送数据时,服务器从21端口向客户端的空闲端口发送连接请求,建立一条数据链路传送数据。

PASV(被动)方式的连接过程是: 客户端向服务器的FTP端口(默认是21)发送连接请求,服务器接受连接,建立一条命令链路。当需要传送数据时,客户端向服务器的空闲端口发送连接请求,建立一条数据链路传送数据。因为PORT方式在传送数据时,由服务器主动连接客户端,所以,如果客户端在防火墙或NAT网关后面,用PORT方式将无法与Internet上的FTP服务器传送文件。这种情况需要使用PASV方式。几乎所有的ftp客户端软件都支持这两种方式。

FTP服务器可以以两种方式登录,一种是匿名登录;另一种是使用授权账号与密码登录。其中,一般匿名登录只能下载FTP服务器的文件,且传输速度相对要慢 ,当然,这需要在FTP服务器上进行设置,对这类用户,FTP需要加以限制,不宜开启过高的权限,在带宽方面也尽可能的小,而且需要授权账号与密码登录,需要管理员将账号与密码告诉用户,管理员对这些账号进行设置,如他们能访问到哪些资源,下载与上载速度等。同样,管理员需要对此类账号进行限制,并尽可能地把权限调低,如没十分必要,一定不要赋予账号有管理员的权限。

6.2 实验目的

掌握Windows server 2003 IIS 6.0环境中FTP服务器的安装与配置方法。

6.3 实验设备及环境

服务器或PC一台,每4人一组。

6.4 实验内容及步骤

本文使用的是IIS组件搭建FTP服务器的方式，如果系统中还没有IIS，可参考笔者的文章《Windows 2003 IIS简单安装教程》。

1. 安装IIS

(1) 在控制面板里的“添加或删除Windows组件”里找到“应用程序服务器”→“Internet信息服务”，“文件传输协议(FTP)”等，单击“确定”按钮，如图6-1所示。安装的时候可能会提示要插入安装光盘。

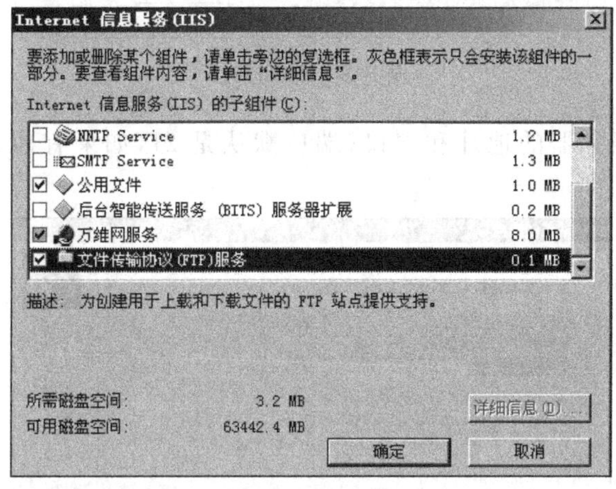

图6-1 安装IIS

(2) 安装完IIS后，进入IIS管理器，系统存在一个默认的FTP站点，并新建一个FTP站点，如图6-2所示。

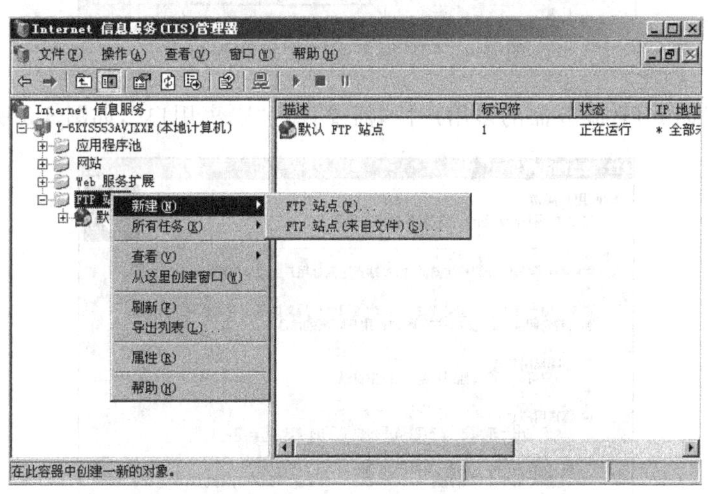

图6-2 新建FTP站点

(3) 输入站点的描述，如图6-3所示。

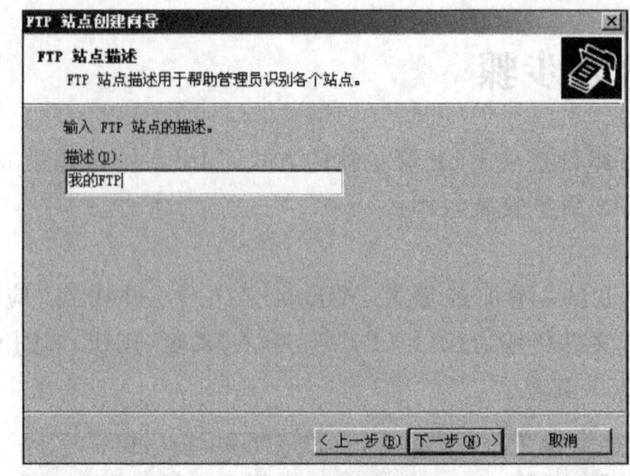

图 6-3 站点描述

(4) 指定 FTP 服务器的地址和端口(端口默认是 21,如果有冲突,请改为其他),如图 6-4 所示。

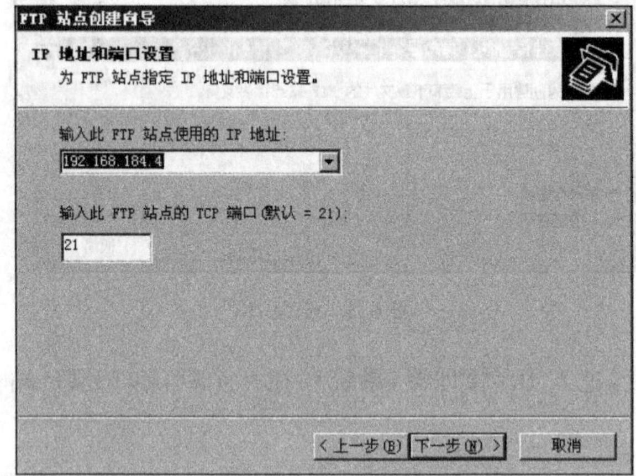

图 6-4 FTP 服务器的地址和端口

(5) 为了保证 FTP 服务器的多用户性,需要设置"隔离用户",如图 6-5 所示。

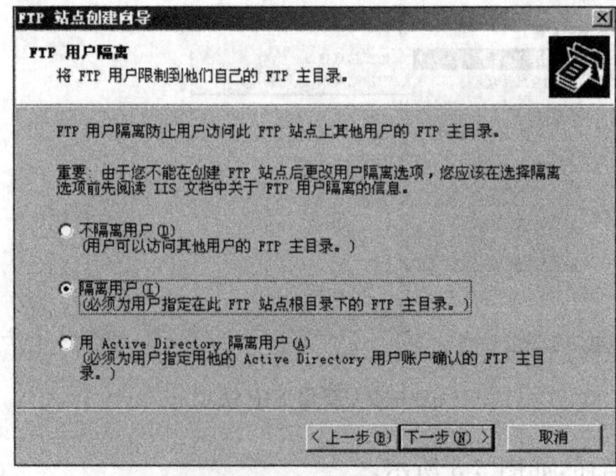

图 6-5 隔离用户

(6) 输入 FTP 主目录路径,如图 6-6 所示。

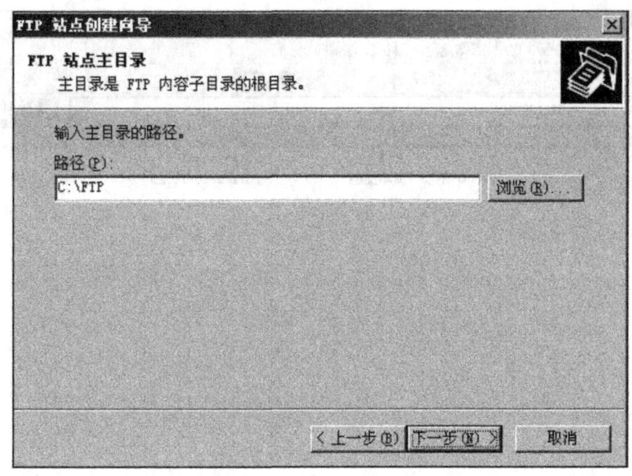

图 6-6 FTP 主目录路径

(7) 权限根据自己的需要设置,如图 6-7 所示。单击"下一步"按钮后 FTP 站点创建完成,如图 6-8 所示。

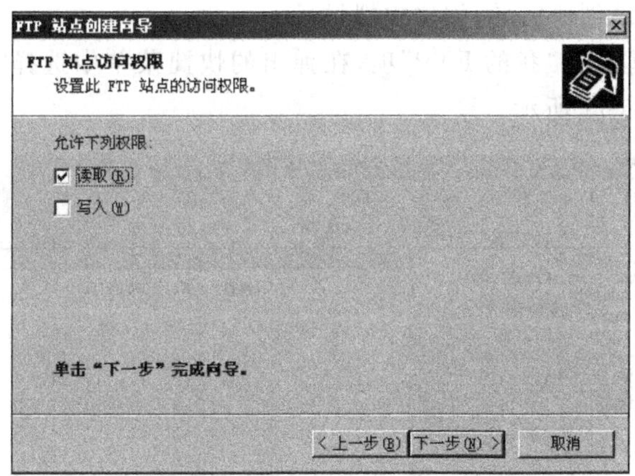

图 6-7 权限设置

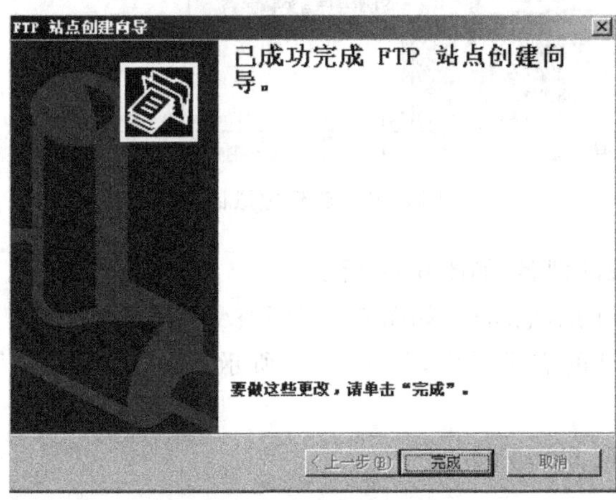

图 6-8 创建完成

(8) 进行测试,如图 6-9 所示。

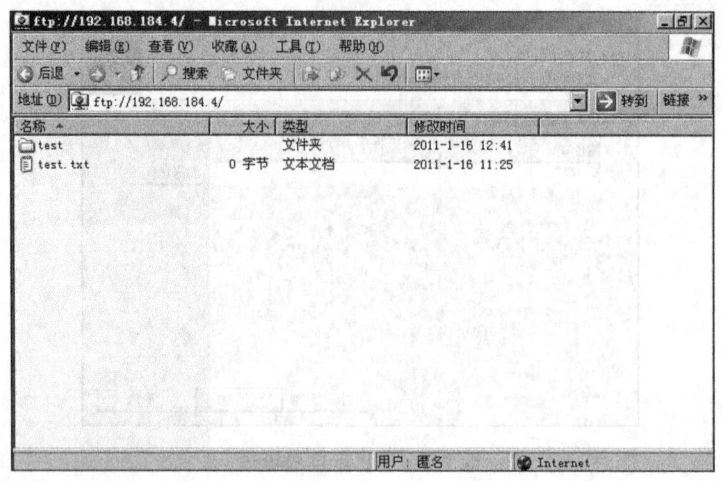

图 6-9 测试成功

2. 虚拟目录

下面使用虚拟目录创建向导,创建虚拟目录

(1) 右击 IIS 管理器的"我的 FTP"项,在弹出的快捷菜单中选择"新建"→"虚拟目录"命令,如图 6-10 和图 6-11 所示。

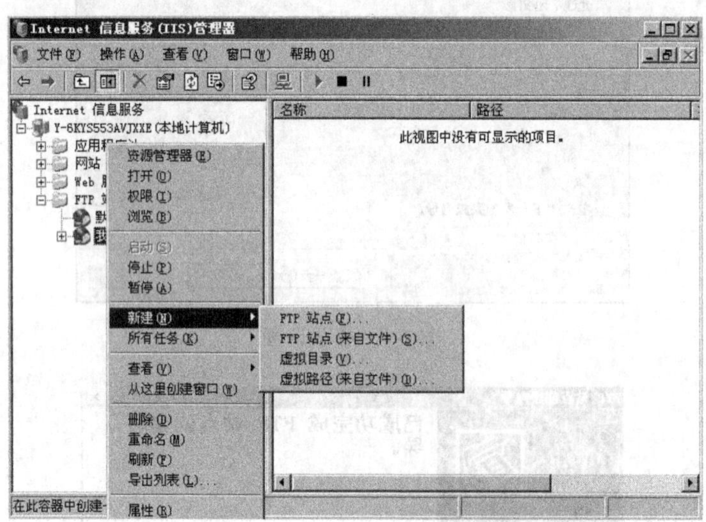

图 6-10 新建虚拟目录

(2) 输入虚拟目录的别名,如图 6-12 所示。

(3) 输入虚拟目录的本地路径,如图 6-13 所示。

(4) 权限根据自己的需求设定,如图 6-14 所示。单击"下一步"按钮后完成向导,如图 6-15 所示。

(5) 进行测试,如图 6-16 所示。

虚拟目录创建向导
欢迎使用虚拟目录创建向导
此向导帮助您在 FTP 站点上新建一个虚拟目录。
要继续，请单击“下一步”。
< 上一步(B)
下一步(N) >
取消

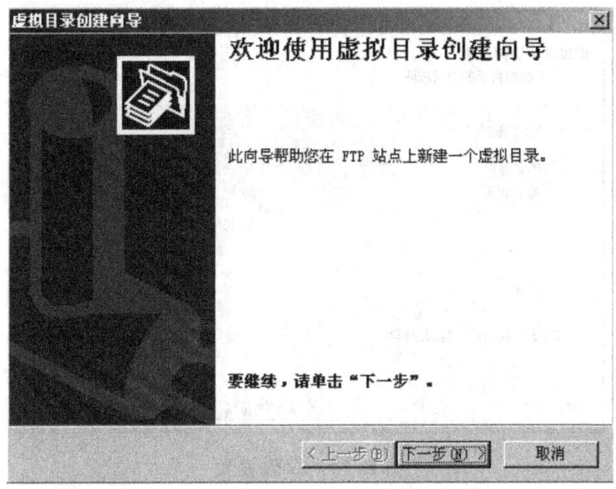

图 6-11 “虚拟目录创建向导”对话框

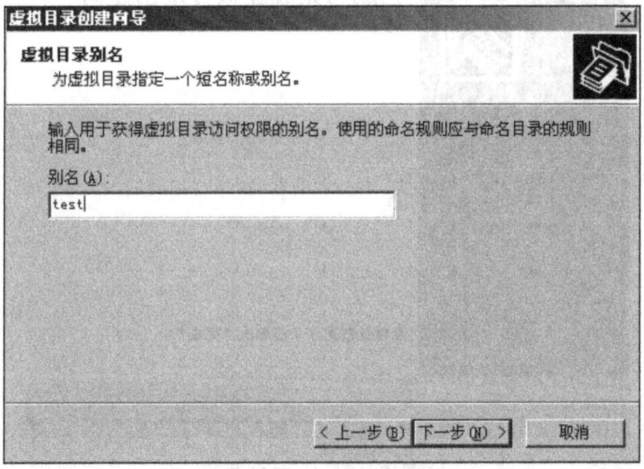

虚拟目录创建向导
虚拟目录别名
为虚拟目录指定一个短名称或别名。
输入用于获得虚拟目录访问权限的别名。使用的命名规则应与命名目录的规则相同。
别名(A):
test
< 上一步(B)
下一步(N) >
取消

图 6-12 虚拟目录别名

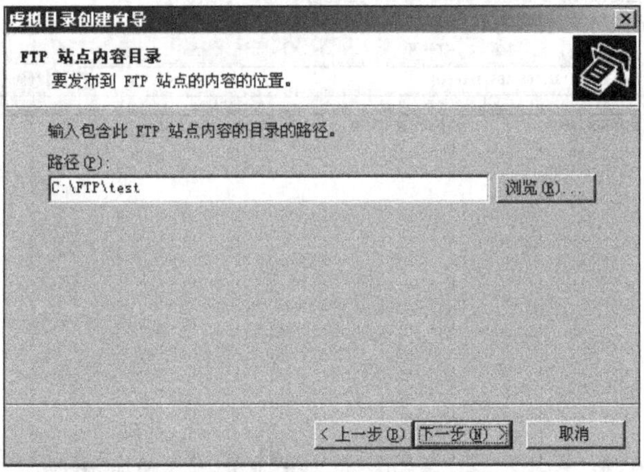

虚拟目录创建向导
FTP 站点内容目录
要发布到 FTP 站点的内容的位置。
输入包含此 FTP 站点内容的目录的路径。
路径(P):
C:\FTP\test
浏览(R)...
< 上一步(B)
下一步(N) >
取消

图 6-13 虚拟目录本地路径

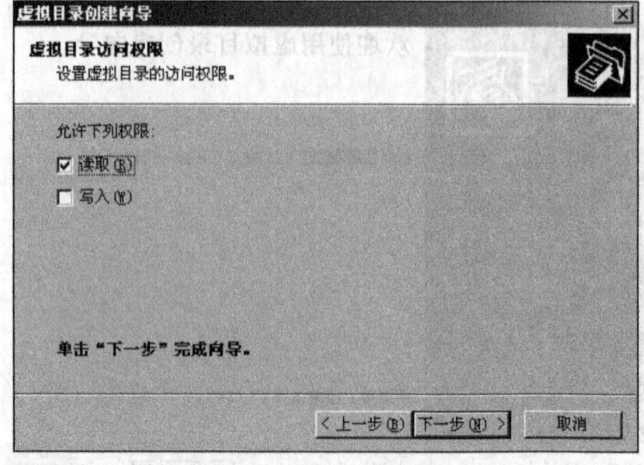

图 6-14 权限设置

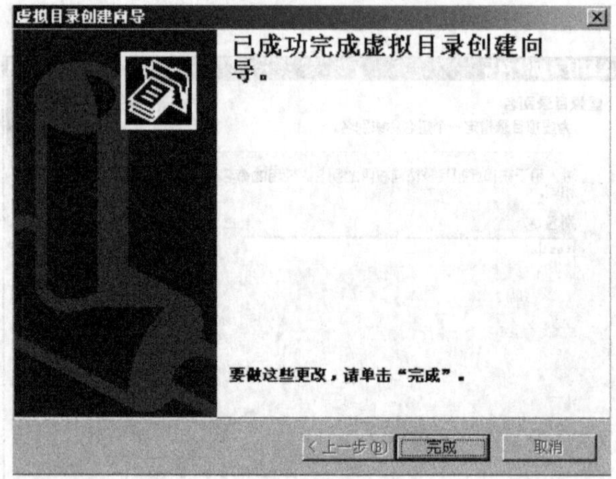

图 6-15 完成向导

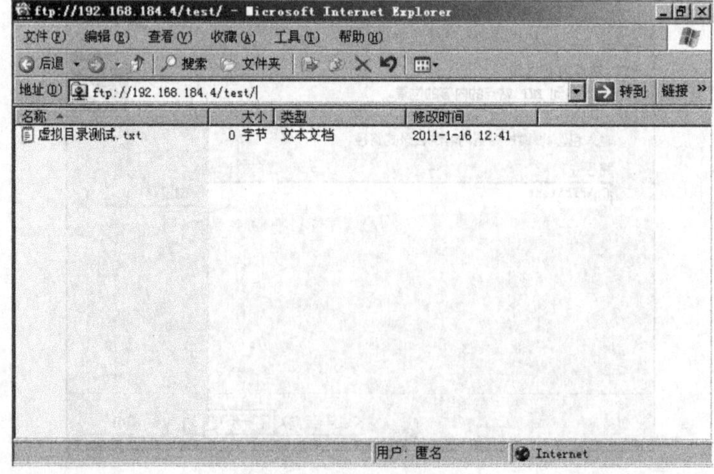

图 6-16 测试成功

3. 管理配置

建立 FTP 站点后，可以对 FTP 站点进行管理和配置，具体步骤如下。

(1) 右击“我的 FTP”项，在快捷菜单中选择“属性”命令，如图 6-17 所示。

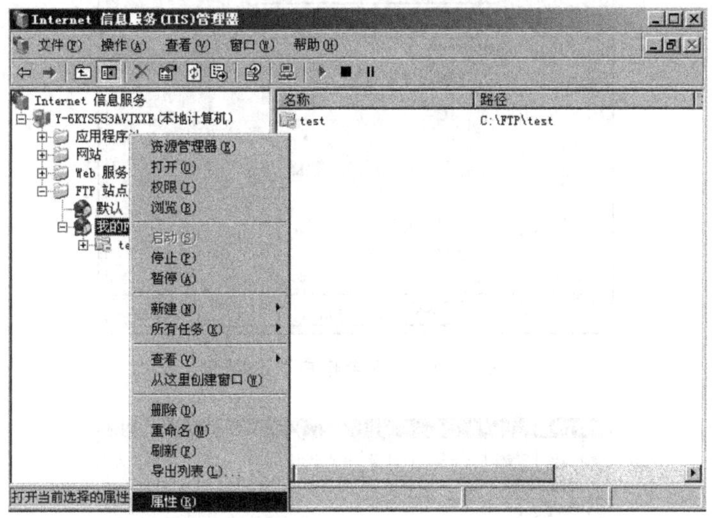

图 6-17　站点属性

(2) 打开“FTP 站点”选项卡，在 FTP 站点中可以更改 FTP 的描述，IP 地址以及端口，连接等，如图 6-18 所示。

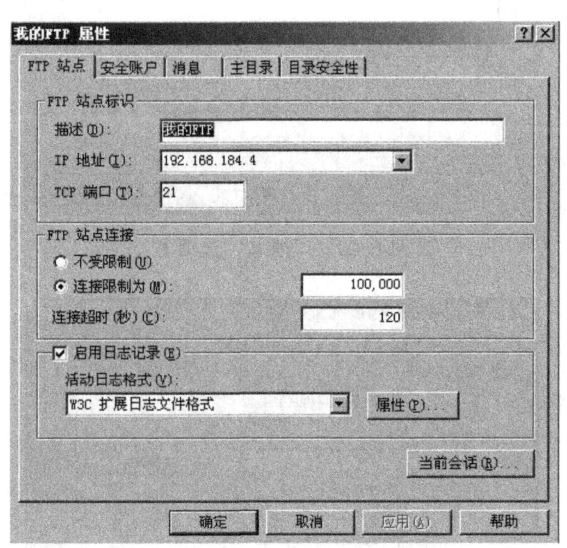

图 6-18　“FTP 属性”选项卡

(3) 在“安全账户”选项卡中，可以设置访问的方式，如图 6-19 所示。

(4) 在“消息”选项卡中，可以设置访问 FTP 服务器的提示消息等，如图 6-20 所示。

(5) 在“主目录”选项卡中，可以设置 FTP 的本地路径及权限等，如图 6-21 所示。

(6) 在“目录安全性”选项卡中，可以设置 FTP 服务器的 IP 及域访问限制等，如图 6-22 所示。

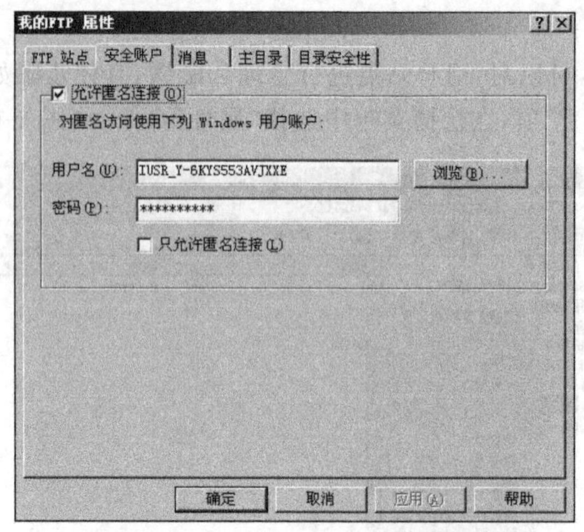

图 6-19 “安全账户”选项卡

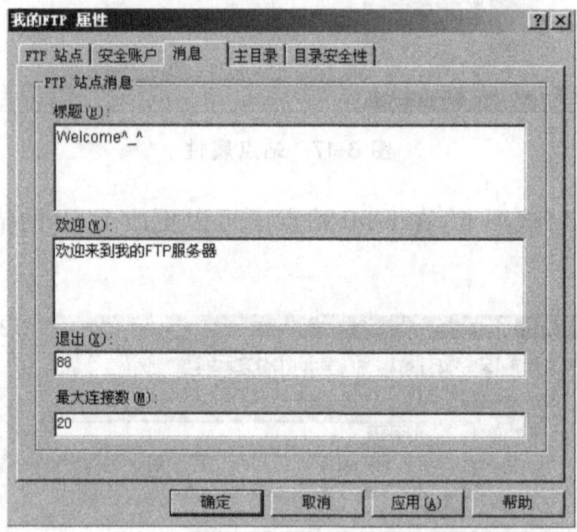

图 6-20 “消息”选项卡

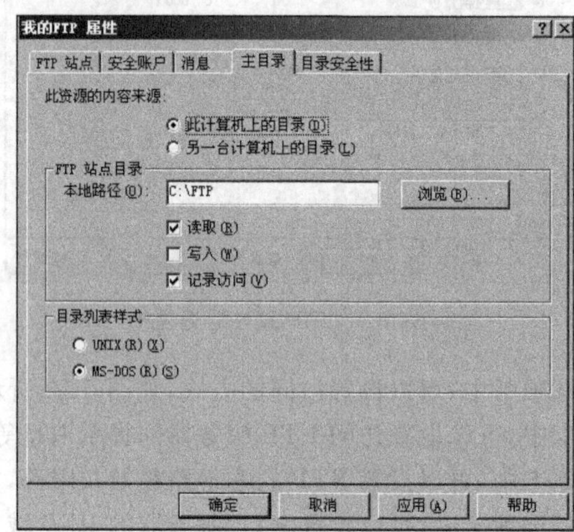

图 6-21 “主目录”选项卡

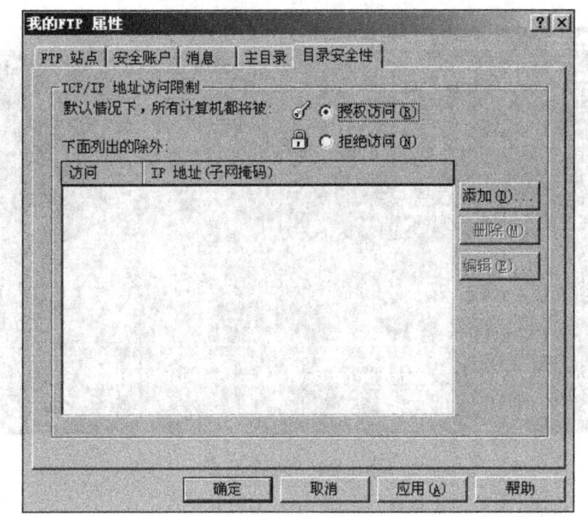

图 6-22 “目录安全性”选项卡

4. 用户隔离

下面进行用户隔离设置。

(1) 本地目录的创建,具体步骤如下:

① 创建一个目录,如 MyFTP。

② 在 FTP 目录下创建一个 localuser 目录,此目录主要存放各用户的数据。

③ 在 localuser 目录创建用户对应的目录,假如“我的电脑”上已经存在了 test1 的用户,那么就在 localuser 的目录下新建一个 test1 文件夹。

④ 倘若想让匿名的用户访问,应该在 localuser 的目录下新建个 public 文件夹,如图 6-23 所示。

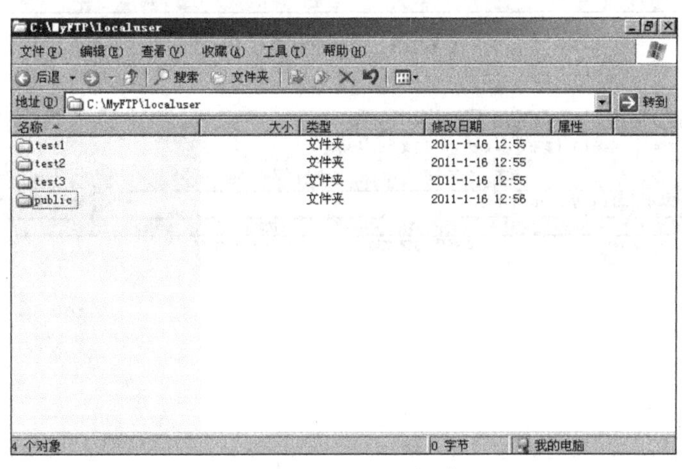

图 6-23 本地目录

(2) 创建用户,可直接用 net user 命令创建,如图 6-24 所示。

(3) 进行访问测试。test1 用户,test2 用户和匿名用户的访问分别如图 6-25~图 6-27 所示。

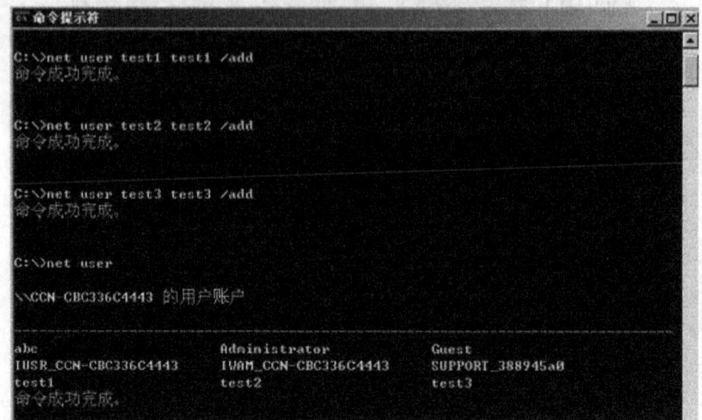

图 6-24　创建用户

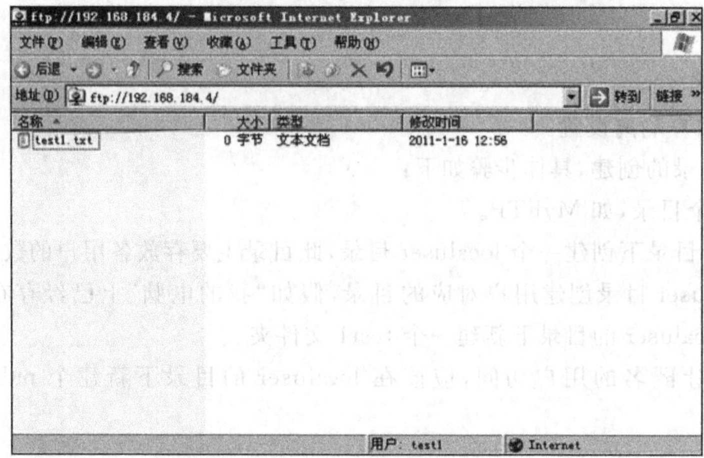

图 6-25　test1 用户访问

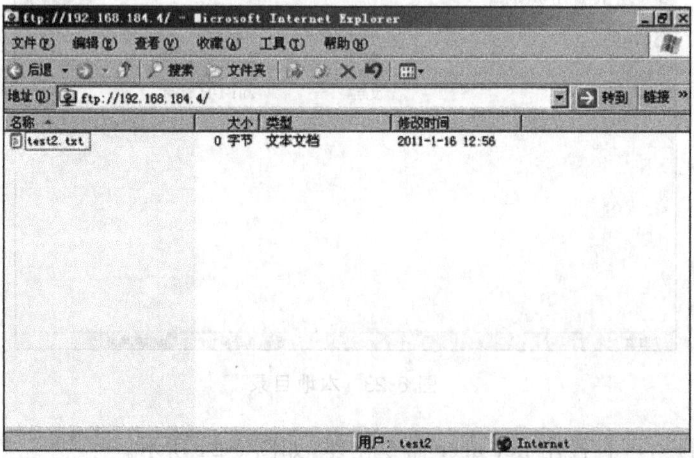

图 6-26　test2 用户访问

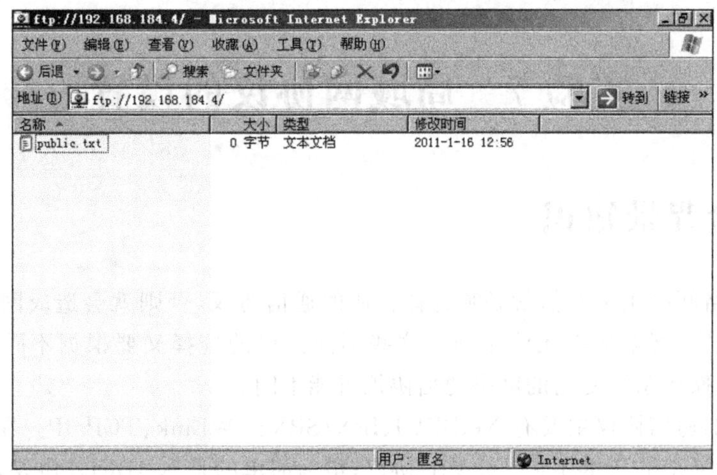

图 6-27　匿名用户访问

6.5　思考题

(1) FTP 协议有哪几种工作方式,有何区别?

(2) 在 Windows Server 2003 IIS 6.0 环境中是如何保证 FTP 服务器的多用户性的?

实验7 局域网协议的设置

7.1 实验背景知识

要实现网络间的正常通信就必须选择合适的通信协议，否则就会造成网络的接入速度太慢，工作不稳定，甚至根本无法接通。这些不同协议的选择又要根据不同的操作系统而定，因为不同的操作系统使用的网络通信协议可能不同。

目前常见的通信协议主要有NetBEUI、IPX/SPX、NWLink、TCP/IP。在这几种协议中用得最多、最为复杂的当然还是TCP/IP协议；最为简单的是NetBEUI协议，它简单得不需要任何设置即可成功配置。在这些协议中，并不需要全部在一个系统中安装，具体要安装哪些，一方面受所使用的操作系统限制，另外也要根据具体的网络环境而定。

7.1.1 NetBIOS

NetBIOS是一种最传统的名称解析服务(或称"NetBIOS协议")。NetBIOS名称空间是单层的，这意味着在一个网络内只能使用一次该名称。这些名称是在计算机启动、服务开始或用户登录时动态注册的。NetBIOS名称可以注册为唯一名称或组名。

在较早版本的Windows NT中，所有网络服务都只使用NetBIOS名称注册。而对于Windows 2000以后的系统，绝大多数网络服务都将在DNS中注册，而且以前的网络命令行应用程序(如各种net命令)也使用NetBIOS名称访问这些服务。其他基于NetBIOS的计算机(如Windows for Workgroups、LAN Manager和LAN Manager for UNIX主机)也使用NetBIOS名称。

在Windows 2000之前，所有基于MS-DOS和Windows的操作系统都需要NetBIOS命名接口支持网络功能。在Windows 2000发布之后，计算机的网络连接就不再需要对NetBIOS命名接口的支持，因为在Windows 2000以后系统中，NetBIOS协议已集成到TCP/IP协议中，原来NetBIOS协议的功能也就可以由TCP/IP协议完成了。

7.1.2 NetBEUI协议

用户扩展接口(NetBIOS Extend User Interface，NetBEUI)，是由IBM公司于1985年开发的，是一种体积小、效率高、速度快的通信协议，同时它也是微软公司最为喜爱的一种协议。它主要适用于早期的微软操作系统，如DOS、LAN Manager、Windows 3. x和Windows for Workgroups，但微软公司在Windows 9X和Windows NT中仍把它视为固有缺省协议，由此可见它并不是"多余"的，而且在有的操作系统中连网还是必不可少的，如在用Windows 9X和Windows ME组网进入NT网络时不能仅用TCP/IP协议，还必须加上NetBEUI协议，否则就无法实现网络连通。

因为NetBEUI的出现比较早，也就有它的局限性。NetBEUI是专门为几台到百余台计算机所组成的单段网络而设计的，不具有跨网段工作的能力，也就是说不具有"路由"功能，如果在一台服务器或工作站上安装了多个网卡作网桥时，将不能使用 NetBEUI 作为通信协议。

7.1.3 TCP/IP 协议

TCP/IP 协议是目前最常见、应用最广的一种网络通信协议，如微软公司的 Windows 系统、各种 UNIX 和 Linux 系统，以及连接全球的 Internet 等都使用这一协议。可以说 TCP/IP 协议是计算机世界的一个通用"语言"。TCP/IP 是一种可路由协议，采用一种分级的命名规则，通过给每个网络节点配置一个 IP 地址、一个子网掩码、一个网关和一个主机名，使得它可以很容易地确定网络和子网段之间的关系，获得很好的网络适应性、可管理性和较高的网络带宽使用效率。同时，TCP/IP 协议的配置和管理比 NetBEUI 和 IPX/SPX 协议更复杂。NetBEUI 和 IPX/SPX 及其兼容协议在使用时都不需要进行配置，而 TCP/IP 协议在使用时首先要进行复杂的设置。网络节点的"四要素"(IP 地址、子网掩码、默认网关和主机名)设置起来非常复杂，对于一些初级网络用户来说十分不便。

(1) IP 地址。由网络地址和主机地址两部分组成。一个完整的 IP 地址由 32 位(bit，b)二进制数组成，每 8 位(1 个字节)为一个段(Segment)，共 4 段，段与段之间用"."号隔开。为了便于应用，IP 地址在实际使用时并不直接用二进制，而是用大家熟悉的十进制数表示，如 192.168.0.1 等。

(2) 子网掩码。它是被用来界定 IP 地址的哪些部分是网络地址，哪些部分是主机地址，以及在多网段环境中对 IP 地址中的网络地址部分进行扩展。

(3) 网关。它是将两个使用不同协议的网段连接在一起的设备。它的作用是对两个网段中使用不同传输协议的数据进行相互的翻译转换，使两种网络可以实现相互通信。例如，运行 TCP/IP 协议的 Windows NT 用户要访问运行 IPX/SPX 协议的 NetWare 网络资源时，则必须由网关作为中介。

(4) 主机名。IP 地址完全可以区别网络中主机的身份，但 IP 地址不容易记忆，操作起来也不方便，所以 TCP/IP 协议又采用了主机名这一参数，给每个主机赋予一个有意义的名称，如 Server。在网络中，主机名和它的 IP 地址一一对应。

7.1.4 IPX/SPX 协议

IPX/SPX 协议是 Novell 公司为了适应网络的发展而开发的通信协议，主要使用的就是 Novell 公司的 NetWare 系统。IPX/SPX 协议的体积比较大，但它在复杂环境下有很强的适应性，同时它也具有路由功能，能实现多网段间的跨段通信。IPX/SPX 协议的工作方式较简单，不需要任何配置，它可通过网络地址来识别自己的身份。在整个协议中 IPX 是 NetWare 底层的协议，只负责数据在网络中的移动，并不保证数据传输是否成功，而 SPX 在协议中负责对整个传输的数据进行无差错处理。

7.2 实验目的

掌握局域网中常用网络协议的配置方法。

7.3 实验设备及环境

服务器或 PC 一台，每 4 人一组。

7.4 实验内容及步骤

完成 Windows Server 2003 系统配置后，应继续完成网络配置，以保证服务器在网络中能够被正常访问并发挥作用。

7.4.1 配置 TCP/IP 协议

TCP/IP 协议是用于计算机通信的一组协议，是默认的广域网协议。它提供跨越多种 Internet 的通信的功能，通常称为“TCP/IP 协议族”。该协议是 20 世纪 70 年代中期美国国防部为其 ARPANET 广域网开发的网络体系结构和协议标准，以其为基础组建的 Internet 是目前国际上规模最大的计算机网络。正因为 Internet 的广泛使用，使得 TCP/IP 协议成了事实上的标准。TCP/IP 是一个协议族是因为其中包括了如下多个协议。

- 传输控制协议（Transport Control Protocol，TCP）；
- 网间网协议（Internetworking Protocol，IP）；
- 用户数据报协议（User Datagram Protocol，UDP）；
- Internet 控制信息协议（Internet Control Message Protocol，ICMP）；
- 简单邮件传输协议（Simple Mail Transfer Protocol，SMTP）；
- 简单网络管理协议（Simple Network Manage Protocol，SNMP）；
- 文件传输协议（File Transfer Protocol，FTP）；
- 地址解析协议（Address Resolution Protocol，ARP）。

在默认情况下，系统会自动安装 TCP/IP 协议。但是需要对其进行合理的配置，以适应网络和使用需要。配置 TCP/IP 协议主要包括配置 IP 地址、DNS 地址、WINS 地址，以及相关选项，操作步骤如下。

（1）右击“网上邻居”图标，选择快捷菜单中的“属性”选项，打开“网络连接”窗口，其中显示服务器上已经安装的网卡数量及其连接状态。

（2）选择要使用的本地连接，双击打开其状态对话框，如图 7-1 所示。可以看到，网络已经连通的持续时间和已经发送及接收的数据量，并且可以对该网卡执行禁用操作。

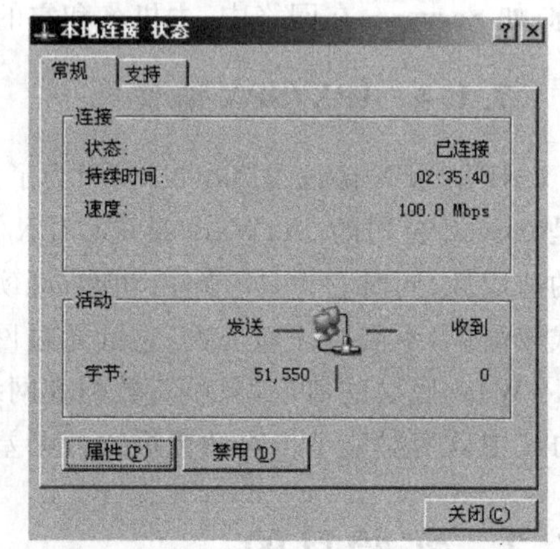

图 7-1 “本地连接 状态”对话框

（3）单击“属性”按钮，打开“本地连接 属性”对话框，如图 7-2 所示。在“此连接使用下列项目”列表框中显示已经安装 TCP/IP 协议。

（4）选择“Internet 协议（TCP/IP）”选项，单击“属性”按钮，打开“Internet 协议（TCP/

IP)属性”对话框,如图 7-3 所示,在其中设置该网卡的 IP 地址和 DNS 地址。一般情况下,服务器的IP 地址要求固定。因为服务器本身承载多项为本地网络服务的功能,要确保其他客户机能与服务器通信或使用这些功能。

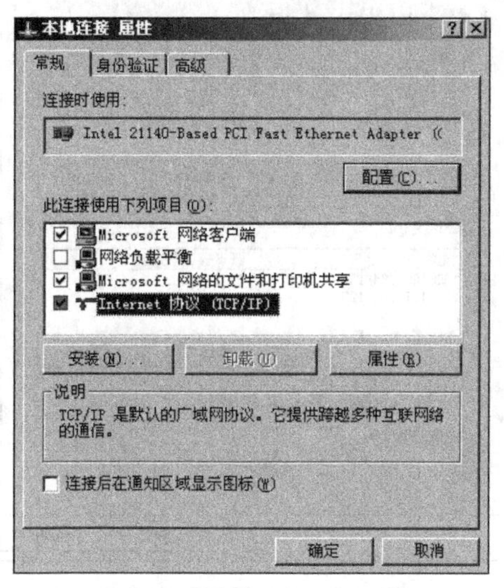

图 7-2 “本地连接 属性”对话框

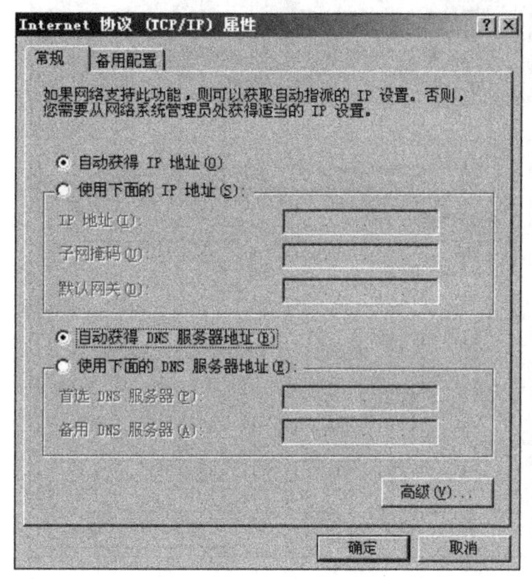

图 7-3 “Internet 协议(TCP/IP)属性”对话框

(5) 单击“使用下面的 IP 地址”单选按钮,并在“IP 地址”和“子网掩码”文本框中输入用于连通网络的 IP 地址和子网掩码,在“默认网关”文本框中输入本地路由器 IP 地址或本机 IP 地址,如图 7-4 所示。

(6) 单击“使用下面的 DNS 服务器地址”单选按钮,并在下面的文本框中输入 DNS 服务器的 IP 地址,如图 7-5 所示。如果有特殊要求,可以单击“高级”按钮,打开“高级 TCP/IP 设置”对话框,如图 7-6 所示。

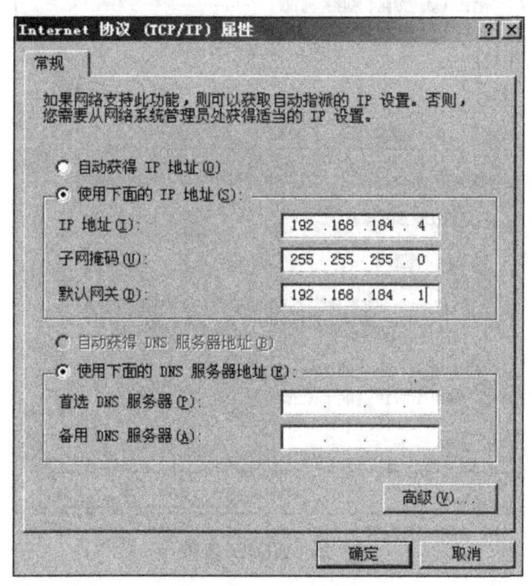

图 7-4 设置 IP 地址

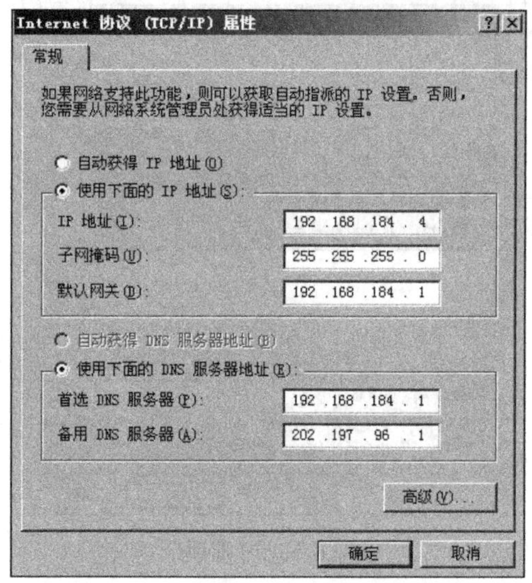

图 7-5 设置 DNS 服务器地址

(7) 在“IP 设置”选项卡中可以为该连接添加多个 IP 地址和网关，如图 7-7 所示，这样可以连接多个处于不同网段的网络。

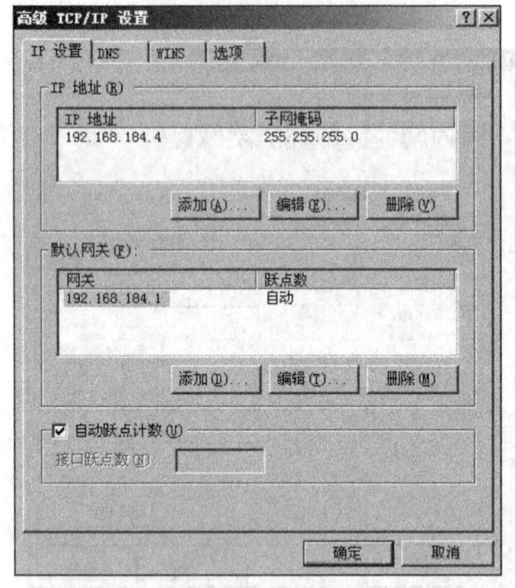

图 7-6 “高级 TCP/IP 设置”对话框

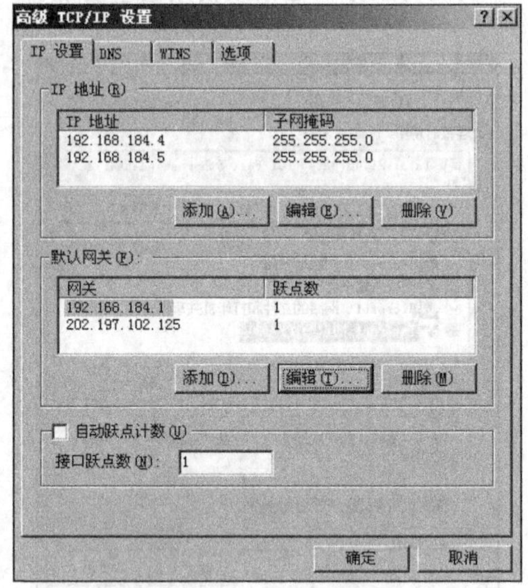

图 7-7 “IP 设置”选项卡

(8) 在 DNS 选项卡中可以添加并排序 DNS 服务器地址，还可以根据使用情况设置相关选项，如图 7-8 所示。

(9) 在 WINS 选项卡中可以设置 WINS 服务器地址和 WINS 服务的相关选项，如图 7-9 所示。

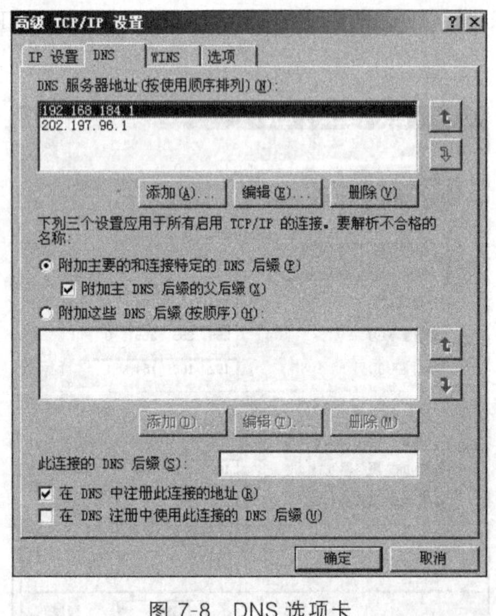

图 7-8 DNS 选项卡

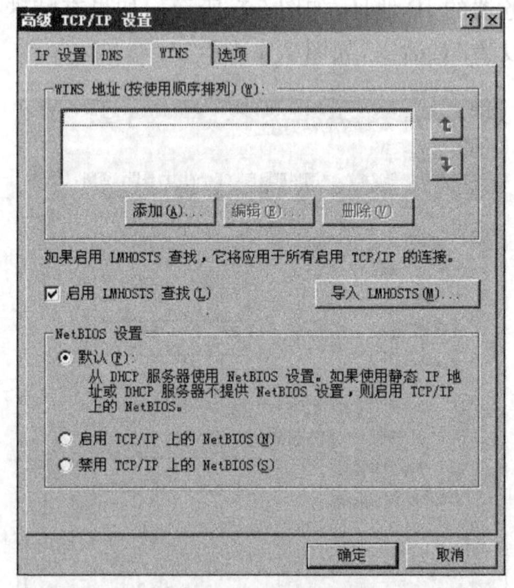

图 7-9 WINS 选项卡

(10) 在“选项”选项卡中可以设置服务器安全选项，如图 7-10 所示。单击“属性”按钮，显示“TCP/IP 筛选”对话框。单击“启用 TCP/IP 筛选(所有适配器)”单选按钮，并在其下的选项组中添加允许的 TCP 端口号、UDP 端口号和 IP 协议等，如图 7-11 所示。

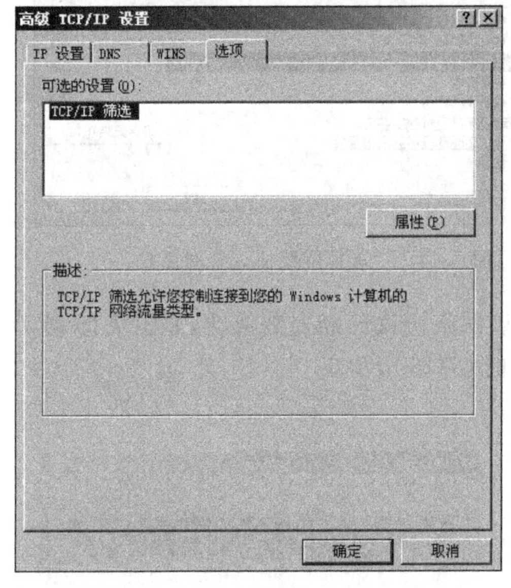

图 7-10 “选项”选项卡

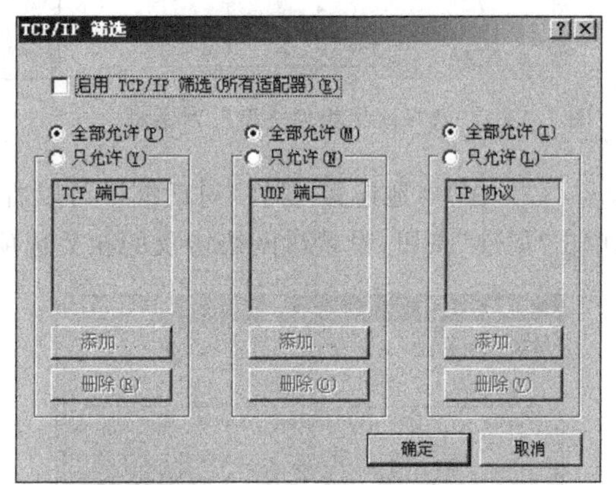

图 7-11 “TCP/IP 筛选”对话框

(11) 连续单击“确定”按钮返回，完成 TCP/IP 协议的设置。

7.4.2 安装其他协议

一般情况下，系统默认安装的 TCP/IP 协议能够满足 Internet 或局域网的一般使用要求。但是有时出于特殊的使用要求或网络环境，需要安装其他协议。例如，如果需要连接到 Novell 网络中，则需要添加 IPX/SPX 协议；如果局域网控制软件的使用需要通过 NETBIOS 通信完成，则需要添加 NetBEUI 协议等。

在服务器上安装其他协议的操作步骤如下。

(1) 选择要安装其他协议的本地连接，在“本地连接 属性”对话框中，单击“安装”按钮，如图 7-12 所示。

(2) 在如图 7-13 所示的“选择网络组件类型”对话框中，选择“协议”选项。单击“添加”按钮，打开“选择网络协议”对话框。在“网络协议”下拉列表框中列出了可供安装的网络协议类型，选择要安装的协议类型。单击“确定”按钮，如图 7-14 所示。如果要安装未列出的协议类型，可以手动提供该协议的位置并安装。

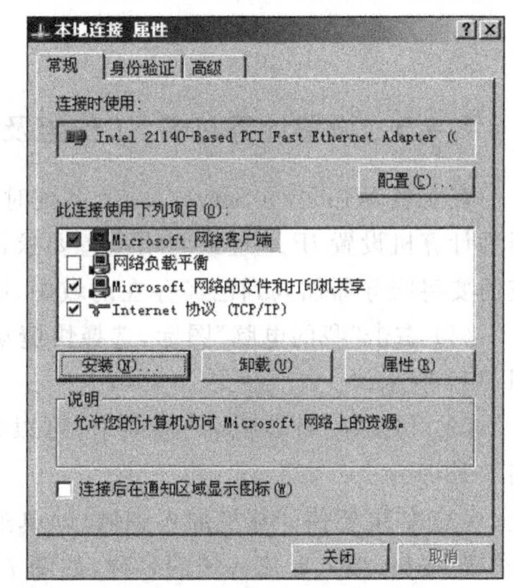

图 7-12 “本地连接 属性”对话框

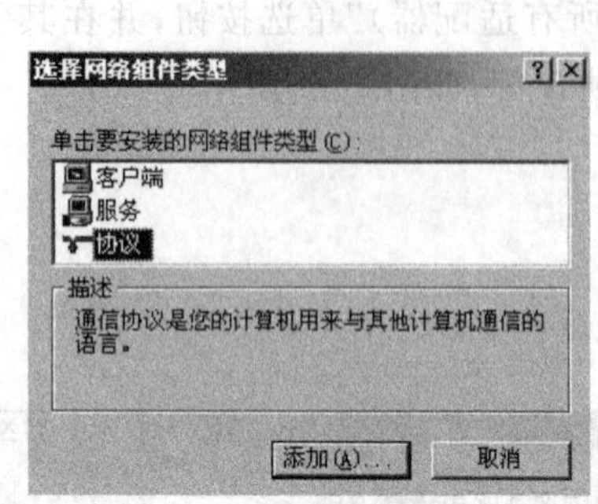

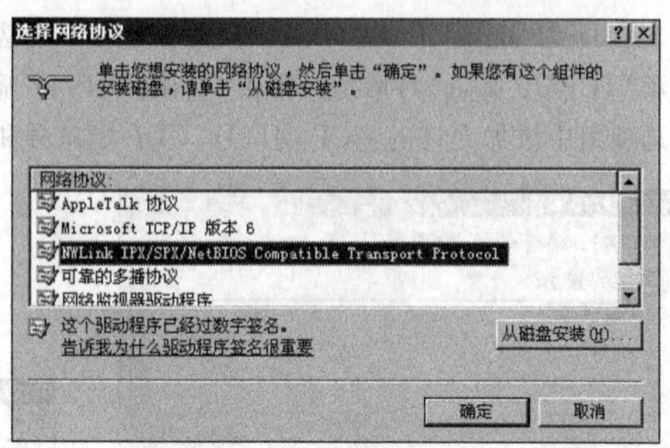

图 7-13 “选择网络组件类型”对话框　　　　图 7-14 “选择网络协议”对话框

(3) 在“本地连接 属性”对话框中可以看到该网络协议已经安装成功，如图 7-15 所示。单击“属性”按钮，设置该网络协议的相关选项，如图 7-16 所示。

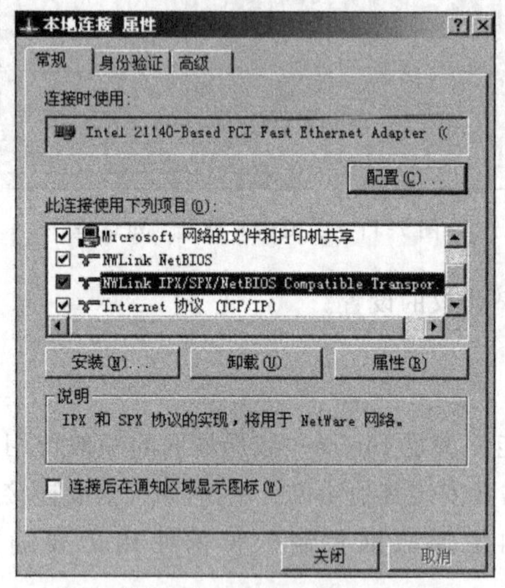

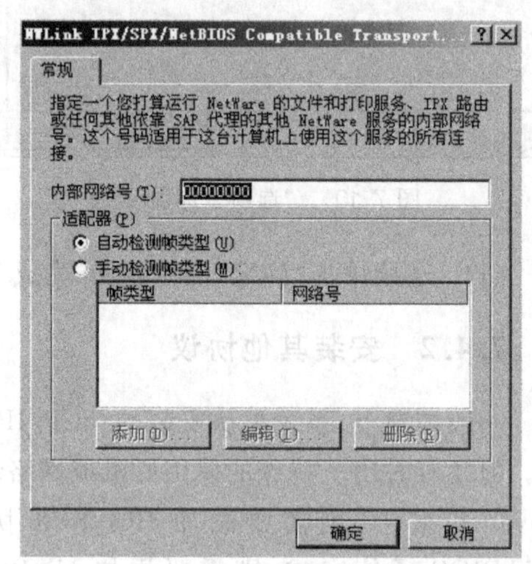

图 7-15 “本地连接 属性”对话框　　　　图 7-16 设置网络协议

7.4.3 设置计算机名、工作组及域

在安装 Windows Server 2003 系统时，已经指定了计算机名及其所属的工作组。如果因为计算机设置 IP 地址或网络配置要求，需要更改服务器的计算机名及其所属的工作组，或需要将服务器加入到已经存在的域中，则执行如下操作。

(1) 右击“我的电脑”图标，选择快捷菜单中的“属性”选项，打开“系统属性”对话框，如图 7-17 所示。

(2) 切换至“计算机名”选项卡，可以查看服务器的计算机名及其所属的工作组名，如图 7-18 所示。

(3) 如果要使计算机加入到域，则单击“更改”按钮，打开“计算机名称更改”对话框，单击“域”按钮，填入要加入域的名称，如图 7-19 所示，单击“确定”按钮。

(4) 如果成功加入域，计算机重新启动，如图 7-20 所示。

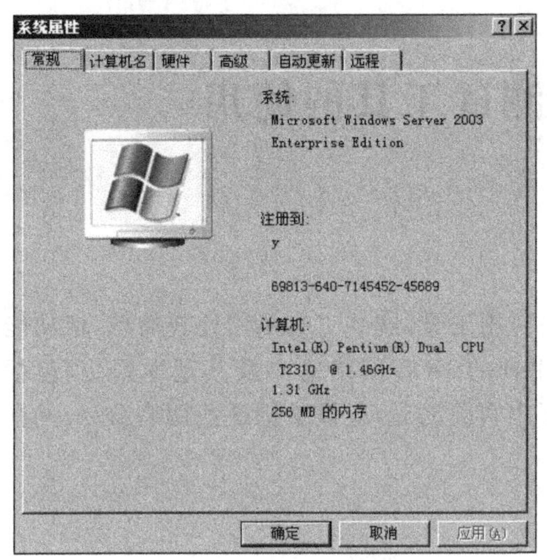

图 7-17 “系统属性”对话框

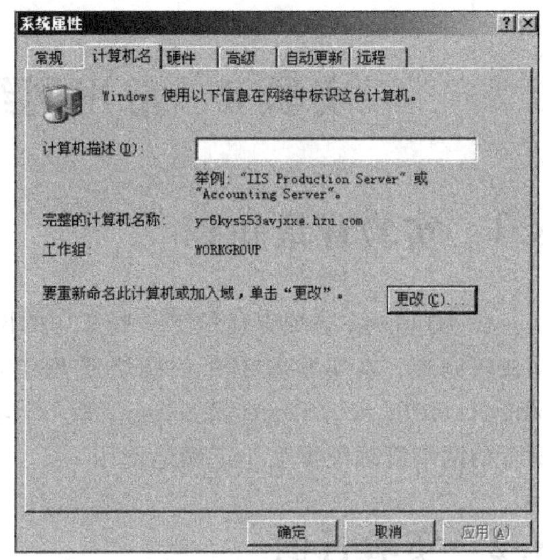

图 7-18 “计算机名”选项卡

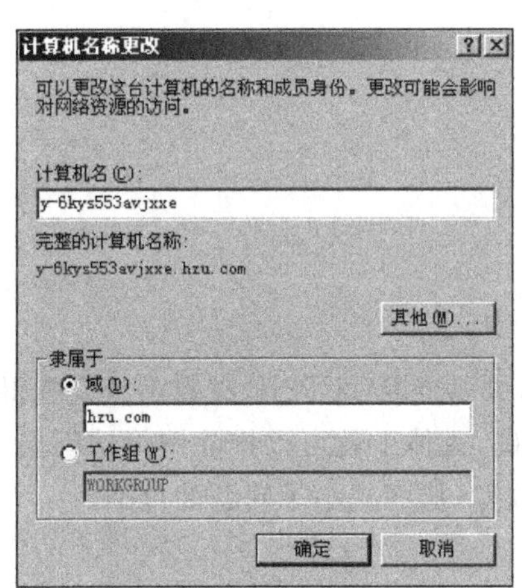

图 7-19 加入域

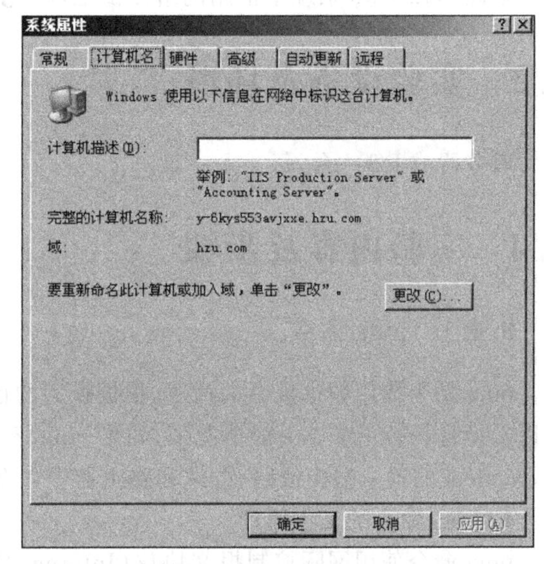

图 7-20 成功加入域

7.5 思考题

(1) 常用的网络协议有哪些?

(2) 如何配置 TCP/IP 协议?

实验8 常用网络测试工具的使用

8.1 实验背景知识

在 Windows 系统中自带了一些常用的网络实用工具，这些工具虽然比较简单，但功能却比较完善。本实验着重介绍网络管理中常用到的 DOS 网络命令及其基本用法，包括 ping、ipconfig、net、tracert 及 netstat 等。学习了本实验之后，应该掌握这些网络命令，并在日常的网络管理维护工作正确地使用。

8.2 实验目的

掌握 Windows 系统中常用网络测试工具的使用方法，并了解其工作原理。

8.3 实验设备及环境

服务器或 PC 一台，每 4 人一组。

8.4 实验内容及步骤

8.4.1 ping 命令

ping 是个使用频率极高的命令，根据返回的信息，可以推断 TCP/IP 参数是否设置得正确以及运行是否正常。一般情况下，如果 ping 运行正确，大体上就可以排除网络访问层、网卡、Modem 的输入输出线路、电缆和路由器等存在的故障，从而减小了问题的范围。

1. ping 命令的工作原理

ping 命令使用网际控制报文协议（Internet Control Messages Protocol，ICMP）简单地发送一个网络数据包并请求应答，接收请求的目的主机再次使用 ICMP 发回同所接收的数据一样的数据，于是 ping 命令便可对每个包的发送和接收报告往返时间，并报告无响应包的百分比。

由于可以自定义所发数据包的大小及无休止地高速发送，ping 命令也被黑客作为 DDOS（拒绝服务攻击）的工具，如许多大型的网站就是被黑客利用数百台可以高速接入互联网的计算机连续发送大量 ping 数据包而瘫痪的。

2. ping 命令的格式和参数

ping 命令只有在安装了 TCP/IP 协议后才可以使用，该命令用于验证与远程计算机的连接。Ping 命令的格式为：

```
ping[-t][-a][-n count][-l length][-f][-i ttl][-v tos][-r count][-s count][[-j
```

computer-list]|[-k computer-list]][-w timeout]destination-list

主要参数如下：

-t：ping 指定的计算机直到按 Ctrl+C 组合键中断。

-a：将地址解析为计算机名。

-n count：发送 count 指定的 ECHO 数据包数。默认值为 4。

-l length：发送包含由 length 指定的数据量的 ECHO 数据包。默认为 32 字节；最大值是 65 500。

-f：在数据包中发送“不要分段”标志。数据包就不会被路由上的网关分段。

-i ttl：将“生存时间”字段设置为 ttl 指定的值。

-v tos：将“服务类型”字段设置为 tos 指定的值。

-r count：在“记录路由”字段中记录传出和返回数据包的路由。count 可以指定最少 1 台，最多 9 台计算机。

-s count：指定 count 指定的跃点数的时间戳。

-j computer-list：利用 computer-list 指定的计算机列表路由数据包。连续计算机可以被中间网关分隔(路由稀疏源)IP 允许的最大数量为 9。

-k computer-list：利用 computer-list 指定的计算机列表路由数据包。连续计算机不能被中间网关分隔(路由严格源)IP 允许的最大数量为 9。

-w timeout：指定超时间隔，单位为毫秒。

destination-list：指定要 ping 的远程计算机。

3. ping 命令的使用方法

ping 命令有助于验证 IP 级的连通性，在发现和解决问题时可以使用该命令向目标主机名或 IP 地址发送 ICMP 回应请求。该命令的常用方法如下：

```
ping<IP_address>
```

例如，执行 ping 192.168.10.1 命令，如果目标主机正常收到请求，就会返回响应信息，执行结果如图 8-1 所示。

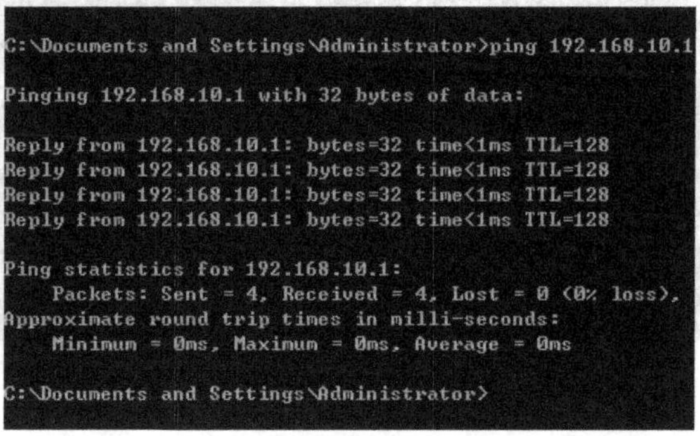

```
C:\Documents and Settings\Administrator>ping 192.168.10.1

Pinging 192.168.10.1 with 32 bytes of data:

Reply from 192.168.10.1: bytes=32 time<1ms TTL=128
Reply from 192.168.10.1: bytes=32 time<1ms TTL=128
Reply from 192.168.10.1: bytes=32 time<1ms TTL=128
Reply from 192.168.10.1: bytes=32 time<1ms TTL=128

Ping statistics for 192.168.10.1:
    Packets: Sent = 4, Received = 4, Lost = 0 (0% loss),
Approximate round trip times in milli-seconds:
    Minimum = 0ms, Maximum = 0ms, Average = 0ms

C:\Documents and Settings\Administrator>
```

图 8-1　返回响应信息

如果由于计算机系统或网络原因导致目标主机不能正常收到请求或响应请求，则返回相应的错误信息。

此外，ping 命令利用其参数可以完成许多有用的功能。

1）解析计算机 NetBios 名

利用 ping 命令解析计算机 NetBios 名使用－a 参数，方法如下：

```
ping -a<需要解析 NetBios 名的计算机的 IP 地址>
```

如查询网络中 IP 地址为 192.168.10.1 的计算机的 NetBios 名的方法如下：

```
ping -a 192.168.10.1
```

执行结果如图 8-2 所示，即 IP 为 192.168.10. 的计算机 NetBIOS 名为 NIC-SERVER。

```
C:\>ping -a 192.168.10.1

Pinging NIC-SERVER [192.168.10.1] with 32 bytes of data:

Reply from 192.168.10.1: bytes=32 time<10ms TTL=128
Reply from 192.168.10.1: bytes=32 time<10ms TTL=128
Reply from 192.168.10.1: bytes=32 time<10ms TTL=128
Reply from 192.168.10.1: bytes=32 time<10ms TTL=128

Ping statistics for 192.168.10.1:
    Packets: Sent = 4, Received = 4, Lost = 0 (0% loss),
Approximate round trip times in milli-seconds:
    Minimum = 0ms, Maximum =  0ms, Average =  0ms

C:\>
```

图 8-2　解析计算机 NetBios 名的结果

2）根据主机域名获取计算机 IP

使用 ping 命令直接 ping 主机域名，可以得到主机的 IP。例如，已知网络中有一台名为 Nic-server 的计算机，为获得该计算机的 IP，使用如下命令：

```
ping nic-server
```

执行结果如图 8-3 所示，即名为 NIC-SERVER 的计算机的 IP 地址为 192.168.10.1。

```
C:\>ping nic-server

Pinging nic-server [192.168.10.1] with 32 bytes of data:

Reply from 192.168.10.1: bytes=32 time<10ms TTL=128
Reply from 192.168.10.1: bytes=32 time<10ms TTL=128
Reply from 192.168.10.1: bytes=32 time<10ms TTL=128
Reply from 192.168.10.1: bytes=32 time<10ms TTL=128

Ping statistics for 192.168.10.1:
    Packets: Sent = 4, Received = 4, Lost = 0 (0% loss),
Approximate round trip times in milli-seconds:
    Minimum = 0ms, Maximum =  0ms, Average =  0ms

C:\>
```

图 8-3　获取计算机 IP

此外，在 Internet 环境中，可以利用 ping 命令获得某域名所对应的服务器的 IP 地址。例如，如果需要知道新浪新闻网服务器的 IP 地址，使用如下命令：

```
ping news.sina.com.cn
```

执行的结果如图 8-4 所示，即新浪新闻网服务器的 IP 地址为 218.30.66.101。

```
C:\Documents and Settings\Administrator>ping news.sina.com.cn

Pinging jupiter.sina.com.cn [218.30.66.101] with 32 bytes of data:

Reply from 218.30.66.101: bytes=32 time=93ms TTL=241
Reply from 218.30.66.101: bytes=32 time=99ms TTL=241
Reply from 218.30.66.101: bytes=32 time=97ms TTL=241
Reply from 218.30.66.101: bytes=32 time=95ms TTL=241

Ping statistics for 218.30.66.101:
    Packets: Sent = 4, Received = 4, Lost = 0 (0% loss),
Approximate round trip times in milli-seconds:
    Minimum = 93ms, Maximum = 99ms, Average = 96ms

C:\Documents and Settings\Administrator>
```

图 8-4　获取服务器的 IP 地址

3）测试网络速度

为利用 ping 命令测试网络速度，使用-n 参数，方法如下：

```
ping -n<数据包大小><目标主机>
```

在默认情况下，一般都只向目标主机发送 4 个数据包。通过－n 参数可以定义发送的数据包个数，对测试网络速度很有帮助。例如，测试向目标主机 218.30.66.101 发送 20 个数据包的返回的平均时间、最快和最慢时间，则执行如下命令：

```
ping -n 20 218.30.66.101
```

执行结果如图 8-5 所示，从执行结果可知，在为 218.30.66.101 发送 20 个数据包中的过程中返回了 19 个，丢失一个。19 个数据包中返回速度最快为 81ms，最慢为 93ms，平均

```
C:\Documents and Settings\Administrator>ping -n 20 218.30.66.101

Pinging 218.30.66.101 with 32 bytes of data:

Reply from 218.30.66.101: bytes=32 time=89ms TTL=241
Reply from 218.30.66.101: bytes=32 time=89ms TTL=241
Reply from 218.30.66.101: bytes=32 time=89ms TTL=241
Reply from 218.30.66.101: bytes=32 time=83ms TTL=241
Reply from 218.30.66.101: bytes=32 time=84ms TTL=241
Reply from 218.30.66.101: bytes=32 time=82ms TTL=241
Reply from 218.30.66.101: bytes=32 time=85ms TTL=241
Reply from 218.30.66.101: bytes=32 time=84ms TTL=241
Reply from 218.30.66.101: bytes=32 time=87ms TTL=241
Reply from 218.30.66.101: bytes=32 time=87ms TTL=241
Reply from 218.30.66.101: bytes=32 time=83ms TTL=241
Reply from 218.30.66.101: bytes=32 time=83ms TTL=241
Request timed out.
Reply from 218.30.66.101: bytes=32 time=82ms TTL=241
Reply from 218.30.66.101: bytes=32 time=83ms TTL=241
Reply from 218.30.66.101: bytes=32 time=81ms TTL=241
Reply from 218.30.66.101: bytes=32 time=86ms TTL=241
Reply from 218.30.66.101: bytes=32 time=85ms TTL=241
Reply from 218.30.66.101: bytes=32 time=93ms TTL=241
Reply from 218.30.66.101: bytes=32 time=84ms TTL=241

Ping statistics for 218.30.66.101:
    Packets: Sent = 20, Received = 19, Lost = 1 (5% loss),
Approximate round trip times in milli-seconds:
    Minimum = 81ms, Maximum = 93ms, Average = 85ms

C:\Documents and Settings\Administrator>
```

图 8-5　测试网络速度的结果

速度为 85ms。

4）测试网络连通情况

为利用 ping 命令测试网络连通情况，使用-t 参数，方法如下：

```
Ping - t<目标主机>
```

使用-t 参数可以持续地向目标主机发送数据包，直到用户强制中断为止。如果网络出现线路连通故障或需要调试网络，可以使用该参数来检测网络是否连通。

例如，有时某台机器不能正常联入局域网，使用 ping 命令后发现为线路故障。然后，可以用-t 参数持续测试在检修中线路是否已恢复正常，如图 8-6 所示。

由图 8-6 可以看到，主机不能连接到网关 192.168.10.1。在检修网络线路（如插入被误拨下线或修复被损坏断路的网线等）后，线路恢复正常，如图 8-7 所示。

```
C:\>ping -t 192.168.10.1

Pinging 192.168.10.1 with 32 bytes of data:

Request timed out.
Request timed out.
Request timed out.
_
```

图 8-6　测试线路恢复状况

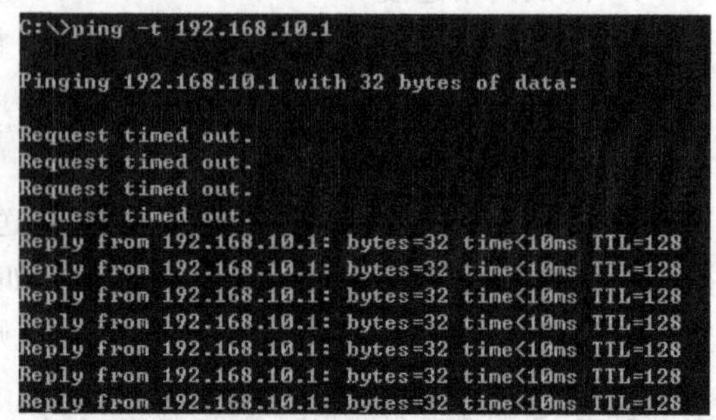

图 8-7　线路恢复正常

如果需要停止命令运行，则按 Ctrl+C 组合键，如图 8-8 所示。

```
C:\Documents and Settings\Administrator>ping -t 192.168.10.1

Pinging 192.168.10.1 with 32 bytes of data:

Reply from 192.168.10.1: bytes=32 time<1ms TTL=128
Reply from 192.168.10.1: bytes=32 time<1ms TTL=128
Reply from 192.168.10.1: bytes=32 time<1ms TTL=128
Reply from 192.168.10.1: bytes=32 time<1ms TTL=128
Reply from 192.168.10.1: bytes=32 time<1ms TTL=128
Reply from 192.168.10.1: bytes=32 time<1ms TTL=128
Reply from 192.168.10.1: bytes=32 time<1ms TTL=128

Ping statistics for 192.168.10.1:
    Packets: Sent = 7, Received = 7, Lost = 0 (0% loss),
Approximate round trip times in milli-seconds:
    Minimum = 0ms, Maximum = 0ms, Average = 0ms
Control-C
^C
C:\Documents and Settings\Administrator>
```

图 8-8　中止命令

5）解决网络故障

当计算机的网络出现故障时，网络管理员总会使用到 ping 命令来查验网络情况。并根据命令执行情况来判断并排除故障，恢复网络畅通。通常，网络管理员可以通过以下步骤检查计算机或网络的情况。

（1）检查是否正确配置本地网及网络。可以使用下列命令检查是否正确配置本地网络：

```
ping 127.0.0.1
```

127.0.0.1 是一个特殊的 IP 地址，即环回地址。通过它可以验证本地计算机上的网卡是否安装好，TCP/IP 协议配置是否正确。

命令执行结果如图 8-9 所示，表示本地计算机上网卡已安装且 TCP/IP 配置正确。可以排除本机的网络故障，进而进行下一步骤的查验；否则，则表示本地计算机上网卡未安装好或 TCP/IP 协议未安装或配置不正确。网络管理员需检查本地计算机上网卡的安装及 TCP/IP 协议配置情况，直至返回结果正确为止。

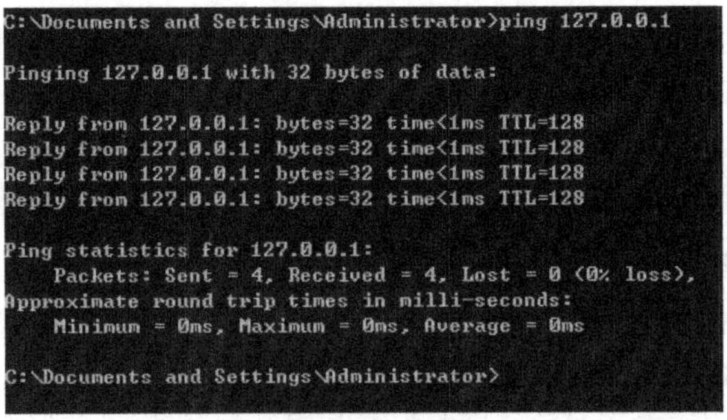

```
C:\Documents and Settings\Administrator>ping 127.0.0.1

Pinging 127.0.0.1 with 32 bytes of data:

Reply from 127.0.0.1: bytes=32 time<1ms TTL=128
Reply from 127.0.0.1: bytes=32 time<1ms TTL=128
Reply from 127.0.0.1: bytes=32 time<1ms TTL=128
Reply from 127.0.0.1: bytes=32 time<1ms TTL=128

Ping statistics for 127.0.0.1:
    Packets: Sent = 4, Received = 4, Lost = 0 (0% loss),
Approximate round trip times in milli-seconds:
    Minimum = 0ms, Maximum = 0ms, Average = 0ms

C:\Documents and Settings\Administrator>
```

图 8-9　检查本地网络

(2) 验证本地计算机是否正确添加到网络。使用如下命令验证本地计算机是否正确地添加到网络：

```
ping[本地计算机的 IP 地址]
```

如果命令执行结果如图 8-10 所示，则表示本地计算机已经正常添加到网络；如果返回的信息如图 8-11 所示，则表示本地计算机未正常添加到网络。

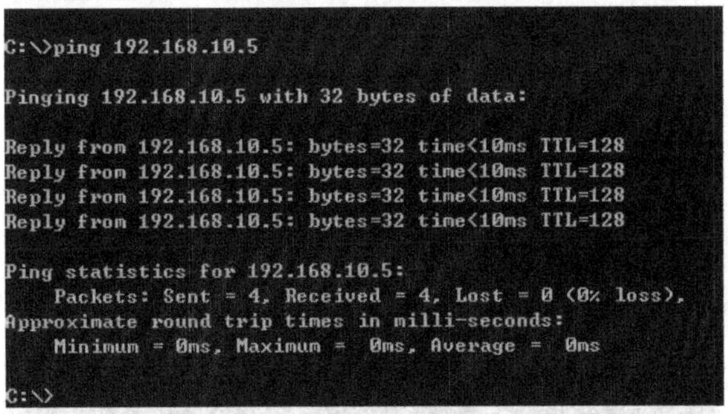

```
C:\>ping 192.168.10.5

Pinging 192.168.10.5 with 32 bytes of data:

Reply from 192.168.10.5: bytes=32 time<10ms TTL=128
Reply from 192.168.10.5: bytes=32 time<10ms TTL=128
Reply from 192.168.10.5: bytes=32 time<10ms TTL=128
Reply from 192.168.10.5: bytes=32 time<10ms TTL=128

Ping statistics for 192.168.10.5:
    Packets: Sent = 4, Received = 4, Lost = 0 (0% loss),
Approximate round trip times in milli-seconds:
    Minimum = 0ms, Maximum =  0ms, Average =  0ms

C:\>
```

图 8-10　本地网络正常

(3) 验证默认网关是否运行并且是否与本地网络上的本地主机通信。使用如下命令验证本地计算机是否正确地添加到网络：

```
ping[网关的 IP 地址]
```

```
C:\>ping 192.168.10.5

Pinging 192.168.10.5 with 32 bytes of data:

Request timed out.
Request timed out.
Request timed out.
Request timed out.

Ping statistics for 192.168.10.5:
    Packets: Sent = 4, Received = 0, Lost = 4 (100% loss),
Approximate round trip times in milli-seconds:
    Minimum = 0ms, Maximum =  0ms, Average =  0ms

C:\>
```

图 8-11　本地网络不正常

例如，某网络中网关的 IP 地址为 192.168.1.1，通过如下命令验证默认网关是否正常运行并且是否与本地网络上的本地主机通信：

```
ping  192.168.1.1
```

如果命令执行结果如图 8-12 所示，则表示本地默认网关正常且本地计算机能正常连接到本地网关；如果返回信息如图 8-13 所示，则表示有错误发生。需要检查产生错误的原因，如与网关的物理线路连接中断及本地网关有错误等。逐一排查所有可能出现的原因，直至命令显示所需结果。

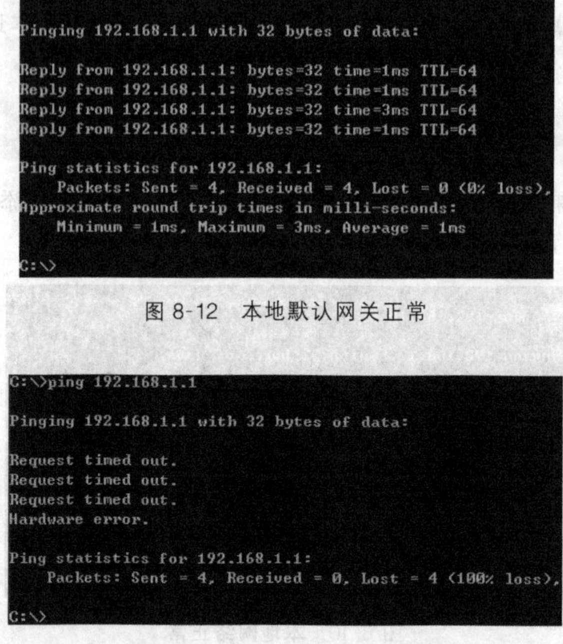

图 8-12　本地默认网关正常

图 8-13　本地默认网关不正常

(4) 验证是否通过路由器进行远程通信。通过使用"ping[远程主机的 IP 地址]"命令验证是否通过路由器通信。例如，可以通过如下命令检查本地计算机是否可以登录 Internet 或相关网络服务已正常提供：

```
ping 218.30.66.101
```

218.30.66.101 是新浪某新闻服务器的 IP 地址。该命令的执行结果如图 8-14 所示，其中的信息说明本地计算机已经能够登录 Internet；否则可能是本机相关网络设置有误或未提供网络服务器相关服务等。

```
C:\>ping 218.30.66.101

Pinging 218.30.66.101 with 32 bytes of data:

Reply from 218.30.66.101: bytes=32 time=47ms TTL=241
Reply from 218.30.66.101: bytes=32 time=31ms TTL=241
Request timed out.
Reply from 218.30.66.101: bytes=32 time=31ms TTL=241

Ping statistics for 218.30.66.101:
    Packets: Sent = 4, Received = 3, Lost = 1 (25% loss),
Approximate round trip times in milli-seconds:
    Minimum = 31ms, Maximum =  47ms, Average =  27ms

C:\>_
```

图 8-14　命令执行结果

以上 ping 命令可以为网络管理员解决大部分相关网络问题。

8.4.2　ipconfig 命令

ipconfig 命令可用于显示当前的 TCP/IP 配置的设置值，了解计算机当前的 IP 地址、子网掩码和缺省网关，实际上是进行测试和故障分析的必要项目。

如果计算机和所在的局域网使用了动态主机配置协议(DHCP)，ipconfig 命令程序所显示的信息会更加实用。ipconfig 可以显示计算机是否成功地租用到一个 IP 地址，如果租用到则可以了解它目前分配到的是什么地址。

1. ipconfig 命令的格式和参数

ipconfig 命令显示所有当前的 TCP/IP 网络配置值，该命令在运行 DHCP 系统上的特殊用途，允许用户决定 DHCP 配置的 TCP/IP 配置值。

ipconfig 命令的格式为：

```
ipconfig [/all|/renew [adapter]|/release [adapter]]
```

主要参数如下：

/all：产生完整显示。在没有该开关的情况下 ipconfig 只显示 IP 地址、子网掩码和每个网卡的默认网关值。

/renew [adapter]：更新 DHCP 配置参数。该选项只在运行 DHCP 客户端服务的系统上可用。要指定适配器名称，请输入使用不带参数的 ipconfig 命令显示的适配器名称。

/release [adapter]：发布当前的 DHCP 配置。该选项禁用本地系统上的 TCP/IP，并只在 DHCP 客户端上可用。要指定适配器名称，请输入使用不带参数的 ipconfig 命令显示的适配器名称。

2. ipconfig 命令的使用方法

如果使用不带任何参数的 ipconfig 命令，则返回本地计算机的简略网络配置信息，如

图 8-15 所示。

```
C:\Documents and Settings\Administrator>ipconfig

Ethernet adapter 本地连接:

        Connection-specific DNS Suffix  . :
        IP Address. . . . . . . . . . . . : 192.168.10.213
        Subnet Mask . . . . . . . . . . . : 255.255.255.0
        Default Gateway . . . . . . . . . : 192.168.10.1
```

图 8-15　简略网络配置信息

使用带“/all”参数的 ipconfig 命令，返回计算机的全部网络配置信息，包括网络适配器的物理地址、主机的 IP 地址、子网掩码，以及默认网关等，如图 8-16 所示。

```
C:\Documents and Settings\Administrator>ipconfig/all

        Host Name . . . . . . . . . . . . : mb-3
        Primary DNS Suffix  . . . . . . . :
        Node Type . . . . . . . . . . . . : Broadcast
        IP Routing Enabled. . . . . . . . : No
        WINS Proxy Enabled. . . . . . . . : No

Ethernet adapter 本地连接:

        Connection-specific DNS Suffix  . :
        Description . . . . . . . . . . . : Realtek RTL8139(A)-based PCI Fast Et
hernet Adapter
        Physical Address. . . . . . . . . : 00-40-CA-C9-65-B4
        DHCP Enabled. . . . . . . . . . . : No
        IP Address. . . . . . . . . . . . : 192.168.10.213
        Subnet Mask . . . . . . . . . . . : 255.255.255.0
        Default Gateway . . . . . . . . . : 192.168.10.1
        DNS Servers . . . . . . . . . . . : 202.197.96.1
                                            202.197.96.5

C:\Documents and Settings\Administrator>
```

图 8-16　全部网络配置信息

如果计算机上安装了多块网卡，则“ipconfig/all”命令分别显示每块网卡的相关信息，如图 8-17 所示。

```
C:\Documents and Settings\Administrator>ipconfig/all

Windows IP Configuration

        Host Name . . . . . . . . . . . . : nic-server
        Primary Dns Suffix  . . . . . . . :
        Node Type . . . . . . . . . . . . : Unknown
        IP Routing Enabled. . . . . . . . : No
        WINS Proxy Enabled. . . . . . . . : No

Ethernet adapter 本地连接:

        Connection-specific DNS Suffix  . :
        Description . . . . . . . . . . . : Broadcom NetXtreme Gigabit Ethernet #2
        Physical Address. . . . . . . . . : 00-14-5E-2B-61-F3
        DHCP Enabled. . . . . . . . . . . : No
        IP Address. . . . . . . . . . . . : 192.168.10.1
        Subnet Mask . . . . . . . . . . . : 255.255.255.0
        Default Gateway . . . . . . . . . : 192.168.10.1

Ethernet adapter 本地连接 2:

        Connection-specific DNS Suffix  . :
        Description . . . . . . . . . . . : Broadcom NetXtreme Gigabit Ethernet
        Physical Address. . . . . . . . . : 00-14-5E-2B-61-F2
        DHCP Enabled. . . . . . . . . . . : No
        IP Address. . . . . . . . . . . . : 202.197.102.71
        Subnet Mask . . . . . . . . . . . : 255.255.255.192
        Default Gateway . . . . . . . . . : 202.197.102.126
        DNS Servers . . . . . . . . . . . : 202.197.96.1

C:\Documents and Settings\Administrator>
```

图 8-17　每块网卡的相关信息

8.4.3 net 命令

net 命令是网络命令中最重要的一个，是多个子命令的集合。通过各子命令可以完成各种相关网络的不同功能，网络管理员必须熟练掌握每个子命令的用法。在 DOS 窗口命令行中输入“net/?”后按 Enter 键，显示 net 命令的语法格式及其参数说明，如图 8-18 所示。

```
C:\Documents and Settings\Administrator>net
此命令的语法是:

NET [ ACCOUNTS | COMPUTER | CONFIG | CONTINUE | FILE | GROUP | HELP |
      HELPMSG | LOCALGROUP | NAME | PAUSE | PRINT | SEND | SESSION |
      SHARE | START | STATISTICS | STOP | TIME | USE | USER | VIEW ]

C:\Documents and Settings\Administrator>
```

图 8-18　net 命令语法格式

如果需要知道某个 net 子命令的使用方法，则使用/? 命令参数进一步查询。例如，要了解 net computer 子命令的使用方法，则执行如下命令：

```
net computer/?
```

显示的 net computer 命令的语法格式及其参数说明如图 8-19 所示。

```
C:\Documents and Settings\Administrator>net computer /?
此命令的语法是:

NET COMPUTER \\computername {/ADD | /DEL}

C:\Documents and Settings\Administrator>_
```

图 8-19　net computer 命令语法格式

鉴于 net 命令的功能较多，本节仅介绍几种最常用的 net 命令，其他更多内容请查阅相关书籍或使用 Windows 帮助。

1. net view 命令

net view 命令用于查看远程主机的所有共享资源，其语法格式为：

```
net view\\IP 地址
```

例如，查看计算机\\192.168.10.210 的共享资源的命令及其执行结果如图 8-20 所示。如果该计算机没有共享任何资源，则返回结果如图 8-21 所示。

2. net use 命令

net use 命令把远程主机的某个共享资源映射为本地盘符以方便使用，其语法格式为：

```
net use<驱动器盘符>: \\IP 地址\sharename
```

如把 192.168.0.210 的共享名为 nero 的目录映射为本地的 Z 盘的命令为：

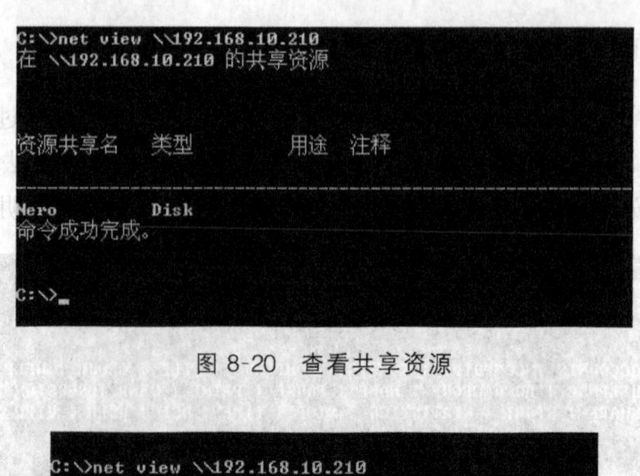

图 8-20 查看共享资源

```
C:\>net view \\192.168.10.210
清单是空的。

C:\>
```

图 8-21 没有共享资源

```
net use Z:: \\192.168.10.210\nero
```

命令执行结果如图 8-22 所示。

图 8-22 net use 命令

执行命令后，可以在 Windows 资源管理器中看到已经有 Z 盘的存在。其中的内容即为机器 192.168.0.210 上共享名为 Neno 的目录内容，如图 8-23 所示。

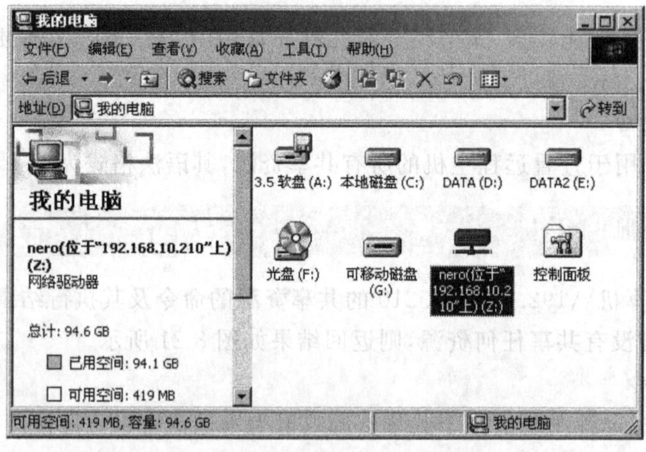

图 8-23 映射的 Z 盘

3. net start/stop 命令

net start/stop 用于查看、启动或停止远程主机上的某个服务，其语法格式为：

```
net start[服务名称]
net stop[服务名称]
```

1）查看本机或远程主机已启动服务

查看本机已启动的服务的命令即省略参数的 net start 命令，执行该命令的结果如图 8-24 所示。

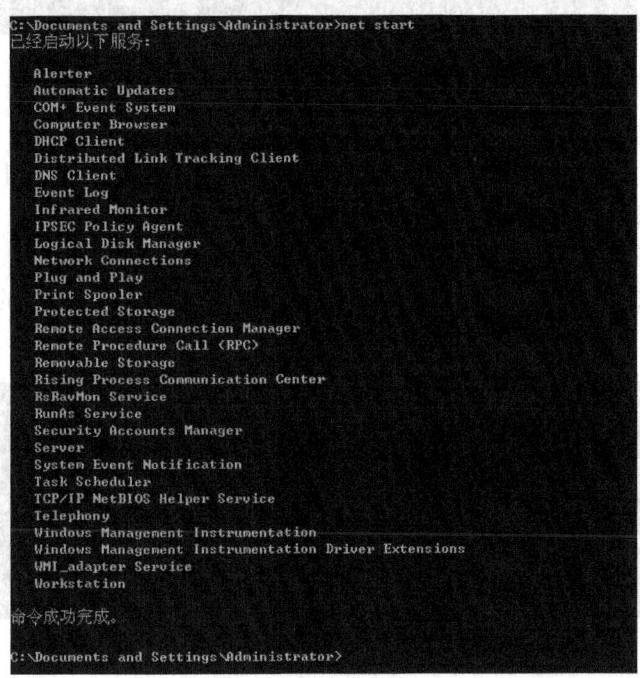

```
C:\Documents and Settings\Administrator>net start
已经启动以下服务:

   Alerter
   Automatic Updates
   COM+ Event System
   Computer Browser
   DHCP Client
   Distributed Link Tracking Client
   DNS Client
   Event Log
   Infrared Monitor
   IPSEC Policy Agent
   Logical Disk Manager
   Network Connections
   Plug and Play
   Print Spooler
   Protected Storage
   Remote Access Connection Manager
   Remote Procedure Call (RPC)
   Removable Storage
   Rising Process Communication Center
   RsRavMon Service
   RunAs Service
   Security Accounts Manager
   Server
   System Event Notification
   Task Scheduler
   TCP/IP NetBIOS Helper Service
   Telephony
   Windows Management Instrumentation
   Windows Management Instrumentation Driver Extensions
   WMI_adapter Service
   Workstation

命令成功完成。

C:\Documents and Settings\Administrator>
```

图 8-24　查看已启动服务命令

2）启动某服务

如果需要启动服务器上未自动启动的服务，则使用 net start［服务名］命令：

```
net start clipbook
```

该命令启动服务器上未启动的服务 ClipBook（用来支持“剪贴簿查看器”，以便从远程剪贴簿中查阅剪贴内容），执行结果如图 8-25 所示。

```
C:\Documents and Settings\Administrator>net start clipbook
ClipBook 服务正在启动 .
ClipBook 服务已经启动成功。

C:\Documents and Settings\Administrator>_
```

图 8-25　启动 ClipBook 服务

3）停止某服务

如果需要停止服务器上已自动启动的某服务，则使用 net stop［服务名］命令。例如要停止已启动的 ClipBook 服务，则使用如下命令：

```
net stop clipbook
```

命令的执行结果如图 8-26 所示。

```
C:\Documents and Settings\Administrator>net stop clipbook
ClipBook 服务正在停止.
ClipBook 服务已成功停止。

C:\Documents and Settings\Administrator>
```

图 8-26 停止 ClipBook 服务命令

4. net user 命令

net user 命令可以查看并管理与账户有关的事务,包括新建账户、删除账户、查看特定账户、激活账户及禁用账户等。

1) 查看账户信息

输入不带参数的 net use 命令,可以查看所有账户(包括已经禁用的账户),如图 8-27 所示。

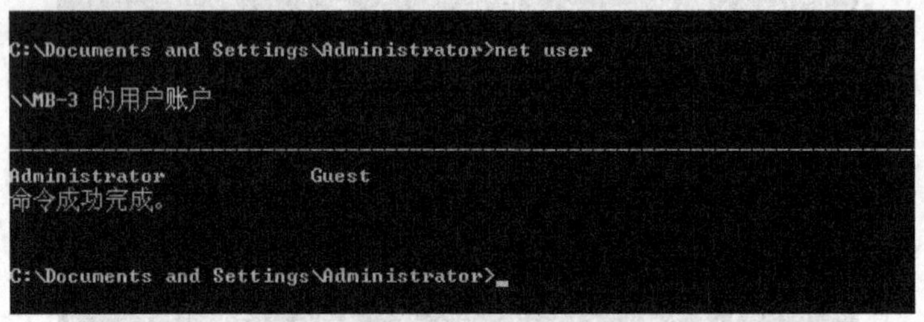

图 8-27 net use 命令

如果需要查看某个账户的详细信息,可以在 net use 命令后面接账户名,如查看用户名 administrator 的命令为:

```
net user administrator
```

执行结果如图 8-28 所示,从执行结果可以看到,已经显示用户 administrator 的全部相关信息。

2) 新建账户

使用 net user 命令的/add 参数可以为计算机新建一个账户,同时可以为该账户设置用户密码,新建账户默认为 user 组成员。使用 net user 命令新建账户的命令格式为:

```
net user[用户名][用户密码]/add
```

例如,新建一个用户名为 abcd,密码为 1234 的账户的命令为:

```
net user abcd 1234/add
```

执行该命令后,使用 net user 命令可以查看到用户名 abcd 的账户已经新建成功,如图 8-29 所示。

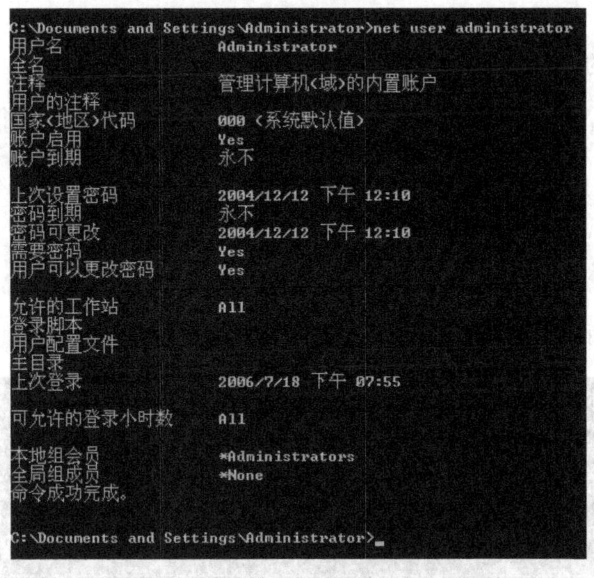

图 8-28 net user administrator 命令

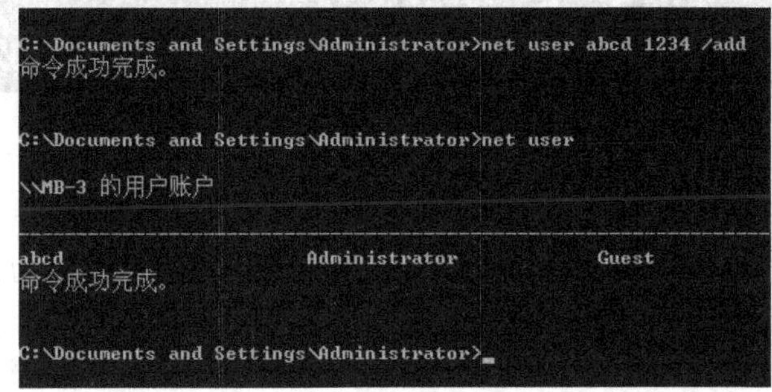

图 8-29 新建账户成功

在“控制面板”中，“用户和密码”项中也可以看到该用户的信息，如图 8-30 所示。

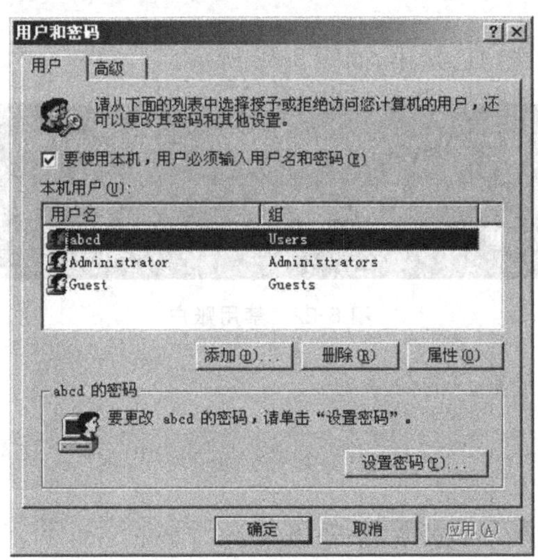

图 8-30 查看用户信息

3）删除账户

使用 net user 的/add 参数可以将指定的账户删除，命令格式为：

```
net user[用户名]/del
```

例如，删除用户名为 abcd 的账户的命令为：

```
net user abcd/del
```

执行结果如图 8-31 所示。

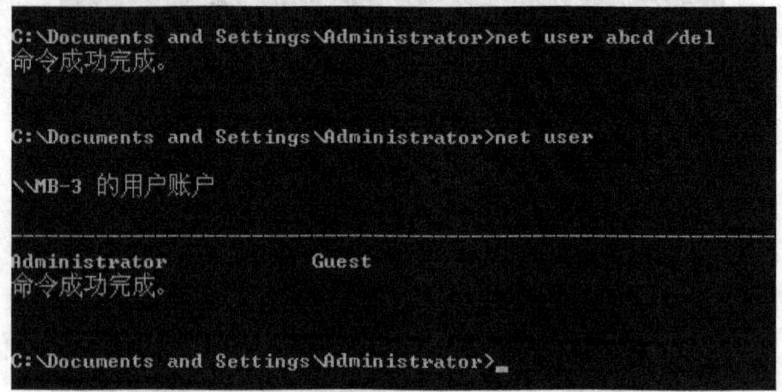

图 8-31 删除用户

4）激活/禁用账户

使用 net user 的/active 参数可以控制账户的使用情况，命令格式为：

```
net user[用户名]/active: <yes/no>
```

例如，禁用用户名为“abcd”的账户的命令为：

```
net user abcd /active:no
```

命令执行后，可查看到该账户已禁用，如图 8-32 所示。

```
C:\Documents and Settings\Administrator>net user abcd /active:no
命令成功完成。

C:\Documents and Settings\Administrator>
```

图 8-32 禁用账户

激活用户名为 abcd 的账户的命令为：

```
net user abcd /active:yes
```

命令执行后，可查看到该账户已被激活，如图 8-33 所示。

```
C:\Documents and Settings\Administrator>net user abcd /active:yes
命令成功完成。

C:\Documents and Settings\Administrator>_
```

图 8-33　激活账户

8.4.4　tracert 命令

tracert 命令可以跟踪路由信息，查看数据从本地机器传输到目标主机所经过的所有途径。该命令对于了解网络布局和结构很有帮助，在检查网络故障时也有很大作用。

tracert 命令比较适用于大型网络，用来显示数据包到达目标主机所经过的路径，以及到达每个节点的时间。该命令的功能与 ping 命令类似，但获得的信息要详细得多，它显示数据包所经过的全部路径、节点的 IP，以及花费的时间。

1. 工作原理

tracert 是路由跟踪实用程序，用于确定 IP 数据报访问目标所经过的路径。该命令用 IP 生存时间（TTL）字段和 ICMP 错误消息来确定从一个主机到网络上其他主机的路由，其工作原理是通过向目标发送不同 IP 生存时间值的“Internet 控制消息协议（ICMP）”回应数据包。

tracert 程序确定到目标所采取的路由，要求路径上的每个路由器在转发数据包之前至少将数据包上的 TTL 递减 1。数据包上的 TTL 减为 0 时，路由器应该将“ICMP 已超时”的消息发回源系统。

tracert 首先发送 TTL 为 1 的回应数据包并在随后的每次发送过程将 TTL 递增 1，直到目标响应或 TTL 达到最大值，通过检查中间路由器发回的“ICMP 已超时”的消息确定路由。某些路由器不经询问直接丢弃 TTL 过期的数据包，这在 tracert 实用程序中看不到。

2. 参数说明

tracert 命令的语法格式及其参数说明如图 8-34 所示。

```
C:\Documents and Settings\Administrator>tracert

Usage: tracert [-d] [-h maximum_hops] [-j host-list] [-w timeout] target_name

Options:
    -d                 Do not resolve addresses to hostnames.
    -h maximum_hops    Maximum number of hops to search for target.
    -j host-list       Loose source route along host-list.
    -w timeout         Wait timeout milliseconds for each reply.

C:\Documents and Settings\Administrator>_
```

图 8-34　语法格式

命令中各参数含义如下：

-d：不解析目标主机名字。

-h maximum_hops：指定搜索到目标地址的最大跳跃数。

-j host_list：按照主机列表中的地址释放源路由。

-w timeout：指定超时时间间隔，默认的时间单位是毫秒。

3. 使用方法

例如，要了解计算机与目标主机 http://news.sina.com.cn 之间详细的传输情况，执行如下命令：

```
tracert news.sina.com.cn
```

图 8-35 所示为命令执行结果。通过此命令可以看到，从本地主机到新浪新闻网的服务器(218.30.66.101)经过了 15 个 Hops。

```
C:\Documents and Settings\Administrator>tracert news.sina.com.cn

Tracing route to jupiter.sina.com.cn [218.30.66.101]
over a maximum of 30 hops:

  1     2 ms     1 ms     1 ms  202.197.102.126
  2    <1 ms    <1 ms    <1 ms  210.43.96.9
  3    <1 ms    <1 ms    <1 ms  210.43.96.125
  4     *        *        *     Request timed out.
  5     9 ms    11 ms     8 ms  222.240.219.129
  6    <1 ms     2 ms     3 ms  61.150.152.9
  7     1 ms    <1 ms     1 ms  61.187.134.157
  8     2 ms     1 ms     1 ms  61.187.255.89
  9     1 ms    <1 ms     1 ms  61.137.0.9
 10    63 ms    65 ms    64 ms  202.97.42.205
 11    92 ms    93 ms    92 ms  202.97.36.106
 12     *       94 ms    94 ms  218.30.19.66
 13     *        *        *     Request timed out.
 14     *        *        *     Request timed out.
 15    88 ms    88 ms    84 ms  218.30.66.101

Trace complete.

C:\Documents and Settings\Administrator>
```

图 8-35 Tracert 命令

8.4.5 netstat 命令

netstat 命令可以帮助网络管理员了解网络的整体使用情况，可以显示当前正在活动的网络连接的详细信息。例如，显示网络连接、路由表和网络接口信息，可以统计目前总共有哪些网络连接正在运行。

1. 参数说明

netstat 命令的语法格式及其参数说明如图 8-36 所示。

```
C:\Documents and Settings\Administrator>netstat /?

Displays protocol statistics and current TCP/IP network connections.

NETSTAT [-a] [-e] [-n] [-s] [-p proto] [-r] [interval]

  -a            Displays all connections and listening ports.
  -e            Displays Ethernet statistics. This may be combined with the -s
                option.
  -n            Displays addresses and port numbers in numerical form.
  -p proto      Shows connections for the protocol specified by proto; proto
                may be TCP or UDP.  If used with the -s option to display
                per-protocol statistics, proto may be TCP, UDP, or IP.
  -r            Displays the routing table.
  -s            Displays per-protocol statistics.  By default, statistics are
                shown for TCP, UDP and IP; the -p option may be used to specify
                a subset of the default.
  interval      Redisplays selected statistics, pausing interval seconds
                between each display.  Press CTRL+C to stop redisplaying
                statistics.  If omitted, netstat will print the current
                configuration information once.

C:\Documents and Settings\Administrator>_
```

图 8-36 语法格式

nbtstat 命令的常用参数说明如下(注意,netstat 命令行参数区分大小写)。

-a：显示所有活动的 TCP 连接及计算机侦听的 TCP 和 UDP 端口。

-e：显示以太网统计信息,如发送和接收的字节数及数据包数。该参数可以与-s 结合使用。

-n：显示活动的 TCP 连接,只以数字形式表现地址和端口号,不尝试确定名称。

-o：显示活动的 TCP 连接并包括每个连接的进程 ID(PID),可以在 Windows 任务管理器中的"进程"选项卡中找到基于 PID 的应用程序。该参数可以与-a、-n 和-p 结合使用。

-p<Protocol>：显示 Protocol 指定协议的连接。在这种情况下,Protocol 可以是 TCP、UDP、TCPv6 或 UDPv6;如果该参数与-s 一起使用按协议显示统计信息,则 Protocol 可以是 TCP、UDP、ICMP、IP、TCPv6、UDPv6、ICMPv6 或 IPv6。

-s：按协议显示统计信息。默认情况下,显示 TCP、UDP、ICMP 和 IP 协议的统计信息。如果安装了 IPv6 协议,则显示有关 IPv6 上的 TCP 和 UDP,以及 ICMPv6 和 IPv6 协议的统计信息。可以使用－p 参数指定协议集。

-r：显示 IP 路由表的内容,该参数与 Route Print 命令等价。

Interval：每隔 Interval 秒重新显示一次选定的信息,按 Ctrl＋C 组合键停止。如果省略该参数,Netstat 将只打印一次选定的信息。

2. 使用方法

如果使用 netstat 命令时不带参数,则显示活动的 TCP 连接。(注意,只有当 TCP/IP 协议在网络连接中安装为网络适配器属性的组件时,该命令才可用。)例如,要显示本地计算机所有活动的 TCP 连接,以及计算机侦听的 TCP 和 UDP 端口,执行如下命令：

```
netstat -a
```

执行结果如图 8-37 所示。

```
C:\>netstat -a

Active Connections

  Proto  Local Address          Foreign Address        State
  TCP    Nic-Van:epmap          Nic-Van:0              LISTENING
  TCP    Nic-Van:microsoft-ds   Nic-Van:0              LISTENING
  TCP    Nic-Van:1026           Nic-Van:0              LISTENING
  TCP    Nic-Van:1029           Nic-Van:0              LISTENING
  TCP    Nic-Van:6129           Nic-Van:0              LISTENING
  TCP    Nic-Van:netbios-ssn    Nic-Van:0              LISTENING
  UDP    Nic-Van:epmap          *:*
  UDP    Nic-Van:microsoft-ds   *:*
  UDP    Nic-Van:1027           *:*
  UDP    Nic-Van:4000           *:*
  UDP    Nic-Van:6000           *:*
  UDP    Nic-Van:6001           *:*
  UDP    Nic-Van:6002           *:*
  UDP    Nic-Van:6003           *:*
  UDP    Nic-Van:6004           *:*
  UDP    Nic-Van:6005           *:*
  UDP    Nic-Van:6006           *:*
  UDP    Nic-Van:6007           *:*
  UDP    Nic-Van:6008           *:*
  UDP    Nic-Van:6009           *:*
  UDP    Nic-Van:6010           *:*
  UDP    Nic-Van:1144           *:*
  UDP    Nic-Van:netbios-ns     *:*
  UDP    Nic-Van:netbios-dgm    *:*
  UDP    Nic-Van:isakmp         *:*

C:\>_
```

图 8-37　netstat -a 命令

要显示本地网卡的统计信息，如发送和接收的字节数和数据包数，执行如下命令：

```
netstat -e
```

执行结果如图 8-38 所示。

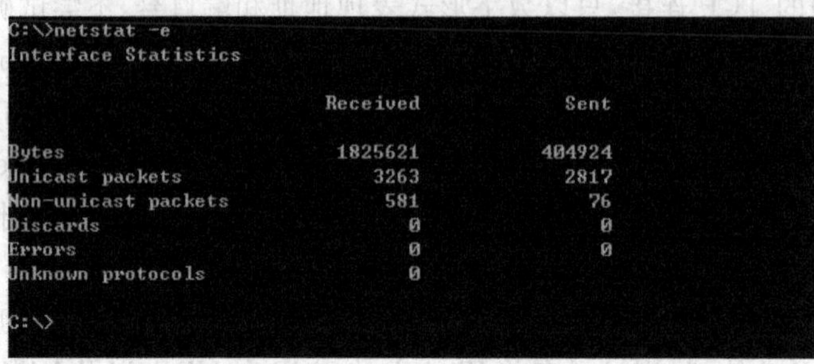

```
C:\>netstat -e
Interface Statistics

                           Received            Sent

Bytes                       1825621          404924
Unicast packets                3263            2817
Non-unicast packets             581              76
Discards                          0               0
Errors                            0               0
Unknown protocols                 0

C:\>
```

图 8-38 netstat -e 命令

8.5 思考题

(1) Windows Server 2003 系统中主要有哪些网络测试命令，各有何功能？

(2) 简述 ping 命令的工作原理？

第 2 部分

提　高　篇

实验9　域控制器的创建

9.1　实验背景知识

安装 Windows Server 2003 后，首先要进行的是作为网络核心的域控制器的安装与配置。在安装域控制器前，必须首先保证服务器已经成功连接到计算机网络。

在 Windows Server 2003 系统中，域控制器是一台安装了 Active Directory（活动目录）的服务器。所有域控制器必须先安装 Active Directory，无论第一个域控制器、额外域控制器，还是子域控制器。域控制器包含了 Active Directory 数据库的可写副本，参与 Active Directory 复制并控制对网络资源的访问。

域控制器为网络用户和计算机提供了 Active Directory 目录服务，该服务可存储和复制目录数据并管理用户和域的交互操作，包括用户登录过程、身份验证及目录搜索。每个域至少包含一个域控制器。域控制器管理员能够管理用户账户、网络访问权限、共享资源、站点拓扑及来自森林内任意域控制器的其他目录对象。

在组织中使用域控制器时，应考虑需要多少个域控制器、这些域控制器的物理安全性，以及备份域数据和升级域控制器的计划。

1. 确定所需的域控制器数

为了获得高可用性和容错能力，使用单个局域网（LAN）的小型组织可能只需要一个具有两个域控制器的域。具有多个网络位置的大型组织在每个站点都需要一个或多个域控制器以提供高可用性和容错能力。

如果网络划分为多个站点，那么通常一种做法是在每个站点中至少配置一台域控制器以提高网络性能。当用户登录网络时，作为登录进程的一部分必须联系域控制器。如果客户必须连接位于不同站点的域控制器，那么登录过程将耗费很长的时间。通过在每个站点中创建域控制器，可在站点内更加有效地执行用户登录。为了优化网络通信，还可以配置域控制器，使其仅在非高峰时间接收目录复制更新。

2. 物理安全

对域控制器的物理访问会为恶意用户提供对加密密码的未授权访问。因此，建议将组织中的所有域控制器锁在一个安全的房间里，只允许有限的公开访问。还可以采取其他安全措施（如系统密钥实用程序 Syskey）以进一步保护域控制器。

3. 备份域控制器

可以使用备份工具（包含在 Windows Server 2003 家族中）从域中的任何域控制器备份域目录分区数据和其他目录分区的数据。在域控制器上使用备份工具可以实现如下功能：

(1) 当域控制器联机时备份 Active Directory。

(2) 使用批处理文件命令备份 Active Directory。

(3) 将 Active Directory 备份到可移动媒体、可用的网络驱动器或文件中。

(4) 备份其他系统和数据文件。

在域控制器上使用备份工具时，将自动备份所有的系统组件和 Active Directory 所依赖的所有分布式服务。该相关数据(其中包括 Active Directory)总称为系统状态数据。

在运行 Windows Server 2003 的域控制器上，系统状态数据包括系统启动文件、系统注册表、COM+(组件对象模型的扩展)的类注册数据库、SYSVOL 目录、“证书服务”数据库(如果已安装)、域名系统(如果已安装)、“群集”服务(如果已安装)和 Active Directory。建议定期备份系统状态数据。

4. 升级域控制器

在运行 Windows NT 4.0 的域控制器上，要成功升级该域，首先需要升级主域控制器(PDC)。升级 PDC 之后，就可以升级备份域控制器(BDC)。

如果目前有一个不含任何运行 Windows Server 2003 域控制器的 Windows 2000 林，那么需要在准备该林和目标域之后才能升级运行 Windows 2000 的域控制器。

9.2 实验目的

在 Windows Server 2003 操作系统中分别创建第一台域控制器、额外域控制器、子域控制器和新域树。

9.3 实验设备及环境

安装了 Windows Server 2003 操作系统的服务器或 PC 一台，每 4 人一组。

9.4 实验内容及步骤

9.4.1 第一台域控制器的安装

按照微软公司的建议，一般网络中的 PC 数目低于 10 台，则建议采用对等网的工作模式；而如果超过 10 台，则建议采用域的管理模式，因为域可以提供一种集中式的管理。

每个域必须有一个域控制器，Active Directory 可安装在任何成员或独立服务器上。Active Directory 不能安装在运行 Windows Server 2003 Web Edition 的计算机上，但可以将该计算机作为成员服务器加入到 Active Directory 中。

安装新的域控制器之前，需要做好以下准备工作：首先，将要作为域控制器的计算机连接到网络中，以验证域名在网络中是否重复；其次，要规划好域名系统的逻辑结构和名称结构；最后，还要保证域控制器的安全级别与 Windows Server 2003 兼容。

安装域控制器的详细步骤如下：

(1) 在成功安装完 Windows Server 2003 后，给服务器指定一个固定 IP 地址 192.168.10.10。通常在安装第一台域控制器时，将首选 DNS 服务器的地址指向自己，如图 9-1 所示。

(2) 接下来，选择“开始”→“运行”命令，输入 dcpromo，如图 9-2 所示。然后按 Enter 键，启动 Active Directory 安装向导。

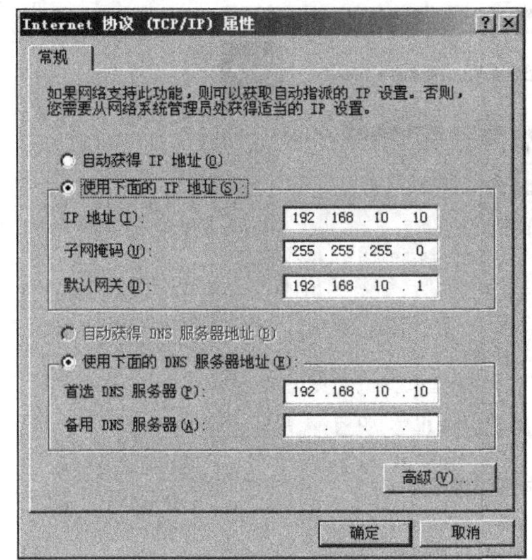

图 9-1 设置 TCP/IP 属性

图 9-2 运行 dcpromo 命令

(3) 出现 Active Directory 安装向导后，直接单击“下一步”按钮，如图 9-3 所示。

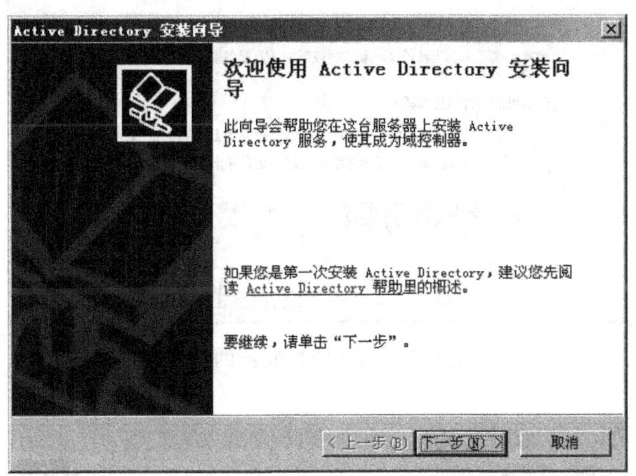

图 9-3 “Active Directory 安装向导”对话框

(4) 接下来，将显示操作系统兼容性内容，建议初学者仔细阅读。阅读后单击“下一步”按钮继续，如图 9-4 所示。

(5) 进行域的选择。如果是建立第一个域，就是域中的第一台域控制器，可以选第一个选项；如果是为了建立一台额外域控制器可以选择第二个选项。这里选择第一项，如图 9-5 所示，该域控制将成为网络中的第一台域控制器。

(6) 第一台域控制器，应该是一个新林中的第一个域(注意，虽然只是一台域控制器，但也是域林)。如果是做子域，也就是说已经存在了一个域，将在存在域中做一个子域(形如 yxm. com 和 child. yxm. com 这样具有连续命名空间的，此处连续命名空间为 yxm. com)，则选择第二项。如果是建立另外一棵域树(如 yxm. com 和 wy. com 就是两棵不同的域树，因为它们不具备连续的命名空间)的话，就应该选择第三项，如图 9-6 所示。

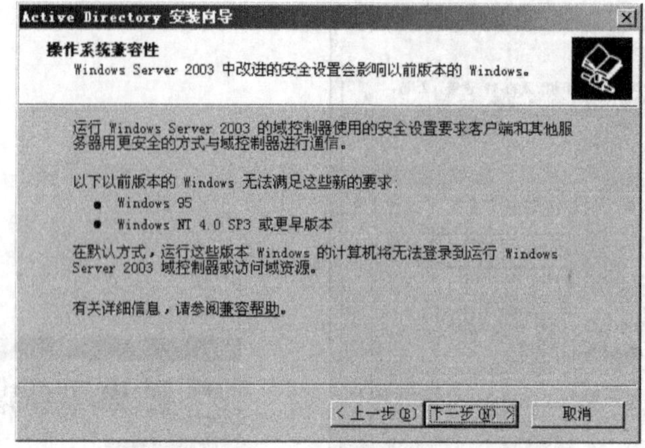

图 9-4　操作系统兼容性

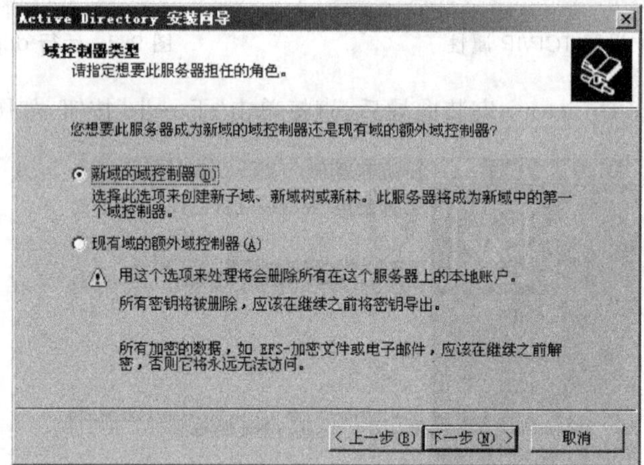

图 9-5　选择域控制器的类型

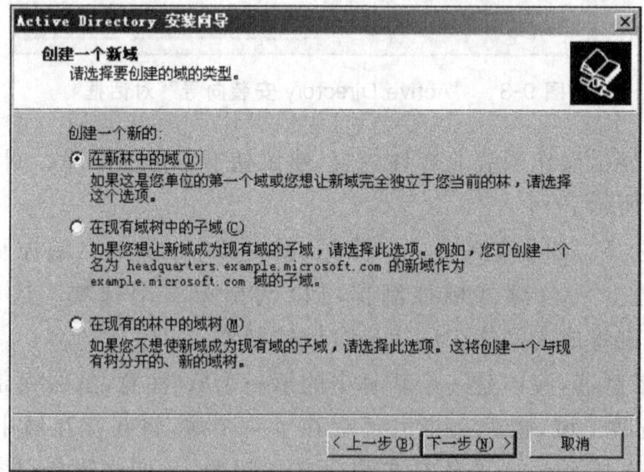

图 9-6　选择域的类型

(7) Windows Server 2003 中的活动目录用完全合格的域名(FQDN)作为其主命名规则。当要求输入新的域名称时,输入内部域的 FQDN(如 yxm.com),如图 9-7 所示。

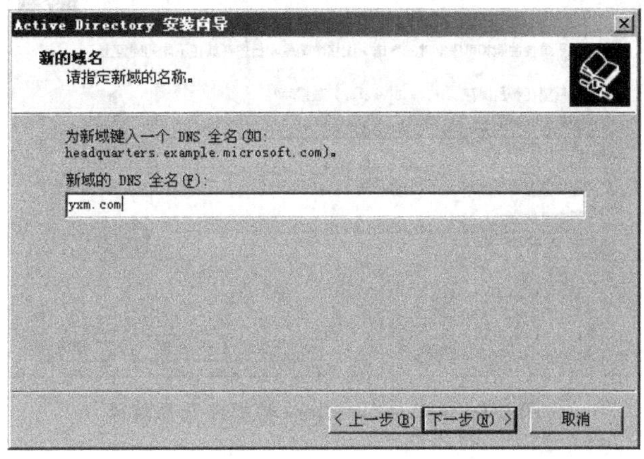

图 9-7　填入 DNS 名称

(8) 为了能让本网络的计算机或 Windows 9x 及 Windows NT 的计算机也可以访问该台域控制器,应该还有个 NetBIOS 的名字(Windows 9x 及 Windows NT 不支持 FQDN 名字)。默认就是域名的最左边(如图 9-8 所示),以便客户机可以通过 FQDN 和 NetBIOS 均可以访问域控制器。如果网络中已经存在了名为 YXM 的计算机,则系统会自动换一个名字,一般是加数字 1 的形式,此名称也可以更改。

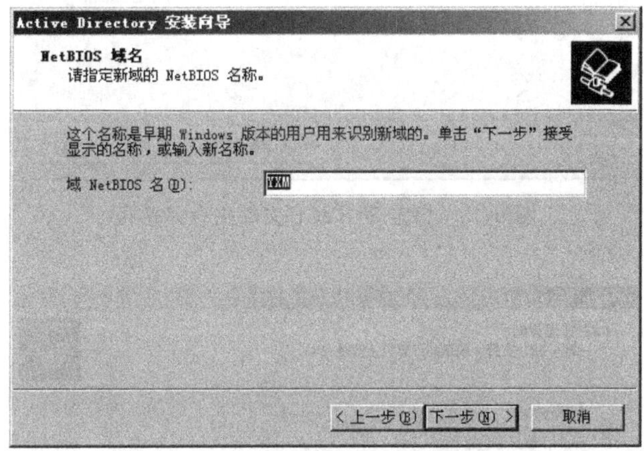

图 9-8　显示并修改 NetBIOS 名称

(9) 输入 Active Directory 数据库及日志的文件存放位置,如图 9-9 所示。日志文件是为了数据库出现问题后恢复用的,所以建议应该放置在不同的磁盘分区上,以防不测。

(10) 为 SYSVOL 文件夹选择存储路径,如图 9-10 所示。SYSVOL 文件夹是存储脚本文件、NETLOGON 共享文件夹、SYSVOL 共享文件和组策略的地方,要求必须是 NTFS 分区,因为只有 NTFS 分区才提供安全设置的功能。如果该分区不是 NTFS 分区,安装操作将不能继续,所以请事先格式化或用 convert 命令进行分区的转换。

(11) DNS 的注册。不仅注册计算机的 FQDN,同时也要注册计算机所能提供的服务。通常选择第二个选项,单击"下一步"按钮,如图 9-11 所示。

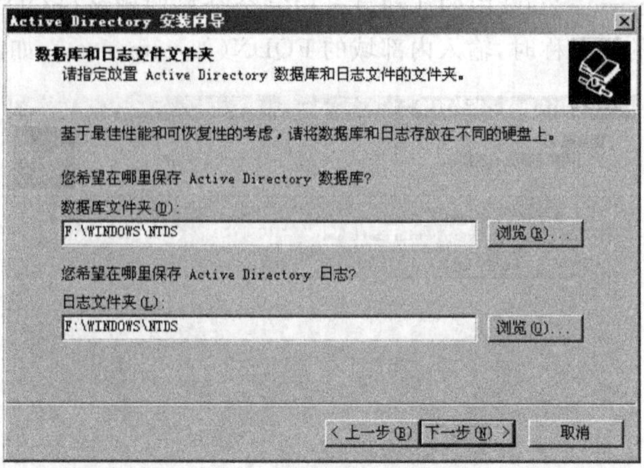

Active Directory 安装向导

数据库和日志文件文件夹
请指定放置 Active Directory 数据库和日志文件的文件夹。

基于最佳性能和可恢复性的考虑，请将数据库和日志存放在不同的硬盘上。

您希望在哪里保存 Active Directory 数据库？
数据库文件夹(D)：
F:\WINDOWS\NTDS
浏览(R)...

您希望在哪里保存 Active Directory 日志？
日志文件夹(L)：
F:\WINDOWS\NTDS
浏览(O)...

< 上一步(B)　下一步(N) >　取消

图 9-9　Active Directory 数据库选择路径

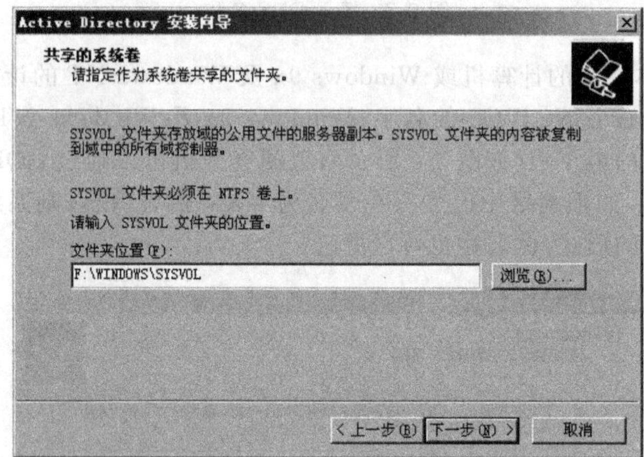

图 9-10　指定 SYSVOL 文件夹存储路径

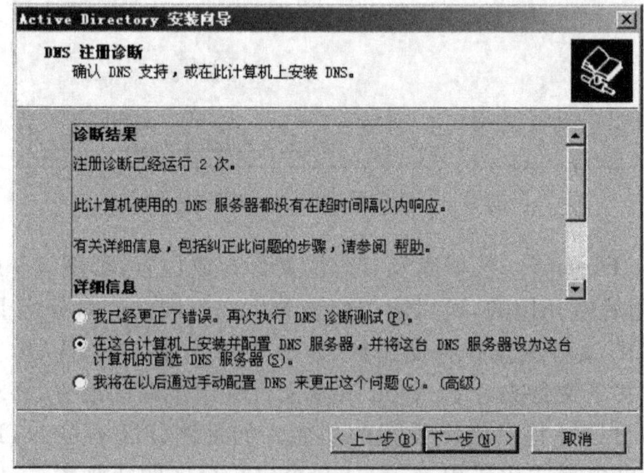

图 9-11　注册成功的信息返回

(12) 选择模式。选择第一项单选按钮，则可以使 Windows NT、Windows 2000 或隶属于这些旧的域的服务器应用程序以匿名的方式访问 Windows Server 2003 活动目录内的用户与组等对象。选择第二项单选按钮，则不允许旧的应用程序以匿名的方式来访问，这里选择第二项，如图 9-12 所示。

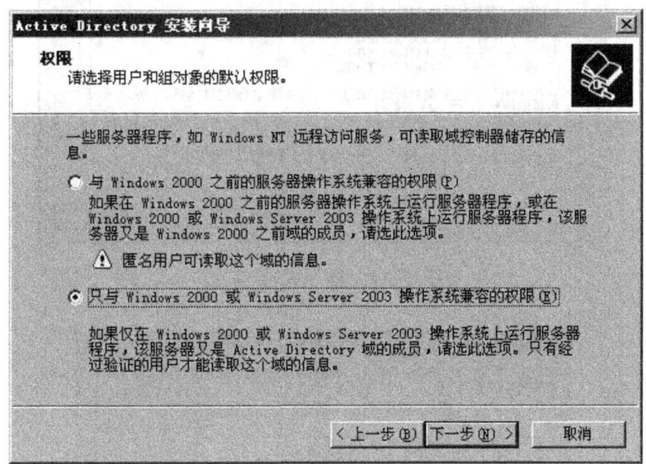

图 9-12　权限的选择

(13) 在“还原模式密码”和“确认密码”文本框中，分别输入密码，然后单击“下一步”按钮继续，如图 9-13 所示。

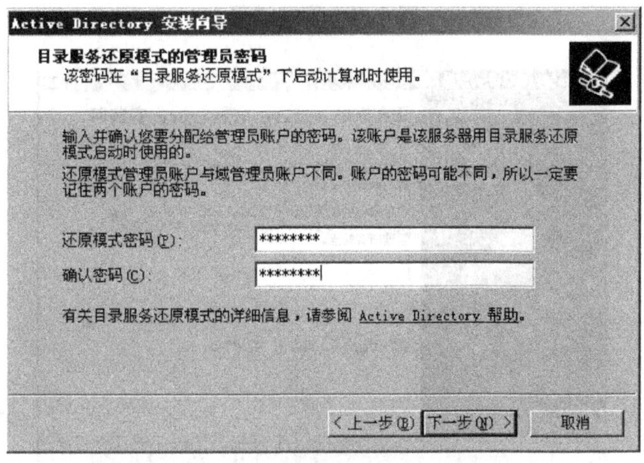

图 9-13　设置还原模式密码

(14) 查看配置的摘要信息，如果无误，单击“下一步”按钮开始安装，则完成最后的配置，如图 9-14 所示。

(15) 然后显示安装的情况，如图 9-15 所示。

(16) 大约几分钟后，安装将完成，如图 9-16 所示。

(17) 当安装完成后，单击“立即”重新启动按钮，如图 9-17 所示。

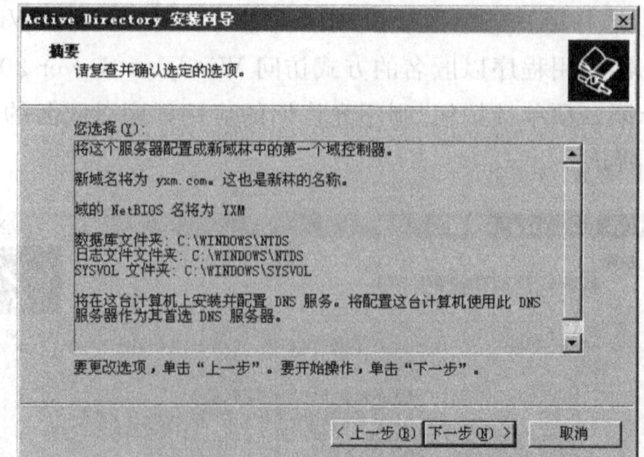

图 9-14 显示摘要信息

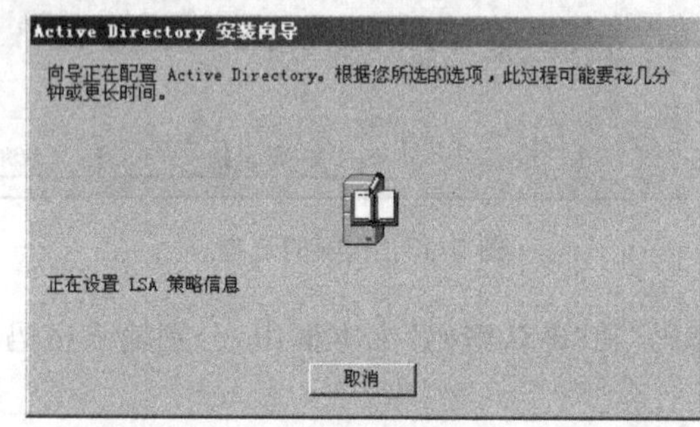

图 9-15 安装过程

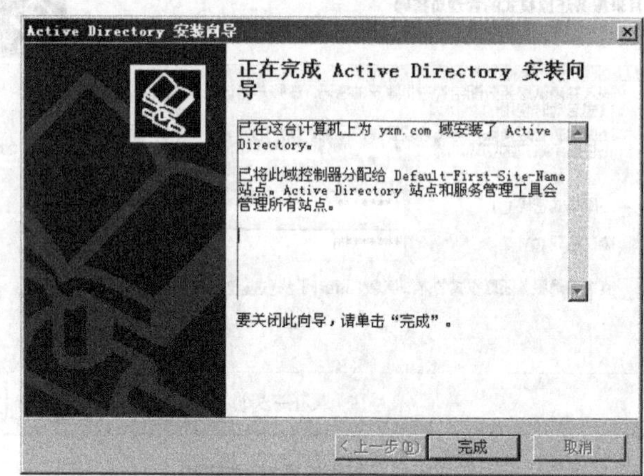

图 9-16 安装完成界面

图 9-17 重启界面

9.4.2 额外域控制器的安装

当希望改进网络服务的可用性和可靠性时，可创建额外域控制器。添加额外域控制器，可提供容错，平衡现有域控制器的负载，向站点提供额外的结构支持，并能使客户端在登录到网络时更易于与域控制器连接。

在开始安装额外域控制器前，要确保此新增服务器有权访问同一网段，这样它才可以与第一台域控制器进行通信。此外，还需要指定一个 DNS 服务器的 IP 地址，一定要把额外域控制器的 DNS 的 IP 地址指向第一台域控制器的 IP 地址(第一台域控制器本身就是 DNS 服务器)。下面具体介绍安装步骤：

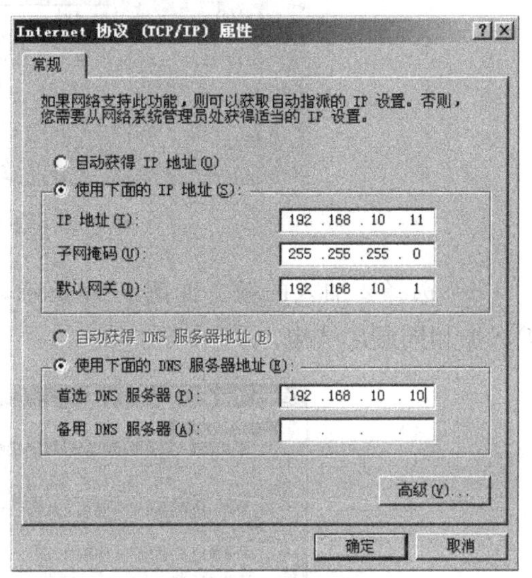

图 9-18 设置 DNS 服务器地址

(1) 在“Internet 协议(TCP/IP)属性”对话框中正确设置 IP 地址、子网掩码和默认网关等信息。在“首先 DNS 服务器”选项组中输入 IP 地址，此步骤非常重要，一定要输入网络中对这台服务器进行数据复制的那台主域控制器(第一台域控制器)的 IP 地址，如图 9-18 所示。单击“确定”按钮完成。

(2) 选择“开始”→“运行”命令，输入 dcpromo，然后按 Enter 键，启动 Active Directory 安装向导。

(3) 进行域的选择。选择“现有域的额外域控制器”单选按钮，如图 9-19 所示。

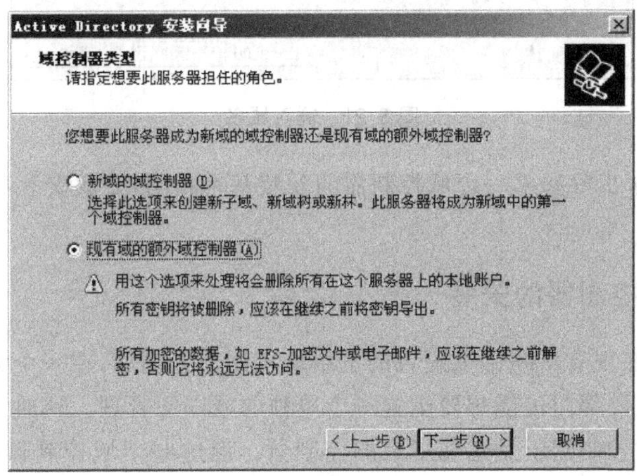

图 9-19 选择域控制器的类型

(4) 在打开的“网络凭据”页面中，输入用户名和密码，如图 9-20 所示。此用户账户必须是目标域的 Domain Admins 组的成员；或是 Enterprise Admins 组的成员；或必须被赋予适当的权限，域名必须为目标域的完整 DNS 名称。

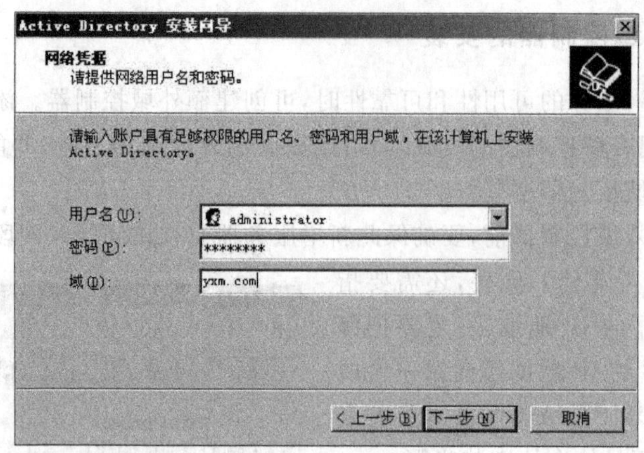

图 9-20 输入用户名和密码

(5) 选择要加入的域。如图 9-21 所示，Active Directory 域以 DNS 名称命名，并使用 DNS 的相同层次结构。

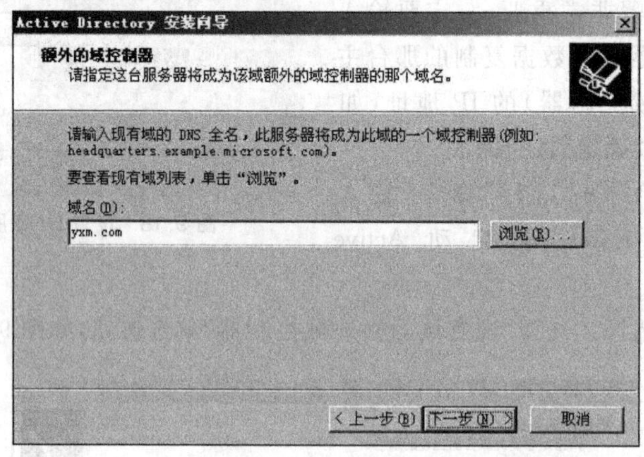

图 9-21 输入域名

(6) 后面的操作步骤和第一台域控制器的安装基本相同，完成安装后，系统会提示重新启动计算机。

9.4.3 子域控制器的安装

子域控制器是在现有域基础上配置的下级域控制器。例如，在一个大的企业网络中，有一个根域，然后各主要部门可能想要配置一个单独的域以便管理。这时，可以为这些部门配置专门的子域，子域控制器就是这些子域的控制器。但这些子域控制器必须在根域控制器正常运行的基础上工作。它与额外域控制器不同，额外域控制器是与现有域属于同一级别的，用来分担现有域控制器负荷。

子域控制器的安装、配置方法与新域控制器的安装、配置方法类似。

(1) 选择"开始"→"运行"命令，输入 dcpromo，然后按 Enter 键，启动 Active Directory 安装向导。

(2) 在“域控制器类型”页面选择中，选择“新域的域控制器”单选按钮，单击“下一步”按钮，如图 9-22 所示。

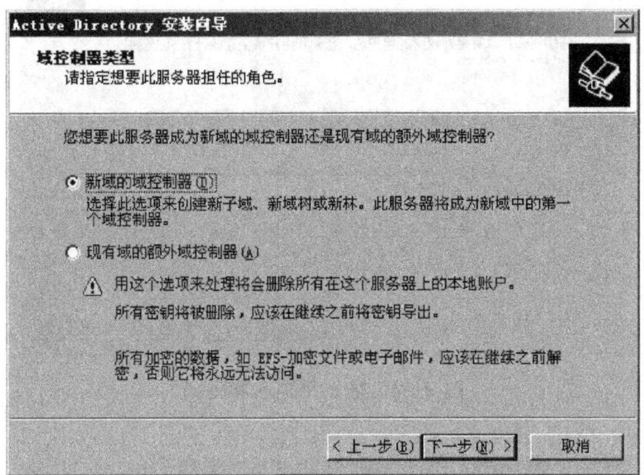

图 9-22 选择域控制器的类型

(3) 在“创建一个新域”页面中，选择“在现有域树中的子域”单选按钮，单击“下一步”按钮，如图 9-23 所示。

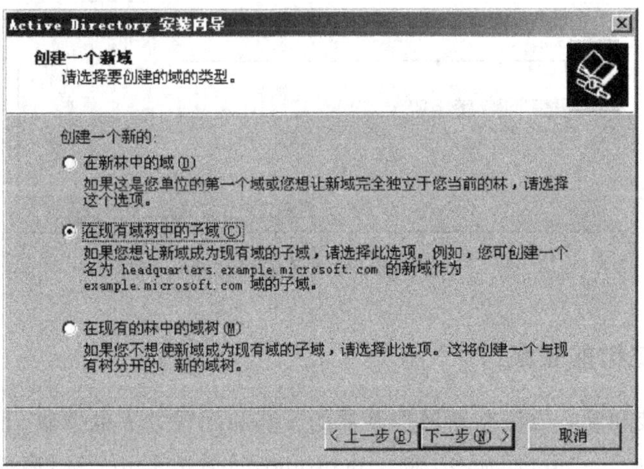

图 9-23 选择域的类型

(4) 在“网络凭据”页面中，输入用户名和密码，如图 9-24 所示。这个账户必须要有足够的权限，所以此处输入的用户账户必须是根域的 Domain Admins 组的成员，或是 Enterprise Admins 组的成员，单击“下一步”按钮。

(5) 选择父域，并为新的子域指定一个名称。例如，本例中的父域 DNS 全名为 yxm.com，子域则可以起名为 child，则新子域的完整 DNS 名称就为 child. yxm. com，单击“下一步”按钮，如图 9-25 所示。

(6) 下面的安装步骤与第一台域控制器的安装基本相同，在此不再赘述。

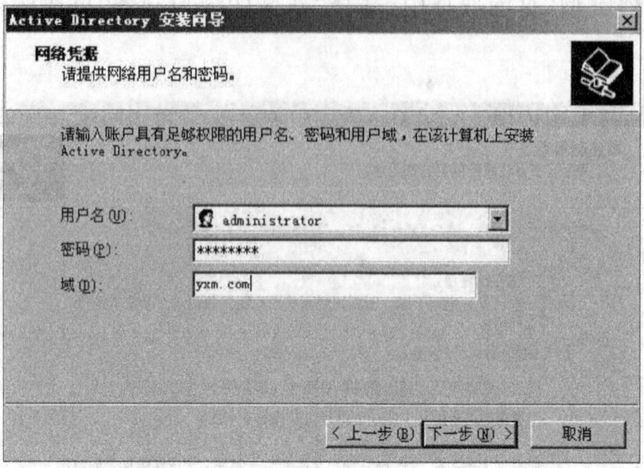

Active Directory 安装向导

网络凭据

请提供网络用户名和密码。

请输入账户具有足够权限的用户名、密码和用户域，在该计算机上安装 Active Directory。

用户名(U): administrator

密码(P): ********

域(D): yxm.com

< 上一步(B) 下一步(N) > 取消

图 9-24 输入用户名和密码

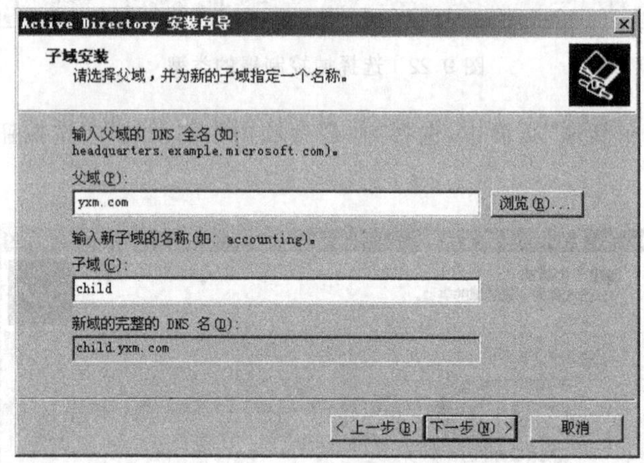

图 9-25 输入子域和父域

9.4.4 新域树的安装

新域树的安装和配置方法与新域控制器的安装和配置方法也类似，下面是具体步骤。

(1) 选择“开始”→“运行”命令，输入 dcpromo，然后按 Enter 键，启动 Active Directory 安装向导。

(2) 在“域控制器类型”页面中，选择“新域的域控制器”单选按钮，单击“下一步”按钮，如图 9-26 所示。

(3) 在“创建一个新域”页面，选择“在现有的林中的域树”按钮，单击“下一步”按钮，如图 9-27 所示。

(4) 在“网络凭据”页面中，输入用户名和密码，这个账户同样也必须要有足够的权限，单击“下一步”按钮，如图 9-28 所示。

(5) 在打开的页面中输入新域的 DNS 全名，本例为 wy.com，单击“下一步”按钮，如图 9-29 所示。

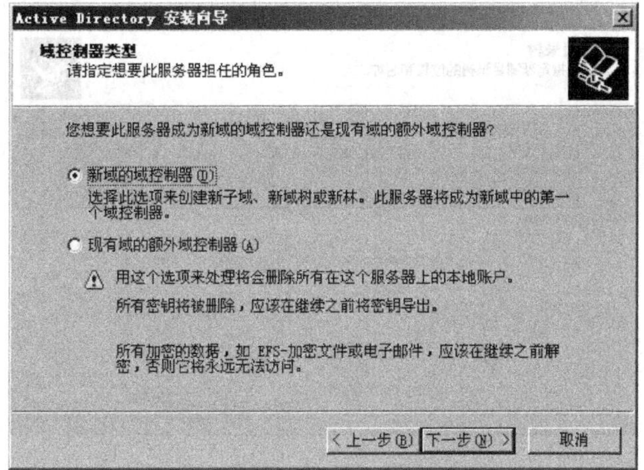

图 9-26　选择域控制器类型

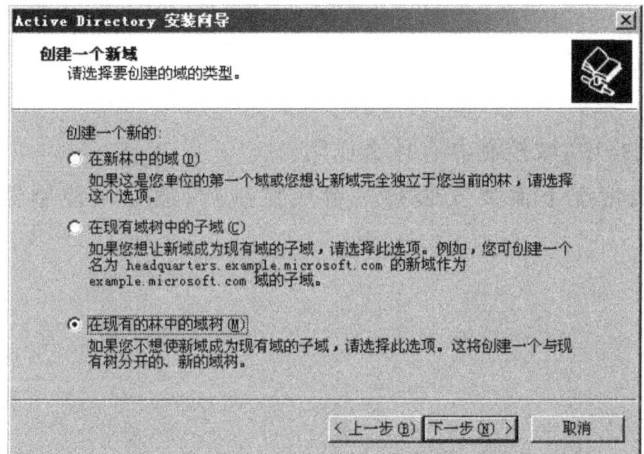

图 9-27　选择域的类型

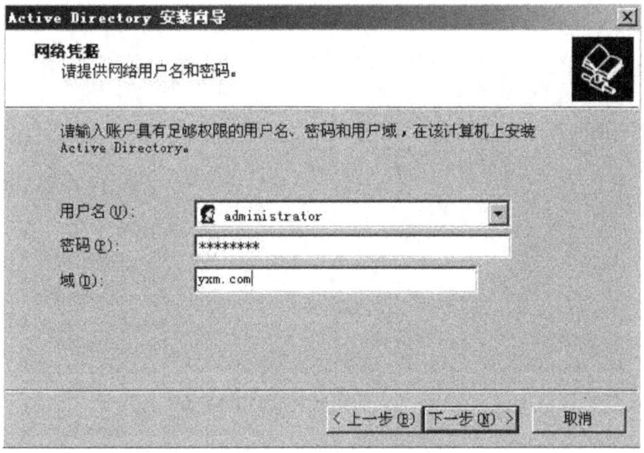

Active Directory 安装向导
网络凭据
请提供网络用户名和密码。
请输入账户具有足够权限的用户名、密码和用户域，在该计算机上安装 Active Directory。
用户名(U): administrator
密码(P): ********
域(D): yxm.com
< 上一步(B)
下一步(N) >
取消

图 9-28　输入用户名和密码

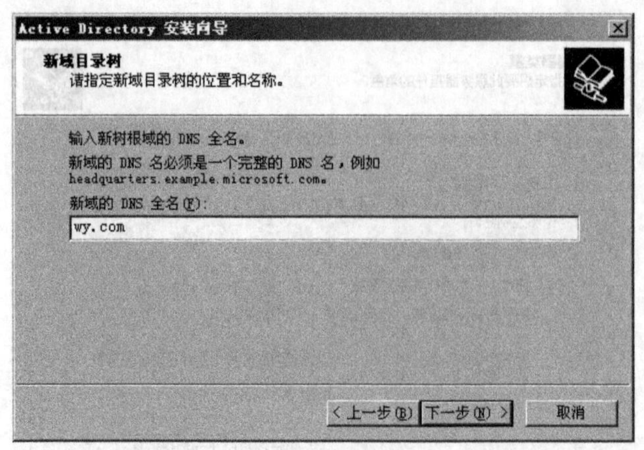

图 9-29 输入域名

(6) 下面的安装步骤与第一台域控制器的安装基本相同,在此不再赘述。

9.5 思考题

(1) 在计算机网络中,域控制器有什么作用?

(2) 分别在什么情况下需要安装第一台域控制器、额外域控制器、子域控制器和新域树?

实验 10　DNS 服务器的安装与配置

10.1　实验背景知识

DNS 服务器是 DNS 系统的核心，根据工作方式的不同，DNS 服务器可以分为 4 种不同的类型：主服务器是数据的来源；辅服务器是数据的备份，并能分担查询的负荷；缓存服务器也能减轻查询的负荷而不需要增加管理工作量；前向服务器和从属服务器可以提高安全性，并体现缓存的优点。

10.1.1　主域名服务器

主域名服务器（也称为主服务器）是 DNS 的主要成员，对 Internet 中域名数据的发布和查找起着非常重要的作用。主域名服务器总是地址数据的初始来源。主服务器对域中的域名有最高授权，并因为它是域区间传送域区数据的唯一来源，具有向任何一个甚至全部需要其数据的服务器发布域的信息的功能。一个辅服务器在向另一个辅服务器进行域区传送时也可以是“主服务器”，但是文件却在主域名服务器上。这种语言上的混淆在 RFC2136 中被澄清。它区分了从属服务器、主服务器和根主域名服务器（Primary Master Server）。

（1）从属服务器。一台授权的用来搜索域区传送的服务器，并且在域区中用 NS 记录来命名。

（2）主服务器。一台设置为向一个或多个从属服务器传送数据源的授权服务器。

（3）根主域名服务器。在域区传送互联（Transfer-dependency）图中作为根的主服务器。根主域名服务器在域区面向服务的体系结构（Service-Oriented Architecture，SOA）记录中被命名。根据定义，每个域区只能有一台根主域名服务器。

10.1.2　辅域名服务器

辅域名服务器（也称为辅服务器）包含域的授权地址信息，这些数据是从主服务器通过域区数据传送而获得的。辅服务器对数据的备份是很重要的，并且应答查询，从而减轻了主服务器的负担。

辅服务器是有授权的，因为它也有域区文件的副本，这些副本是从主服务器在域区传送时获得的。辅域名服务器的功能包括如下两个方面：

（1）将工作负荷分布到几台计算机。因为现在有多台机器处理对一个域名的查询，解析查询的响应时间可以减少。负荷分布是因为解析器可以记录哪些域名服务器曾经使用过，以及这些服务器对每次查询的响应时间。这取决于服务器所在的地理位置、路由等因素，有些服务器的响应比其他服务器更好一些。解析器利用所保持的信息来对不同的查询选择不同的域名服务器。

（2）冗余性。有了辅域名服务器，即使主服务器有故障而不能提供服务，域的请求仍然可以转发，查询仍然可以被解析。特别有用的是在地理位置不同的网络安置辅服务器，或是在一个国家的不同地区安排辅服务器。

辅服务器并不一定必须存放域信息的备份，但一般都推荐这样做。辅服务器保持这样的本地副本能更快地启动，因为它启动时不必向主服务器要求域区信息。如果数据正准备更新，不需要传送比检查新域区更多的信息。尽管这并不能保证这份初始数据一定是最新的，但至少辅服务器可以开始以这些数据应答查询。

10.1.3 缓存域名服务器

缓存域名服务器(也称为缓存服务器)可以改进网络中 DNS 服务器的性能。当 DNS 经常查询一些相同的目标时，安装缓存服务器可以对查询提供更快速的响应，而不需要通过主服务器或辅服务器。对缓存服务器的唯一要求是应有一个包含域名服务器本身在内的根缓存文件。因为缓存服务器是没有授权的，所以它也不能对域进行委托授权。缓存服务器可以配置为可转发查询，然后将结果存储起来，以便为响应今后的查询所用。

如果一个机关或企业已有 ISP 提供的主 DNS 服务，那么再配置一个缓存服务器可以很好地改善系统的性能并且支持远程站点的链接。为了给 Windows 配置一个缓存服务器，DNS 服务必须首先启动。当新的服务器建立后，cache 和回绕将自动产生。唯一需要的操作是在 Windows 服务器重启以后和终止其他系统以后保证 DNS 服务的启动。大多数用于支持一个 Windows 域环境的 DNS 服务的安装不需要 ISP(Internet 服务提供商)。但是来自于公共名字空间 ISP 或内部名字服务器的外部名字，会给本地缓存带来很多好处。

缓存服务器有不少优点，主要的是对多用户来说，系统的性能提高了；否则的话，这些用户的查询还必须转发到另外的服务器来完成。缓存服务器也有缺点，它存储的信息不一定是最新的。可以设置信息的有效时间，以便控制缓存服务器在到达设置的时限时放弃相应的缓存数据。

10.1.4 前向服务器和从属服务器

一个 DNS 服务器可以指定另一个服务器为前向服务器(Forwarder)，以确定当它不能回答查询时，下一步将把查询转向何处。而从属(Slave)关系是使服务器依靠前向服务器回答查询，但它也不能再成为其他 DNS 服务器的客户机。前向服务器和从属服务器的基本差别如下：

(1) 前向服务器：发送查询到一台指定的机器，等待很短的时间，再开始自己查找。

(2) 从属服务器：发送查询到一台指定的机器，并等待回答。从属服务器本身不对查询进行解析。

注意这里的“从属服务器”不是指辅服务器，而是一个实际上叫做“从属服务器”的定义。图 10-1 所示为前向服务器的处理过程。

(1) 客户机向本地 DNS 服务器发出查询。

(2) 本地 DNS 服务器将查询转送到前向服务器，并开始等待。

(3) 前向服务器向 Internet 上的一台域名服务器发送查询并等待。

(4) 如果没有收到回答，本地 DNS 服务器将查询发送到 Internet 上的一台域名服务器。

从属服务器是必须使用前向服务器的 DNS 服务器，如图 10-2 所示。从属服务器发送

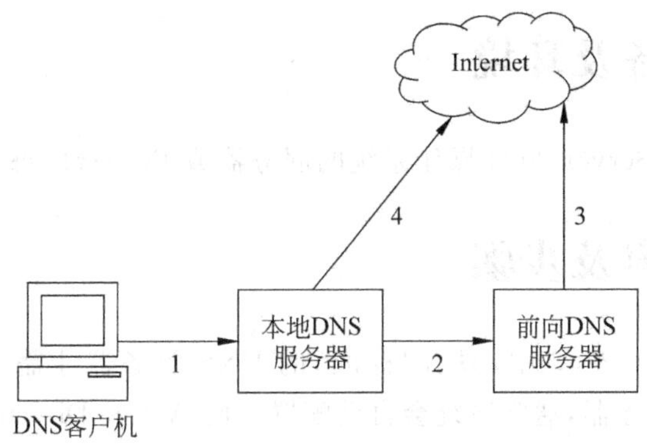

图 10-1 前向服务器代表其他 DNS 服务器进行查询

查询到指定的机器，等待回答，若前向服务器没有很快地给出回答，也不允许从属服务器来解析查询。这种选择可作为一种很有用的安全措施，因为可以使所有的查询都只经过由从属服务器到前向服务器的一条通路。这也是一种很好的方法，使得只有得到授权的外部查询才能通过防火墙，在此基础上，可以实施安全措施。

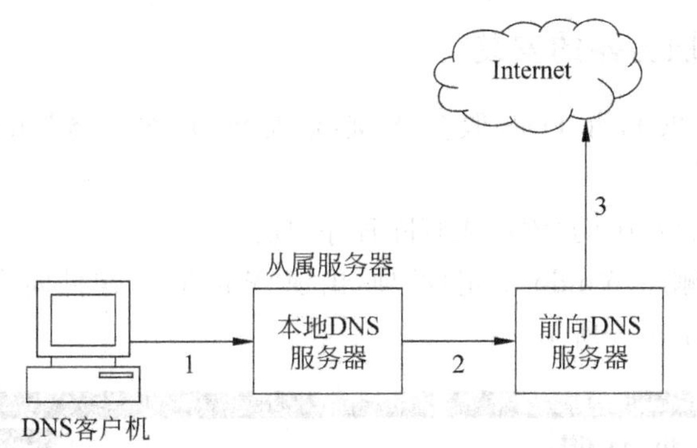

图 10-2 从属服务器必须等待前向服务器的响应

如图 10-2 所示的过程如下：

(1) 客户机向本地 DNS 服务器发送查询。

(2) 本地 DNS 服务器将查询前向转发到一台前向服务器，并开始等待。

(3) 前向服务器将查询发送到 Internet 上的一台域名服务器并等待。

(4) 如果没有得到结果，则从属服务器(在这种情况下，就是本地 DNS 服务器)也不会自己开始解析。

从属服务器是设置为使用前向服务器的 DNS 服务器，其唯一的限制是从属服务器只能从指定的前向服务器得到查询结果。回到前面所提到的安全考虑，一台内部 DNS 服务器提供对所有内部主机的名字解析服务。这提供了对解析是否终止 Internet 服务的控制。

10.2 实验目的

掌握在 Windows Server 2003 操作系统中安装和配置 DNS 服务器的方法。

10.3 实验设备及环境

安装了 Windows Server 2003 操作系统的服务器或 PC 一台，每 4 人一组。

10.4 实验内容及步骤

在 Windows Server 2003 中，只有“标准”的 DNS 服务器才需要配置，如果是 Active Directory 中的 DNS 服务器，通常系统会自动配置。而 Active Directory 中的 DNS 服务器，除了系统自动创建的一些记录外，其他的设置与“标准”DNS 服务器都是一样的，本节主要讲述“标准”DNS 服务器的安装配置。

作为实用的 DNS 服务器，有服务于 Internet 并为 Internet 上的其他用户提供 DNS 解析与查询的 DNS 服务器，也有专门用于内网并为内网的 DNS 解析提高解析速度的“DNS 缓存”服务器。通常，在内网架设 DNS 服务器可以用来解析由于“内、外网”DNS 解析不同所带来的网络通信问题。

10.4.1 DNS 服务器的安装

Windows Server 2003 作 DNS 服务器，必须安装“域名服务”组件。具体的安装步骤如下：

(1) 启动“控制面板”中的“添加或删除程序”项。

(2) 双击“添加/删除 Windows 组件”项，出现“Windows 组件向导”对话框，在列表中选择“网络服务”项，如图 10-3 所示。

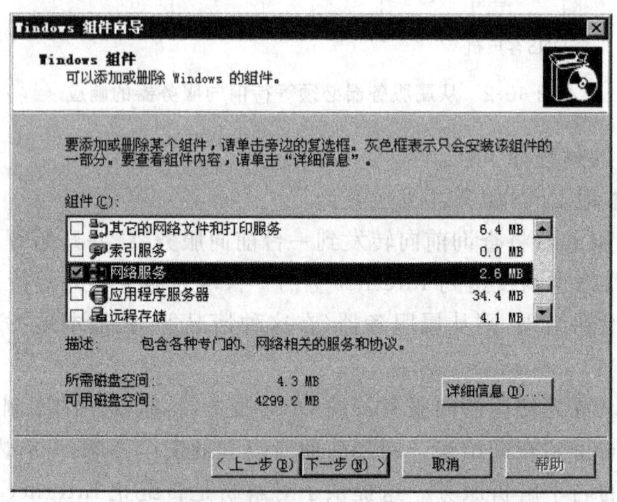

图 10-3 “Windows 组件向导”对话框

(3) 单击“详细信息”按钮，从列表中选择“域名系统(DNS)”，如图 10-4 所示，单击“确定”按钮。

(4) 单击“下一步”按钮，输入 Windows Server 2003 安装源文件的路径，单击“确定”按

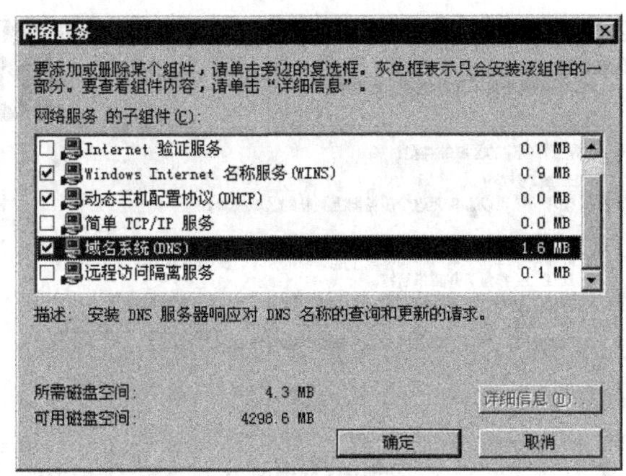

图 10-4 “网络服务”对话框

钮，开始安装 DNS 服务。

(5) 单击“完成”按钮，关闭“添加或删除程序”窗口。

安装完毕后在“开始”菜单的“管理工具”中多了一个 DNS 控制台，使用它可以进行 DNS 服务器管理与设置，而且会创建一个%SystemRoot%\system32\dns 文件夹(%SystemRoot%为 Windows 安装所在目录，默认安装在 C:\Windows 目录，可以用 set 命令查看)，其中存储与 DNS 运行有关的文件，如缓存文件、区域文件、启动文件等。

10.4.2 正向查找区域

Windows Server 2003 的 DNS 服务器中有两种类型的查找区域——“正向查找区域”和“反向查找区域”。其中正向查找区域将 DNS 名称转换为 IP 地址，并提供可用网络服务的信息；反向查找区域将 IP 地址转换为 DNS 名称。

1. 添加正向查找区域

DNS 数据以区域(Zone)为管理单位，因此必须先建立区域。正向查找能够通过域名查找到对应的 IP 地址。添加正向查找区域的具体步骤如下：

(1) 选择“开始”→“程序”→“管理工具”→DNS 命令，打开 DNS 控制台。

(2) 在 DNS 控制台左侧窗体中选择“正向查找区域”，右击，选择“新建区域”命令(或从主菜单的“操作”中选择“新建区域”)，启动“新建区域向导”对话框。

(3) 单击“下一步”按钮，出现如图 10-5 所示的页面；选择“主要区域”单选按钮，(如果创建辅助区域，则需要输入主要区域的域名，这里以创建主要区域为例)。

(4) 单击“下一步”按钮，出现如图 10-6 所示的页面；在“区域名称”文本框中输入新区域的域名，这里输入 jsj.com。

(5) 单击“下一步”按钮，出现如图 10-7 所示的“区域文件”页面；文本框中会自动显示默认的区域文件名，如果不接受默认的名字，也可以输入不同的名称；如果不是创建一个新的区域文件，而是使用一个从另一个 DNS 服务器复制过来的现存文件，则选择“使用此现存文件”，输入该现存文件的文件名(必须已经被复制到%SystemRoot%\system32\dns 文件夹)；实例中选择默认的配置。

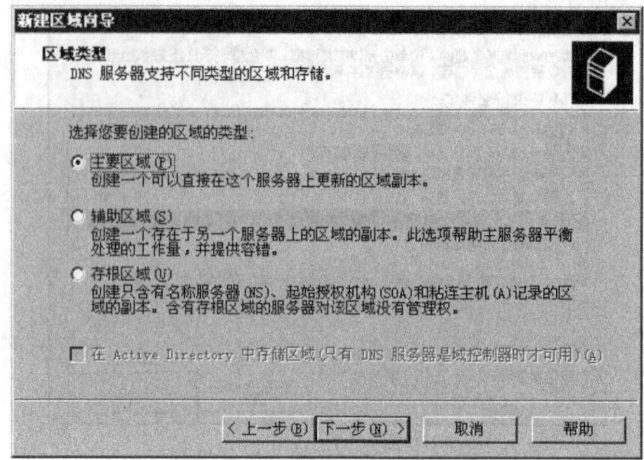

图 10-5 “区域类型”页面

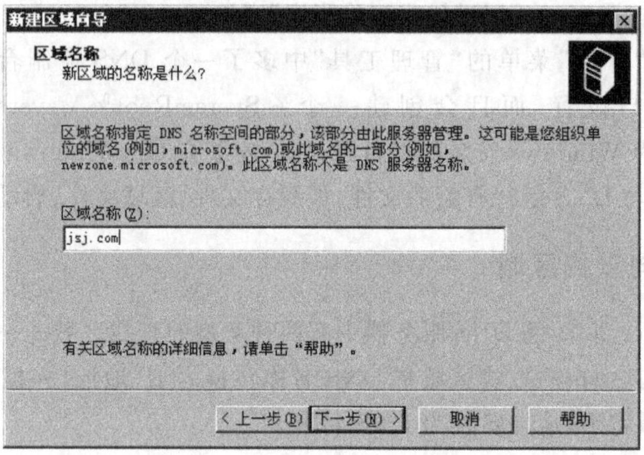

图 10-6 “区域名称”页面

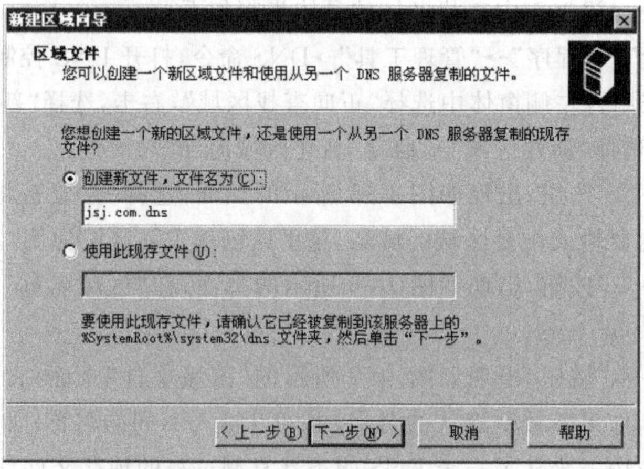

图 10-7 “区域文件”页面

(6) 单击“下一步”按钮，出现如图 10-8 所示的“动态更新”页面，可以指定该 DNS 区域是否接受安全、不安全或非动态的更新；选择“不允许动态更新”单选按钮，该区域必须手动更新记录。

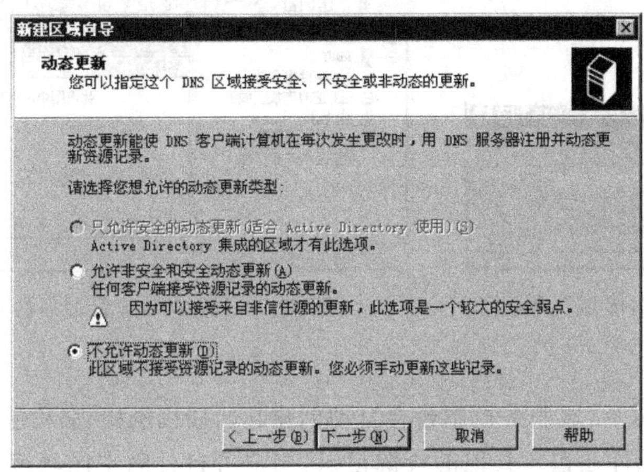

图 10-8 “动态更新”页面

(7) 单击“下一步”按钮，在出现的页面中单击“完成”按钮；这样就添加了一个域名为 jsj.com 的正向查找区域。

新创建的主区域显示在所属 DNS 服务器的列表中，且在完成创建后，DNS 控制台将为该区域创建一个 SOA 记录，同时也为所属的 DNS 服务器创建一个 NS 或 SOA 记录，并使用所创建的区域文件保存这些资源记录，如图 10-9 所示。

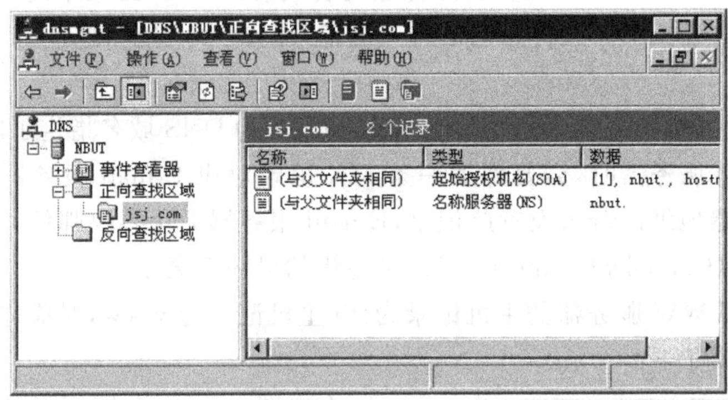

图 10-9 DNS 控制台

2. 添加子区域

一个较大的网络，可以在区域内按照地域、职能划分多个子区域，以便于管理。Windows Server 2003 中为了与域名系统一致也称为域。例如，在一个校园网中，计算机系有自己的服务器，为了方便管理，可以为其单独划分域，如增加一个 cs 域，在这个域下可添加主机记录以及其他资源记录(如别名记录等)。

以在 jsj.com 域中添加 cs 子区域为例，具体步骤如下：

(1) 右击图 10-9 中左侧窗口的 jsj.com，在弹出的快捷菜单中选择“新建域”命令。

(2) 出现如图 10-10 所示的对话框，在文本框输入子区域 cs；单击“确定”按钮。这样便建立了 cs 子区域，在 jsj.com 下面出现 cs 域，如图 10-11 所示。

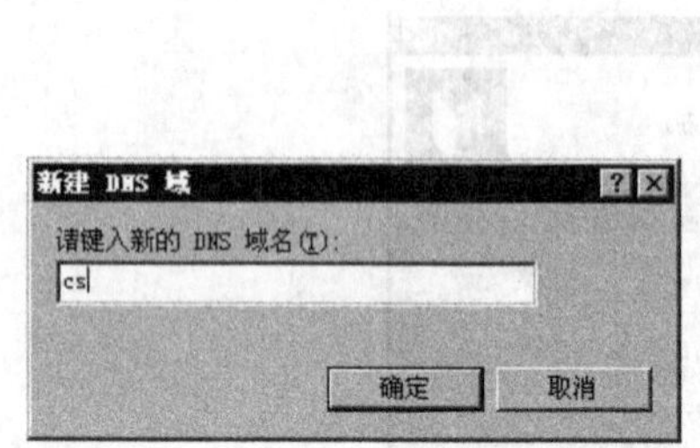

图 10-10 “新建 DNS 域”对话框

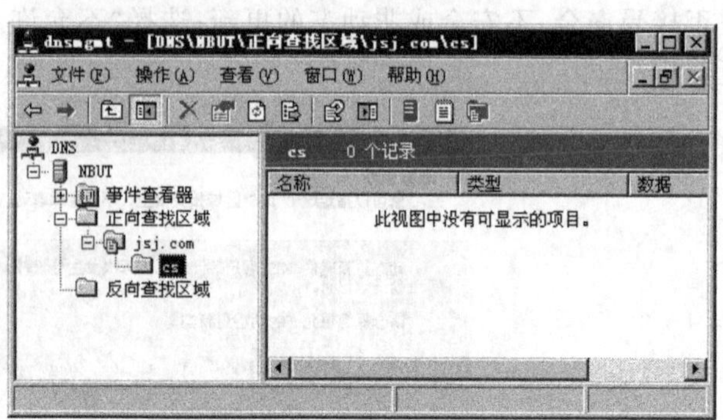

图 10-11 添加 cs 子区域后的 DNS 控制台

3. 添加记录

创建新的主区域后，域服务控制台会自动创建起始授权机构、名称服务器、主机等记录。除此之外，DNS 数据库还包含其他的资源记录，用户可自行向主区域或域中进行添加。这里先介绍常见的记录类型：

(1) 起始授权机构(Start Of Authority，SOA)：该记录表明 DNS 名称服务器是 DNS 域中的数据表的信息来源，该服务器是主机名字的管理者，创建新区域时，该资源记录自动创建，且是 DNS 数据库文件中的第一条记录。

(2) 名称服务器(Name Server，NS)：为 DNS 域标识 DNS 名称服务器，该资源记录在所有 DNS 区域中。创建新区域时，该资源记录自动创建。

(3) 主机地址(Address，A)：该资源将主机名映射到 DNS 区域中的一个 IP 地址。

(4) 指针 PTR(Point)：该资源记录与主机记录配对，可将 IP 地址映射到 DNS 反向区域中的主机名。

(5) 邮件交换器资源记录(Mail Exchange，MX)：为 DNS 域名指定了邮件交换服务器。在网络存在 E-mail 服务器时，需要添加一条 MX 记录对应 E-mail 服务器，以便 DNS 能够解析 E-mail 服务器地址。若未设置此记录，E-mail 服务器无法接收邮件。

(6) CNAME(Canonical Name)：仅仅是主机的另一个名字。

下面以添加 WWW 服务器的主机记录为例(主机记录为 www，对应完整域名为 www.jsj.com)，具体步骤如下：

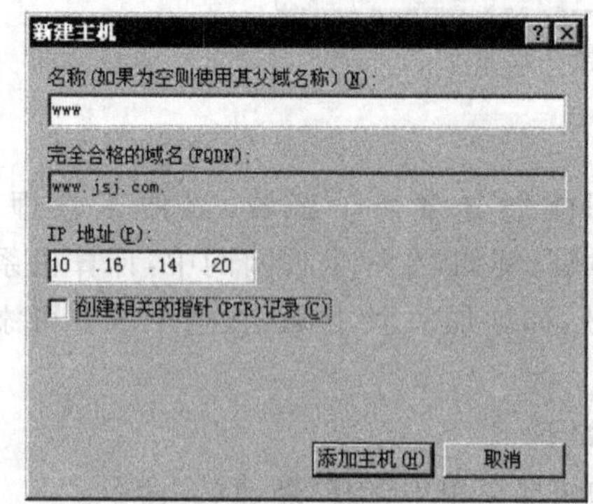

图 10-12 “新建主机”对话框

① 右击图 10-9 中左侧窗口的主区域 jsj.com，在弹出的快捷菜单中选择“新建主机”命令。

② 出现如图 10-12 所示的“新建主机”对话框，输入名称 www，输入该主机对应的 IP 地址(实例中假设为 10.16.14.20)；单击“添加主机”按钮；如果选中“创建相关的指针(PTR)记录”复选框，则自动将新添加的主机 IP 地址与反向查找区域相关联，将自动生成相关反向查找记录，即由地址解析名称。

③ 在弹出的对话框中单击“确定”按钮；可重复上述操作添加多个主机，添加完毕后，单击“完成”按

钮关闭对话框，会在DNS控制台中增添相应的记录。

这样就创建了一条记录，如图10-13所示。网络用户可以直接使用www.jsj.com访问10.16.14.20这台主机。

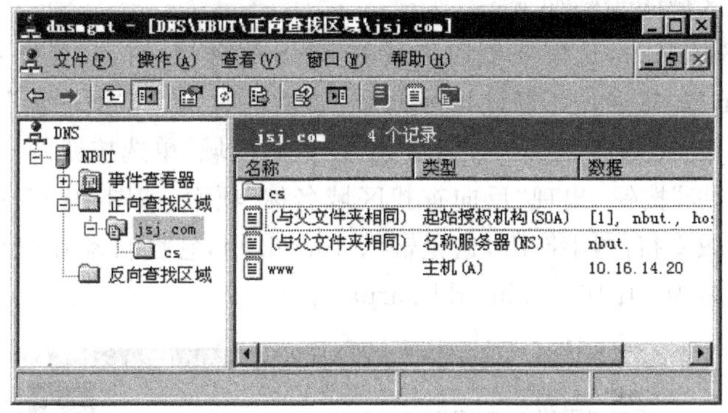

图10-13 新建主机后的DNS控制台

4. 动态更新

DNS服务器具备动态更新功能，当一些主机信息（主机名称或IP地址）更改时，更改的数据会自动传送到DNS服务器端。要求DNS客户端也必须支持动态更新功能。

首先在DNS服务器端必须设置可以接收客户端动态更新的要求，其设置是以区域为单位的，右击要启用动态更新的区域，在弹出的快捷菜单中选择“属性”命令，出现如图10-14所示的对话框，选择“动态更新”下拉列表中的项。

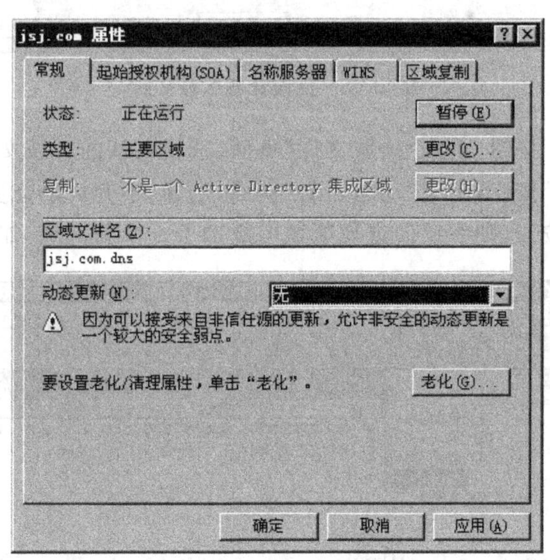

图10-14 动态更新属性

10.4.3 反向查找区域

在了解了正向查找区域后，下面介绍反向查找区域。

1. 添加反向查找区域

反向查找区域可以让 DNS 客户端利用 IP 地址反向查询其主机名称，如下面步骤配置后，客户端可以查询 IP 地址为 10.16.14.20 的主机名称，系统会解析为 www.jsj.com。

添加反向查找区域的步骤如下：

(1) 打开 DNS 控制台，选取要创建区域的 DNS 服务器，右击“反向查找区域”项，选择“新建区域”命令，出现“欢迎使用新建区域向导”对话框时，单击“下一步”按钮。

(2) 在出现的“区域类型”页面中，仍然选择“主要区域”单选按钮。

(3) 单击“下一步”按钮，出现“反向查找区域名称”项面，如图 10-15 所示。在“网络 ID”文本框中输入此区域支持的网络 ID，这里输入 10.16.14，它会自动在“反向查找区域名称”文本框中设置区域名为 14.16.10.in-addr.arpa。

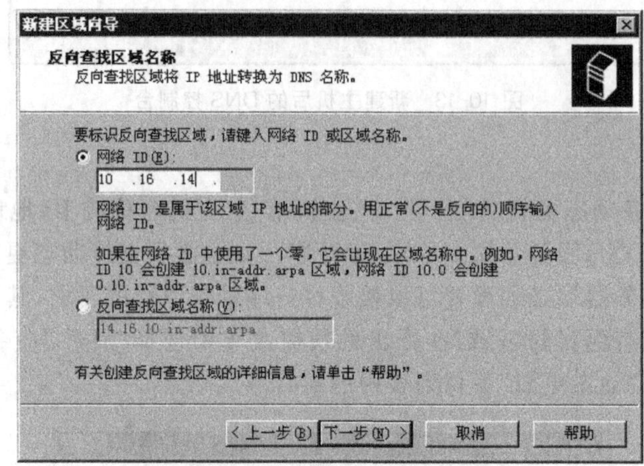

图 10-15 反向查找区域名称

(4) 单击“下一步”按钮，出现“区域文件”页面，选择默认的区域文件名。

(5) 单击“下一步”按钮，出现“动态更新”页面，选择“不允许动态更新”单选按钮。

(6) 单击“完成”按钮，则在反向查找区域中添加了一个新区域，如图 10-16 所示。

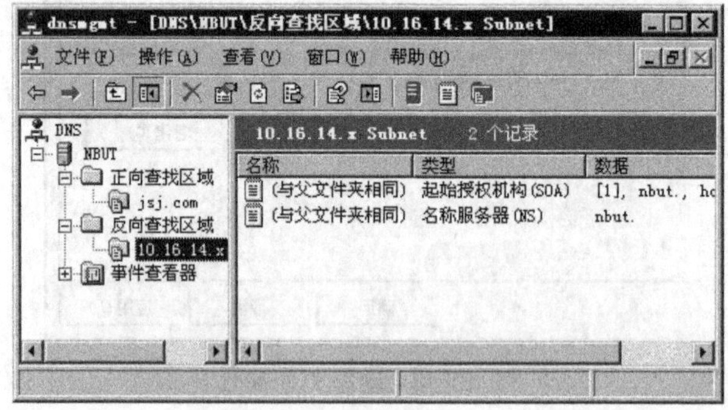

图 10-16 反向查找区域

2. 添加记录

反向查找区域必须有记录数据以便提供反向查询的服务，添加反向区域的记录的步骤如下：

(1) 选中要添加主机记录的反向主区域 10.16.14.x Subnet，右击，选择菜单中的“新建指针”命令。

(2) 出现如图 10-17 所示的“新建资源记录”对话框，输入主机 IP 地址和主机的完整名称，如 Web 服务器的 IP 地址是 10.16.14.20，主机完整名称为 www.jsj.com。

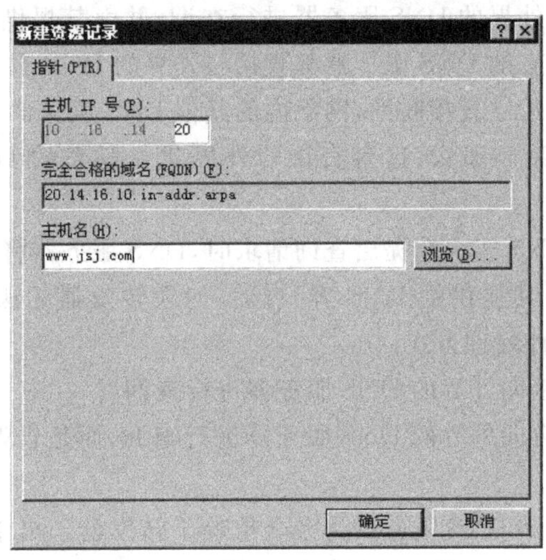

图 10-17 “新建资源记录”对话框

(3) 单击“确定”按钮，添加完毕后，在 DNS 控制台中会增添相应的记录，如图 10-18 所示。

这样，当客户机反向查询时可以得到主机名称，如反向查询 10.16.14.20 就可以获取到主机名称为 www.jsj.com。

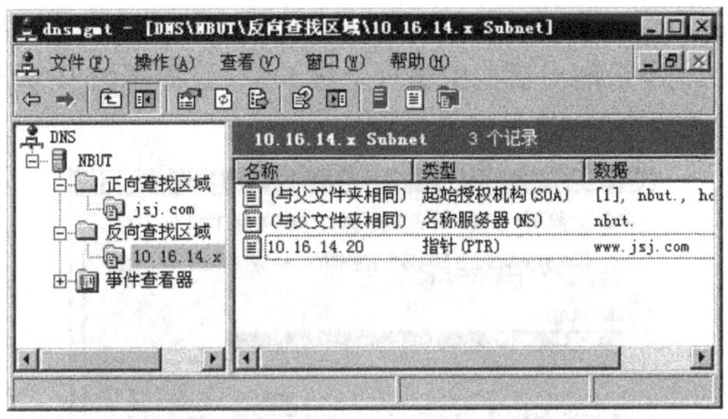

图 10-18 新建指针后的 DNS 控制台

10.4.4 DNS 转发器

局域网络中的 DNS 服务器只能解析那些在本地域中添加的主机，而无法解析那些未知的域名。因此，要实现对 Internet 中所有域名的解析，就必须将本地无法解析的域名转发给其他域名服务器。被转发的域名服务器通常应当是 ISP 的域名服务器。

1. DNS 转发器简介

一般情况下，当 DNS 服务器在收到 DNS 客户端的查询请求后，将在所管辖区域的数据库中寻找是否有该客户端的数据。如果该 DNS 服务器的区域数据库中没有该客户端的数据(即在 DNS 服务器所管辖的区域数据库中并没有该 DNS 客户端所查询的主机名)时,该 DNS 服务器需转向其他的 DNS 服务器进行查询。

在实际应用中,以上这种现象经常发生。例如,当网络中的某台主机要与位于本网络外的主机通信时,就需要向外界的 DNS 服务器进行查询,并由其提供相应的数据。为了安全起见,一般不希望内部所有的 DNS 服务器都直接与外界的 DNS 服务器建立联系,而是只让一台 DNS 服务器与外界建立直接联系,网络内的其他 DNS 服务器则通过这一台 DNS 服务器与外界进行间接的联系。那么,这台直接与外界建立联系的 DNS 服务器便称之为转发器。

有了转发器后,当 DNS 客户端提出查询请求时,DNS 服务器将通过转发器从外界 DNS 服务器中获得数据,并将其提供给 DNS 客户端。如果转发器无法查询到所需的数据,则 DNS 服务器一般提供两种处理方式:

(1) DNS 服务器直接向外界的 DNS 服务器进行查询。

(2) DNS 服务器不再向外界的 DNS 服务器进行查询,而是告诉 DNS 客户端找不到所需的数据。

如果是后一种方式,该 DNS 服务器将完全依赖于转发器。出于安全上的考虑,最好将 DNS 服务器设置为后一种方式,即完全依赖于转发器的方式。这样的 DNS 服务器就叫做从属服务器(Slave Server)。

2. 设置 DNS 转发器

DNS 负责本网络区域的域名解析,对于非本网络的域名,可以通过上级 DNS 解析。通过设置转发器,将自己无法解析的名称转到下一个 DNS 服务器。

设置 DNS 转发器步骤如下:

首先在 DNS 控制台中选中 DNS 服务器,右击,选择“属性”命令,切换至“转发器”选项卡,在弹出的如图 10-19 所示的对话框中输入上级 DNS 服务器的 IP 地址,并单击“添加”按钮。添加完毕后,单击“确定”按钮关闭对话框。

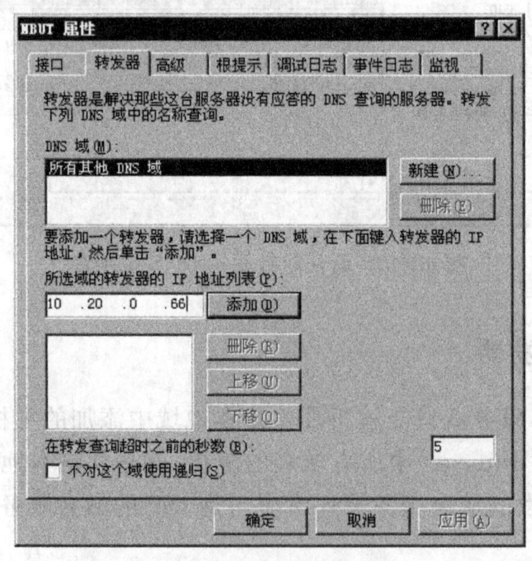

图 10-19 转发器

图 10-19 所示为本网用户向 DNS 服务器请求的地址解析，若本服务器数据库中没有，转发由 10.20.0.66 解析。查询方式默认为递归查询，如果想使用迭代查询方式，则选中“不对这个域使用递归”复选框。

10.5 思考题

(1) DNS 服务器在计算机网络中有何作用?

(2) 什么是 DNS 转发器，如何设置 DNS 转发器?

实验11　DHCP服务器的安装与配置

11.1　实验背景知识

在配置和管理DHCP服务器前，首先了解有关DHCP的基本功能和工作原理。

11.1.1　静态IP地址与动态IP地址

在基于TCP/IP协议栈的网络中，每台计算机在设置IP地址时可以使用两种方式：静态IP地址和动态IP地址。

1. 静态IP地址

静态IP地址需要通过手工输入方式，为每台计算机分配一个固定的IP地址，这种方式的特点是运行速度快，对服务器的要求较低，占用网络的带宽较小。但在较大型的网络中，IP地址在配置中容易出错，所以比较适合于小型网络。

2. 动态IP地址

当网络中使用动态IP地址时，不需要直接给计算机输入固定的IP地址，而是由DHCP服务器提供并自动完成设置操作。由于使用动态IP地址时，网络中必须要有一台以上的DHCP服务器，而且客户端IP地址的获得过程及其使用中都需要占用一定的网络带宽，所以对网络的整体性能尤其是服务器要求较高。使用动态IP地址时，可以避免手工设置可能出现的错误，减轻了管理上的负担，所以适用于较大型的网络。

11.1.2　DHCP的基本功能

动态主机分配协议(Dynamic Host Configuration Protocol，DHCP)是一个简化主机IP地址分配管理的TCP/IP标准协议。用户可以利用DHCP服务器管理动态的IP地址分配及其他相关的环境配置工作，如DNS、WINS、Gateway的设置，以减少管理地址配置的复杂性。

在使用TCP/IP协议的网络上，每台计算机都拥有唯一的计算机名和IP地址。IP地址(及其子网掩码)使用与鉴别所连接的主机和子网。当用户将计算机从一个子网移动到另一个子网的时候，必须改变该计算机的IP地址。如果采用静态IP地址的分配方法将增加网络管理员的负担，而DHCP可以将DHCP服务器中IP地址数据库的IP地址动态地分配给局域网中的客户机，从而减轻了网络管理员的负担。用户可以利用Windows Server 2003服务器提供的DHCP服务在网络上自动地分配IP地址及进行相关环境的配置工作。

Windows Server 2003服务器提供了DHCP服务，允许服务器计算机履行DHCP服务器的职责并且在网络上配置启用DHCP的客户机。它分为两个部分：服务器端和客户端。所有的IP网络设定数据都由DHCP服务器集中管理，并负责处理客户端的DHCP要求；而客户端则会使用从服务器分配下来的IP环境数据。

在使用DHCP时，整个网络至少有一台Windows Server 2003服务器上安装了DHCP服务，其他要使用DHCP功能的客户机也必须设置为利用DHCP获得IP地址。客户机在向服务器要求一个 IP 地址时，如果还有 IP 地址没有使用，则在数据库中登记该 IP 地址已被该客户机使用，然后回应这个 IP 地址以及相关的选项给客户机。图 11-1 所示是一个支持 DHCP 的网络实例。

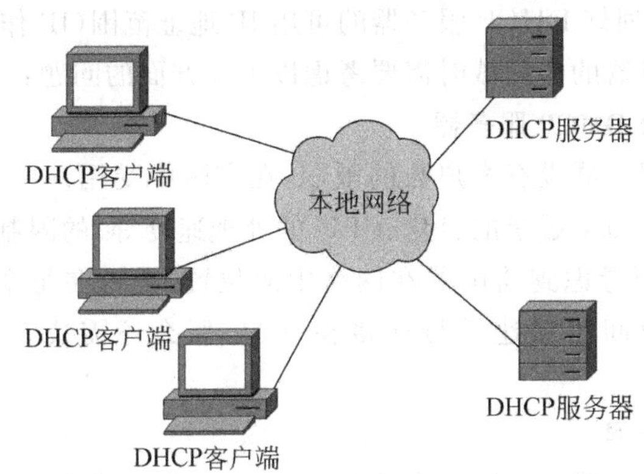

图 11-1　DHCP 网络实例

一般来说 DHCP 服务器在接收到 DHCP 客户端的请求后会根据 DHCP 服务器设置决定如何提供 IP 地址给 DHCP 客户端，一般有以下两种方式：

1. 永久租用

当 DHCP 客户端向 DHCP 服务器租用到 IP 地址后，这个 IP 地址就永远给这个 DHCP 客户端使用。这种方式主要用于网络中 IP 地址足够充裕的情况，这时没有必要限定 IP 地址的租期，从而减少了不断获得 IP 地址时的通信量。

2. 限定租期

当 DHCP 客户端从 DHCP 服务器租用到 IP 地址后，DHCP 客户端对该 IP 地址的使用只是暂时的。如果客户端在租期到期前并没有更新，DHCP 服务器将收回该 IP 地址，并提供给其他的 DHCP 客户端使用。当该 DHCP 客户端再次向 DHCP 服务器申请 IP 地址时，由 DHCP 服务器重新提供其他的 IP 地址供其使用。限定租期的方式可以解决 IP 地址不够时的困扰。

11.2　实验目的

掌握在 Windows Server 2003 操作系统中安装和配置 DHCP 服务器的方法。

11.3　实验设备及环境

安装了 Windows Server 2003 操作系统的服务器或 PC 一台，每 4 人一组。

11.4　实验内容及步骤

在具备这些知识后就可以安装和配置一台 DHCP 服务器，并利用 DHCP 服务对网络的 TCP/IP 协议栈进行管理了。

11.4.1 安装前注意事项

在安装 Windows Server 2003 的 DHCP 服务器前，应注意 DHCP 服务器本身必须采用固定的 IP 地址，同时规划好 DHCP 服务器的可用 IP 地址范围(IP 作用域)。

在规划 DHCP 服务器的作用域时需要考虑以下 3 方面的问题：

1. 需要建立多少台 DHCP 服务器

对于一台 DHCP 服务器没有客户数的限制，在实际中受用户使用的 IP 地址所在的地址分类及服务器的配置(如：磁盘的容量、CPU 的处理速度等)的限制。

在实际工作中，还要考虑到路由器在网络中的位置，是否在每个子网中都建立 DHCP 服务器。如果两个网段间用慢速拨号连接在一起，那么还需要在每个网段都设立一个 DHCP 服务器。

2. 如何支持其他子网

如果需要 DHCP 服务器支持网络中的其他子网，首先要确定网段间是否用路由器连接在一起，路由器是否支持 DHCP/BOOTP 中继代理，如果路由器不支持中继代理，那么使用以下方案解决：

(1) 一台安装了 Windows Server 2003 的计算机并将其设置为使用 DHCP 中继代理组件。

(2) 一台安装了 Windows Server 2003 并被设置为本地的 DHCP 服务器的计算机。

3. 规划企业网要考虑的问题

DHCP 服务器于网络中位置，将通过路由器的广播降至最低。为每个范围的 DHCP 客户端指定相应的选项类型并设置相应的数值。

11.4.2 安装 DHCP 服务器

安装 DHCP 服务器的步骤如下：

(1) 启动"添加或删除程序"，可以选择"开始"→"控制面板"命令，双击"添加或删除程序"项，选择"添加/删除 Windows 组件"。

(2) 出现如图 11-2 所示的安装向导对话框，请选择"网络服务"项中"详细信息"项。

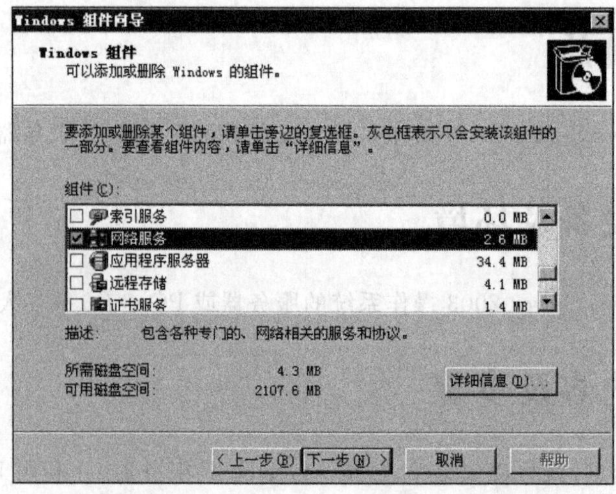

图 11-2 "Windows 组件向导"对话框

(3) 出现如图 11-3 所示的“网络服务”对话框，选择“动态主机配置协议(DHCP)”复选框，单击“确定”按钮。

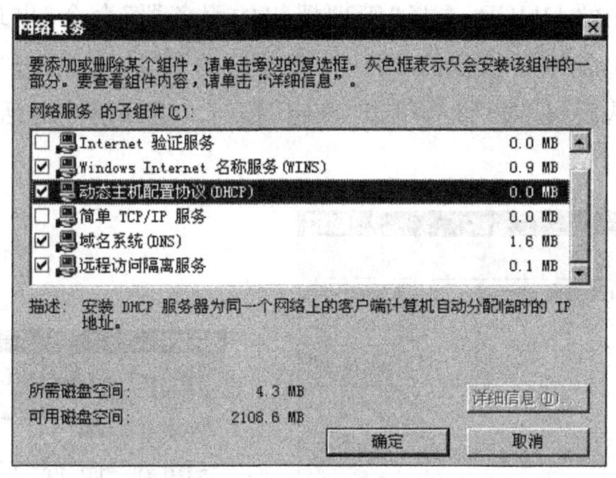

图 11-3 “网络服务”对话框

(4) 回到前一页面，单击“下一步”按钮，直至安装完成。

完成安装后，选项“开始”→“程序”→“管理工具”程序组内会多一个 DHCP 选项供用户管理与设置 DHCP 服务器。

11.4.3 授权 DHCP 服务器

在 Active Directory 内，DHCP 服务器安装后并不是立即就可以给 DHCP 客户端提供服务，必须添加一个授权的服务器，被授权的 DHCP 服务器的 IP 地址记录在 Windows Server 2003 的 Active Directory 内。

授权的操作步骤如下：

(1) 选择“开始”→“程序”→“管理工具”→DHCP 命令，出现如图 11-4 所示的 DHCP 管理窗口。

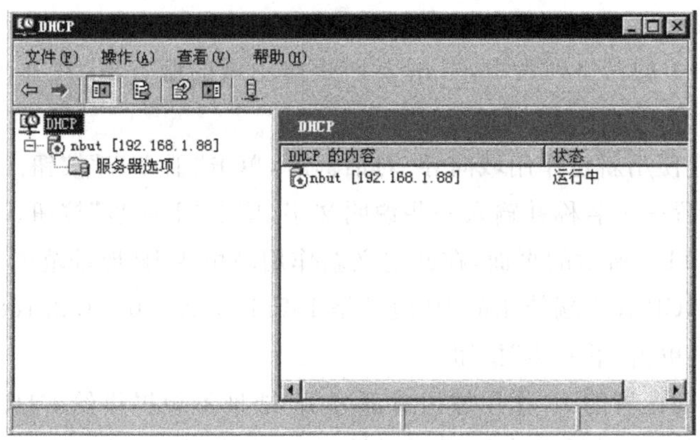

图 11-4 DHCP 管理控制台

(2) 默认情况下，在图 11-4 中的左窗口中应该显示现有服务器的 FQDN(Fully Qualified Domain Name)。如果没有，则需要添加 DHCP 服务器。右击左窗口中的 DHCP，在弹出的快捷菜单中选择“添加服务器”命令，选择“此服务器”单选按钮后，单击“浏览”按钮(或直接输入)，选择服务器名(即用户自己的服务器名)。

(3) 右击左窗口中的DHCP，选择“管理授权的服务器”命令，出现如图11-5所示的对话框，单击“授权”按钮，输入要授权的DHCP服务器的IP地址，单击“确定”按钮，可以打开如图11-6所示的“确认授权”对话框，单击“确定”按钮。返回前一对话框后单击“确定”按钮完成授权过程。

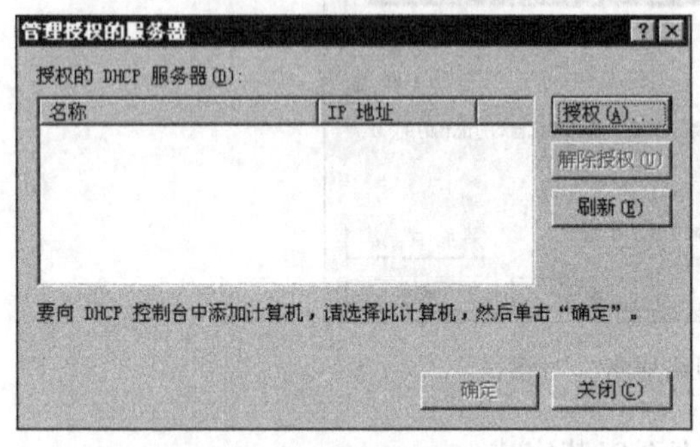

图 11-5 “管理授权的服务器”对话框

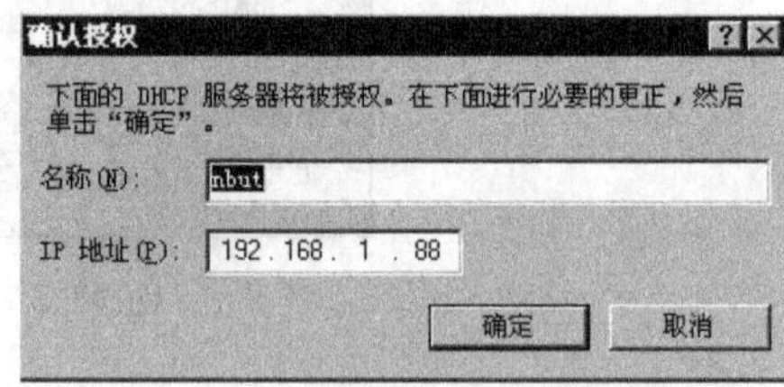

图 11-6 “确认授权”对话框

11.4.4 添加作用域

在DHCP服务器内，必须设定一段IP地址的范围(可用的IP作用域)，当DHCP客户端请求IP地址时，DHCP服务器将从此段范围提取一个尚未使用的IP地址分配给DHCP客户端。

需要注意的是，在一台DHCP服务器内，只能针对一个子网设置一个IP作用域。例如，不能建立一个IP作用域为26.43.16.1～26.43.16.60后，又建立另一个IP作用域为26.43.16.100～26.43.16.160。解决方法是先设置一个连续的IP作用域为26.43.16.1～26.43.16.160，然后将中间的26.43.16.61～26.43.16.99添加到排除范围。

建立一个新的DHCP作用域的步骤如下：

(1) 在图11-4中的窗口列表中，右击要创建作用域的服务器，在弹出的快捷菜单中选择“新建作用域”命令。

(2) 出现“欢迎使用新建作用域向导”对话框时，单击“下一步”按钮。

(3) 为该域设置一个名称并输入一些说明文字，单击“下一步”按钮。

(4) 出现如图11-7所示的页面，在此定义新作用域可用IP地址范围、子网掩码等信息。例如，可分配供DHCP客户端使用的IP地址是192.168.1.100～192.168.1.200，子网掩码是255.255.255.0，单击“下一步”按钮。

(5) 如果在上面设置的IP作用域内有部分IP地址不想提供给DHCP客户端使用，则可以在如图11-8所示的对话框中设置需排除的地址范围。例如，输入192.168.1.130～192.168.1.149，单击“添加”按钮，单击“下一步”按钮。

(6) 出现如图11-9所示的对话框，在此设置IP地址的租用期限(默认为8天)，然后单击“下一步”按钮。

新建作用域向导
IP 地址范围
您通过确定一组连续的 IP 地址来定义作用域地址范围。
输入此作用域分配的地址范围。
起始 IP 地址(S): 192.168.1.100
结束 IP 地址(E): 192.168.1.200
子网掩码定义 IP 地址的多少位用作网络/子网 ID，多少位用作主机 ID。您可以用长度或 IP 地址来指定子网掩码。
长度(L): 24
子网掩码(U): 255.255.255.0
< 上一步(B)
下一步(N) >
取消

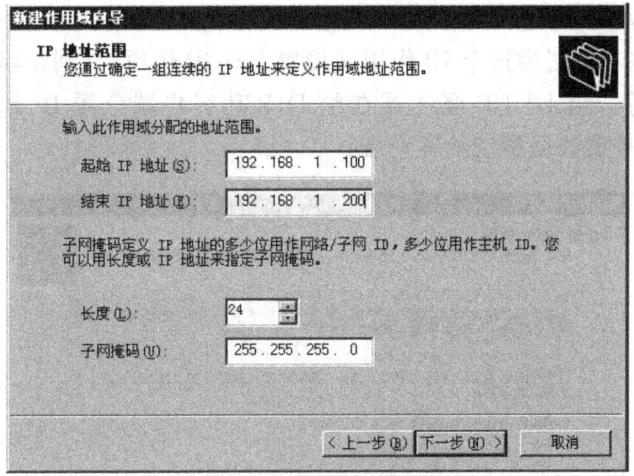

图 11-7 IP 地址范围设置

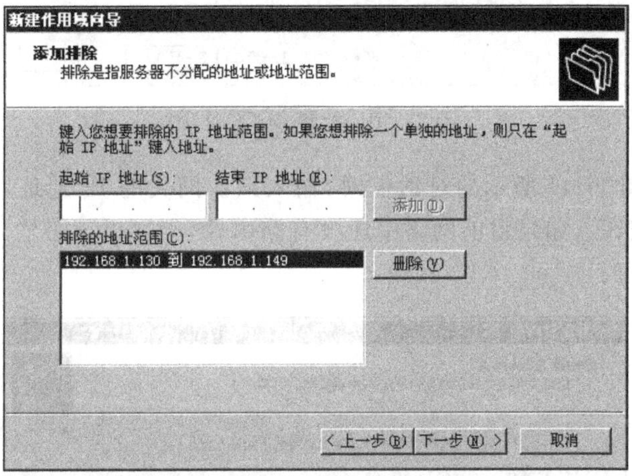

新建作用域向导
添加排除
排除是指服务器不分配的地址或地址范围。
键入您想要排除的 IP 地址范围。如果您想排除一个单独的地址，则只在“起始 IP 地址”键入地址。
起始 IP 地址(S):
结束 IP 地址(E):
添加(D)
排除的地址范围(C):
192.168.1.130 到 192.168.1.149
删除(V)
< 上一步(B)
下一步(N) >
取消

图 11-8 添加排除范围设置

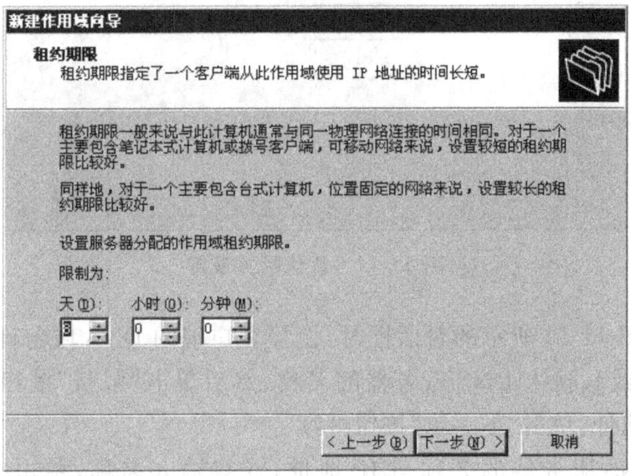

新建作用域向导
租约期限
租约期限指定了一个客户端从此作用域使用 IP 地址的时间长短。
租约期限一般来说与此计算机通常与同一物理网络连接的时间相同。对于一个主要包含笔记本式计算机或拨号客户端，可移动网络来说，设置较短的租约期限比较好。
同样地，对于一个主要包含台式计算机，位置固定的网络来说，设置较长的租约期限比较好。
设置服务器分配的作用域租约期限。
限制为:
天(D): 8
小时(O): 0
分钟(M): 0
< 上一步(B)
下一步(N) >
取消

图 11-9 租约期限设置

(7) 当出现如图 11-10 所示的对话框时，选择"是，我想现在配置这些选项(Y)"单选按钮，然后单击"下一步"按钮为这个 IP 作用域设置 DHCP 选项，分别是默认网关、DNS 服务器、WINS 服务器等。当 DHCP 服务器在给 DHCP 客户端分派 IP 地址时，同时将这些 DHCP 选项中的服务器数据指定给客户端。

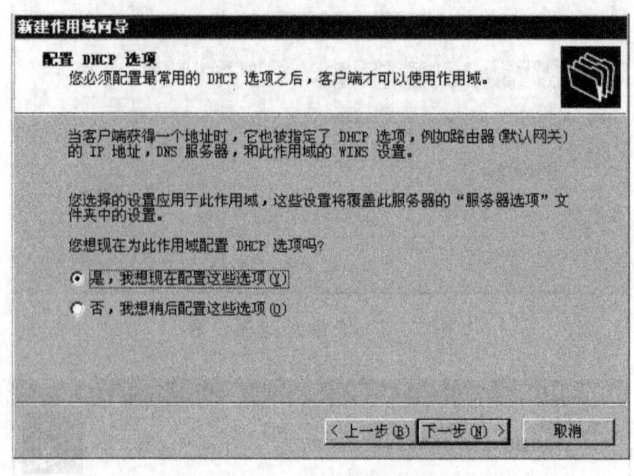

图 11-10　配置 DHCP 选项

(8) 当出现如图 11-11 所示的对话框时，输入默认网关的 IP 地址，然后单击"添加"按钮，单击"下一步"按钮。如果目前网络中还没有路由器，则可以不必输入任何数据，直接单击"下一步"按钮即可。

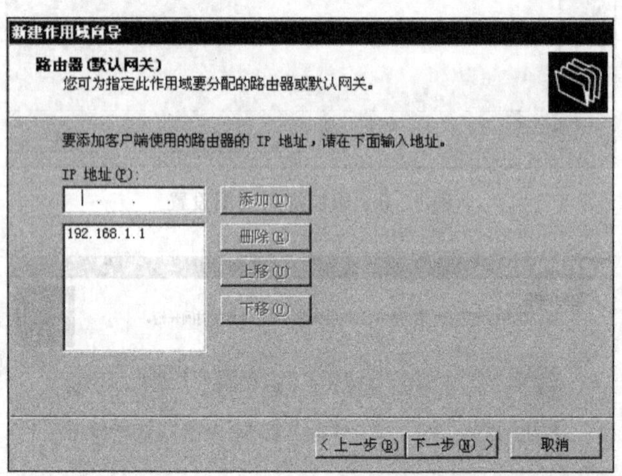

图 11-11　默认网关设置

(9) 当出现如图 11-12 所示的对话框时，设置客户端的 DNS 域名称，输入 DNS 服务器的名称与 IP 地址，或只输入 DNS 服务器的名称，然后单击"解析"按钮让其自动寻找这台 DNS 服务器的 IP 地址，单击"下一步"按钮继续。

(10) 输入 WINS 服务器的名称与 IP 地址，或只输入名称，单击"解析"按钮自动解析。如果网络中没有 WINS 服务器，则可以不必输入任何数据，直接单击"下一步"按钮即可。

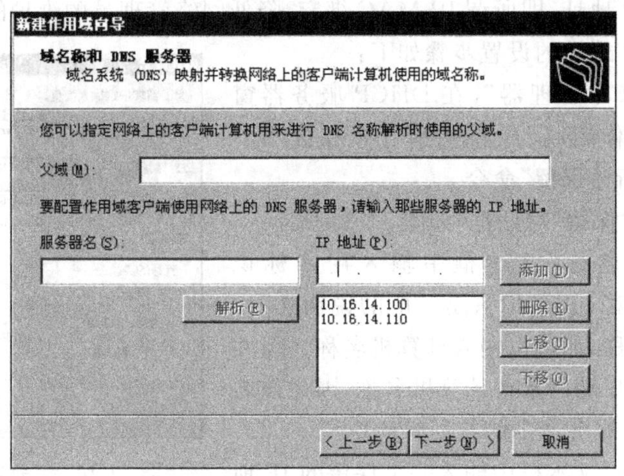

图 11-12　DNS 服务器设置

(11) 当出现如图 11-13 所示对话框时，选择“是，我想现在激活此作用域”单选按钮，开始激活新的作用域，然后在“完成新建作用域向导”页面中单击“完成”按钮即可。

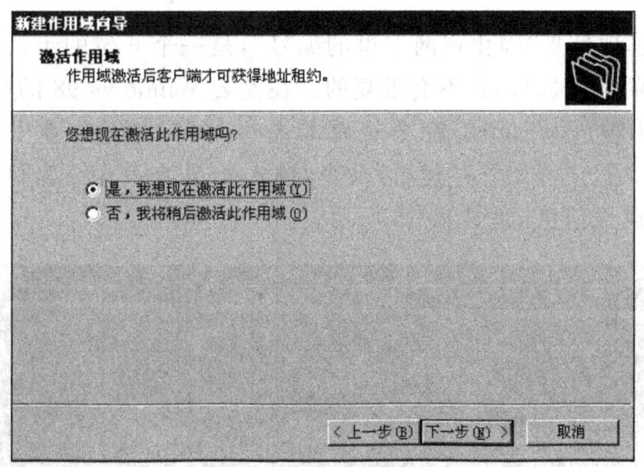

图 11-13　激活作用域

完成设置后，DHCP 服务器就可以开始接受 DHCP 客户端索取 IP 地址的要求了。IP 作用域的维护主要是修改、停用、协调和删除 IP 作用域，这些操作都在 DHCP 控制台中进行。右键单击要处理的 IP 作用域，选择弹出菜单中的“属性”、“停用”、“协调”、“删除”选项可完成修改 IP 范围、停用、协调与删除 DHCP 服务等操作。

11.4.5　保留特定的 IP 地址

可以保留特定的 IP 地址给特定的客户端使用，以便该客户端每次申请 IP 地址时都拥有相同的 IP 地址。

这样操作在实际中很有用处，如可以使得网络上的应用服务器始终保持相同的 IP 地址，以便客户端的访问。又如某管理单位的网络，一方面可以避免用户随意更改 IP 地址；另一方面用户也无需设置自己的 IP 地址、网关地址、DNS 服务器等信息，通过此功能逐一为用户设置固定的 IP 地址，即所谓 IP-MAC 绑定，降低网络管理员的维护的工作量。

保留特定的 IP 地址的设置步骤如下：

(1) 启动“DHCP 管理器”，在 DHCP 服务器窗口列表下选择一个作用域，右击，在弹出的快捷菜单中选择“保留”→“新建保留”命令。

(2) 打开“新建保留”对话框，如图 11-14 所示。

(3) 在“保留名称”文本框中输入用来标识 DHCP 客户端的名称，该名称只是一般的说明文字，并非用户账号的名称，如可以输入计算机名称。但并不一定需要输入客户端的真正计算机名称，因为该名称只在管理 DHCP 服务器中的数据时使用。

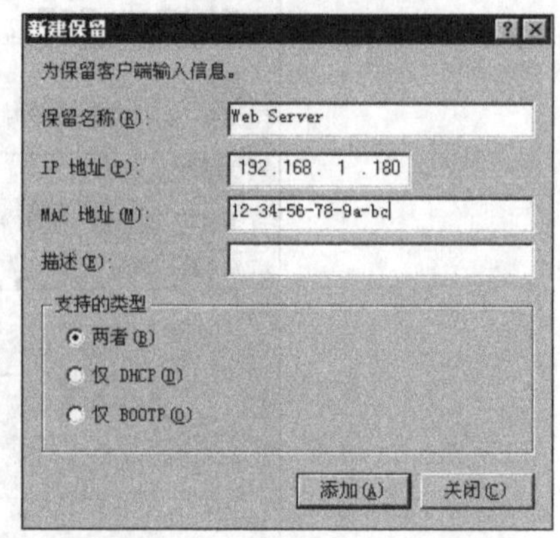

图 11-14 “新建保留”对话框

(4) 在“IP 地址”文本框中输入一个保留的 IP 地址，可以指定任何一个保留的未使用的 IP 地址。如果输入重复或非保留地址，“DHCP 管理器”将发生警告信息。在“MAC 地址”输入框中输入上述 IP 地址要保留给的客户机的网卡号。在“描述”文本框中输入描述客户的说明文字，该项内容可选。

网卡 MAC 物理地址是“固化在网卡里的编号”，是一个 6 位的十六进制数。全世界所有的网卡都有自己的唯一标号，是不会重复的。在安装 Windows 98 的机器中可通过在“开始”→“运行”命令中输入 winipcfg 命令查看本机的 MAC 地址。在安装 Windows 2000/XP/2003 的机器中，通过“开始”→“运行”命令，输入 cmd 进入命令窗口，输入 ipconfig /all 命令查看本机网络属性信息，如图 11-15 所示。

```
C:\WINDOWS\system32\cmd.exe

C:\>ipconfig /all

Windows IP Configuration

   Host Name . . . . . . . . . . . . : nbut
   Primary Dns Suffix  . . . . . . . :
   Node Type . . . . . . . . . . . . : Hybrid
   IP Routing Enabled. . . . . . . . : No
   WINS Proxy Enabled. . . . . . . . : No

Ethernet adapter 本地连接:

   Connection-specific DNS Suffix  . :
   Description . . . . . . . . . . . : AMD PCNET Family PCI Ethernet Adapter
   Physical Address. . . . . . . . . : 00-0C-29-CB-F1-48
   DHCP Enabled. . . . . . . . . . . : No
   IP Address. . . . . . . . . . . . : 192.168.1.88
   Subnet Mask . . . . . . . . . . . : 255.255.255.0
   Default Gateway . . . . . . . . . : 192.168.1.1
   DNS Servers . . . . . . . . . . . : 10.16.14.100
                                       10.16.14.110

C:\>_
```

图 11-15 查看本机网络属性信息

(5) 在图 11-14 中，单击“添加”按钮，将保留的 IP 地址添加到 DHCP 服务器的数据库中。可以按照以上操作继续添加保留地址，添加完所有保留地址后，单击“关闭”按钮。

可以通过单击“DHCP 管理器”中的“地址租约”查看目前有哪些 IP 地址已被租用或用作保留。

11.4.6　DHCP 选项的设置

DHCP 服务器不仅可以动态地给 DHCP 客户端提供 IP 地址，还可以设置 DHCP 客户端的工作环境。例如，DHCP 服务器在为 DHCP 客户端分配 IP 地址的同时，设置其 DNS 服务器、默认网关、WINS 服务器等配置。

设置 DHCP 选项时，可以针对一个作用域设置，也可以针对该 DHCP 服务器内的所有作用域设置。如果这两个地方设置了相同的选项，如都对 DNS 服务器、网关地址等进行了设置，则作用域的设置优先级高，客户端接收这些信息时，获取对应作用域的设置值。

例如，设置 006 DNS 服务器，步骤如下：

(1) 右击“DHCP 管理器”，在弹出的快捷菜单中选择“作用域选项”→“配置选项”命令。

(2) 出现如图 11-16 所示的“作用域 选项”对话框，选择“006 DNS 服务器”复选框，然后输入 DNS 服务器的 IP 地址，单击“添加”按钮。如果不知道 DNS 服务器的 IP 地址，可以输入 DNS 服务器的 DNS 域名，然后单击“解析”按钮让系统自动寻找相应的 IP 地址，完成后单击“确定”按钮。

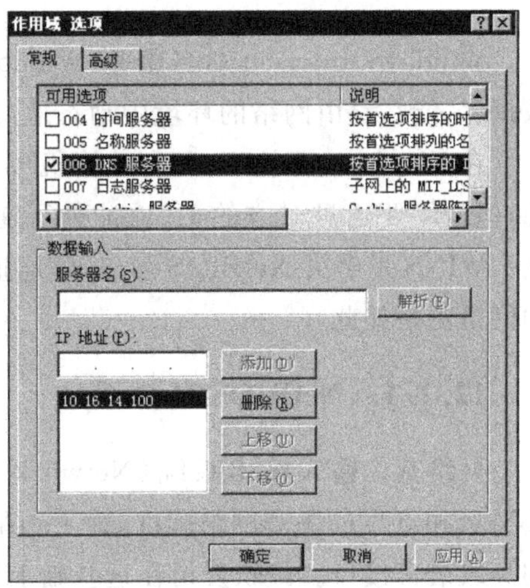

图 11-16　“作用域 选项”对话框

完成设置后在 DHCP 管理控制台可以看到“006 DNS 服务器”设置的选项，如图 11-17 所示。

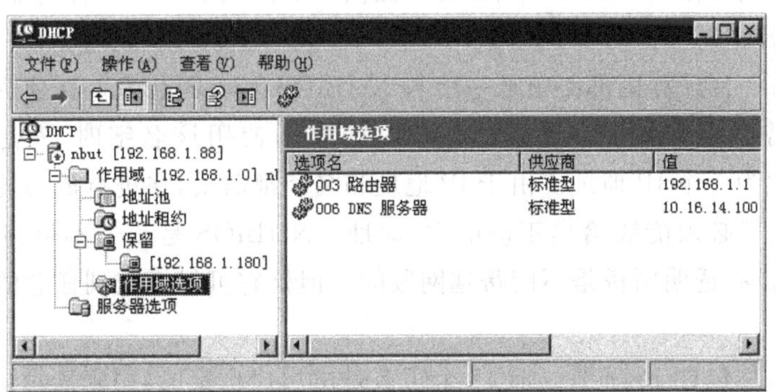

图 11-17　DHCP 管理控制台窗口

11.5　思考题

(1) DHCP 服务器在计算机网络中有何作用？

(2) 如何使 DHCP 服务器支持网络中其他子网的 DHCP 客户端？

实验 12 WINS 服务器的安装与配置

12.1 实验背景知识

Windows Internet 命名服务(Windows Internet Name Server,WINS)提供一个分布式数据库,能在路由网络的环境中动态地对 IP 地址的映射进行注册与查询。

在 Windows 环境下,两台计算机可以利用计算机名(NetBIOS 名)访问对方的共享资源,但最终要通过对方的 IP 地址进行通信。如何把计算机名或 NetBIOS 名解析成 IP 地址? WINS 是解决 NetBIOS 名与 IP 地址之间转换的一种比较合适的方法,对于比较复杂的网络更是如此。

12.1.1 NetBIOS 名介绍

网络基本输入输出系统(Network Basic Input/Output System,NetBIOS)是 1983 年 IBM 公司开发的一套网络标准,为了利用 IBM PC 构建局域网而出现的一种 MS-DOS 程序的高级语言接口。微软公司在这基础上继续开发。在微软的 Windows 2000 发布前的所有基于 MS-DOS 和 Windows 操作系统都需要 NetBIOS 名称接口才可以正常使用网络。Windows 2000 及后续版本不再需要 NetBIOS 名称接口的支持。但为了与以前版本的网络操作系统结合使用,在 Windows Server 2003 中仍然支持 NetBIOS 名,继续支持利用客户端的 WINS 服务注册和解析 NetBIOS 名,继续提供一个高效的 WINS 服务器,用来管理网络中的 NetBIOS 名。

网络上的每一台计算机都必须唯一地与 NetBIOS 名等同起来。在建立 NetBIOS 会话或发送广播时需要这个名字。当通过 NetBIOS 会话使用该名字时,发送方必须能够将 NetBIOS 名转化为一个 IP 地址。由于 IP 地址和名字都需要,在进行成功的通信之前,所有的名字转换方法都必须能够给出正确的 IP 地址。NetBIOS 是一个不可路由的协议,适用于广播式网络,没有透明网桥是不能跨越网段的。但是它可以绑定到任意的一个协议之上,如 TCP/IP 协议。

NetBIOS 名称包含 16 字节。前 15 个字节是由用户指定的,用来表示:

(1) 网络上的单个用户或计算机。

(2) 网络上的一组用户或计算机。

在 NetBIOS 名中的第 16 个字符作为名称的后缀,用于识别名称及显示注册名称的信息。NetBIOS 名可以被设置为独立名称或组名称。在使用独立名称时,是将网络信息发送给一台计算机,而使用组名称是将网络信息同时发送给多台计算机。

在 Windows NT 早期版本中,所有的网络服务都是利用 NetBIOS 名注册的。在 Windows Server 2003 中,登录网络及其他的网络服务都是在 DNS 中进行注册的。

12.1.2 WINS 工作原理

WINS 为动态映射 NetBIOS 名提供了一个分布式数据库，当 WINS 客户端启动时，将计算机名、IP 地址等数据注册到 WINS 服务器的数据库中；当客户端与其他客户端通信时，可以从 WINS 服务器中获取所需的计算机名、IP 地址等数据。

WINS 服务器和客户端的交互运行分成 4 个步骤：名称注册、名称更新、名称释放、名称解析。

1. 名称注册

名称注册是客户端从 WINS 服务器获得信息的过程，在 WINS 服务中，名称注册是动态的。当一个客户端启动时，它向所配置的 WINS 服务器发送一个名称注册信息(包括了客户端的 IP 地址和计算机名)，如果 WINS 服务器正在运行，并且没有其他客户端已经注册了相同的名字，服务器就向客户端返还一个成功注册的消息，包括了名称注册的存活期 TTL。

与 IP 地址一样，每个计算机都要求有唯一的计算机名，否则就无法通信。如果名字已经被其他计算机注册了，WINS 服务将会验证该名字是否正在使用。如果该名字正在使用则注册失败，发回一个负确认的信息；否则就可以继续注册。

2. 名称更新

因为客户端被分配了一个 TTL(存活期)，所有它的注册也有一定的期限，过了这个期限，WINS 服务器将从数据库中删除这个名字的注册信息。它的过程如下：

(1) 在过了生存期的 1/2 后，客户端会向主 WINS 服务器发送续租请求。若主服务器没有响应，该请求信息在 TTL 剩余 1/8 的时候重发一次。

(2) 若主服务器仍无响应，WINS 客户端向辅助 WINS 服务器进行续租。如果辅助服务器接收续租，客户端就在辅助 WINS 服务器获得一个 TTL。

(3) 如果向辅助 WINS 服务器进行了 3 次续租请求后，仍没有得到辅助 WINS 服务器的响应，则该客户端又继续向主服务器请求续租，该过程一直继续下去，直到得到 WINS 服务器的响应为止。在该过程中，不管是与首选还是次选 WINS 服务器，一旦名称注册成功，该 WINS 客户端的名称注册将被提供一个新的 TTL 值。

3. 名称释放

在客户端的正常关机过程中，WINS 客户端向 WINS 服务器发送一个名称释放的请求，以请求释放其映射在 WINS 服务器数据库中的 IP 地址和 NetBIOS 名字。收到释放请求后，WINS 服务器验证在它的数据库中是否有该 IP 地址和 NetBIOS 名，如果有就可以正常释放了；否则就会出现错误——WINS 服务器向 WINS 客户端发送一个负响应。

如果计算机没有正常关闭，WINS 服务器将不知道其名字已经释放了，则该名字将不会失效，直到 WINS 名称注册记录过期。

4. 名称解析

当客户端在许多网络操作中需要 WINS 服务器解析名字，如当使用网络上其他计算机的共享文件时，为了得到共享文件，用户需要指定两件事：系统名和共享名，而系统名就需要转换成 IP 地址。对于 NetBIOS 名称解析，WINS 客户端通常采用以下步骤进行。

(1) 客户端检查查询的名称是否是它所拥有的本地 NetBIOS 计算机名称。

(2) 客户端检查远程名称的本地 NetBIOS 名称缓存(远程客户端的解析名称放置在该

缓存中，并将保留 10 分钟。

(3) 客户端将 NetBIOS 查询转发到已配置的主 WINS 服务器中。如果主 WINS 服务器应答查询失败。因为该主 WINS 服务器不可用，或因为它没有名称项。客户端将按照列出和使用的顺序尝试与其他已配置的 WINS 服务器联系。

(4) 客户端将 NetBIOS 查询广播到本地子网。

(5) 如果配置客户端已使用 Lmhosts 文件，则客户端将检查与查询匹配 Lmhosts 文件。

(6) 如果将其配置成单个客户端，则客户端会尝试 Hosts 文件然后尝试 DNS 服务器。

WINS 客户端的名称解析是所有 Microsoft TCP/IP 上的 NetBIOS(NetBT)客户端用来解析网络上的 NetBIOS 名称查询的相同名称解析过程扩展。实际的名称解析方法对用户是透明的。对于 Windows2000/XP/Server 2003 系统，一旦使用 net use 命令或类似的基于 NetBIOS 的应用程序进行查询，WINS 客户端将使用以下流程解析名称。

(1) 确定名称是否多于 15 个字符，或是否包含句点(.)。如果是这样，则向 DNS 查询名称。

(2) 确定名称是否存储在客户端的远程名称缓存中。

(3) 联系并尝试已配置的 WINS 服务器，使用 WINS 解析名称。

(4) 对子网使用本地 IP 广播。

(5) 如果在连接的"Internet 协议(TCP/IP)"属性中启用了"启用 LMHOSTS 搜索"，则检查 Lmhosts 文件。

(6) 检查 Hosts 文件。

(7) 查询 DNS 服务器。

在 Windows Server 2003 环境中，WINS 客户端的名称解析可以通过 WINS、广播和 Lmhosts 文件三方互相配合解决，因此产生 4 种模式。

(1) B-node：利用全网广播的方式进行名称解析，在失败的情况下查询 Lmhosts 文件。

(2) P-node：利用点对点方式，直接向 WINS 服务器查询对方 IP 地址。

(3) M-node：B-node 和 P-node 的混合方式，先广播，如果失败，向 WINS 服务器查询。

(4) H-node：B-node 和 P-node 的混合方式，先向 WINS 服务器查询，如果失败再使用广播，如果两者都失败，则查询 Lmhosts 文件。

Windows 客户端(如 Windows 2000/XP/2003 等)默认使用 B-node 模式；当为它们设置了 WINS 服务器后，则使用 H-node 模式。Windows 也能使用本地数据库文件 Lmhosts 来解析 NetBIOS 名，此文件存放路径为：%SystemRoot%\System32\Drivers\Etc。

12.2 实验目的

掌握在 Windows Server 2003 操作系统中安装和配置 WINS 服务器的方法。

12.3 实验设备及环境

安装了 Windows Server 2003 操作系统的服务器或 PC 一台，每 4 人一组。

12.4 实验内容及步骤

在掌握了 WINS 服务器的有关基础知识和工作原理后，就可以正式安装 WINS 服务器了。

12.4.1 WINS 服务器的安装

Windows Server 2003 作 WINS 服务器，必须安装“WINS 命名服务”组件。在安装 WINS 服务之前，首先确定 WINS 服务器本身的 IP 地址是固定的。WINS 服务具体的安装步骤如下：

(1) 启动“控制面板”中的“添加或删除程序”项，单击“添加/删除 Windows 组件”项，出现“Windows 组件向导”对话框，从列表中选择“网络服务”，如图 12-1 所示。

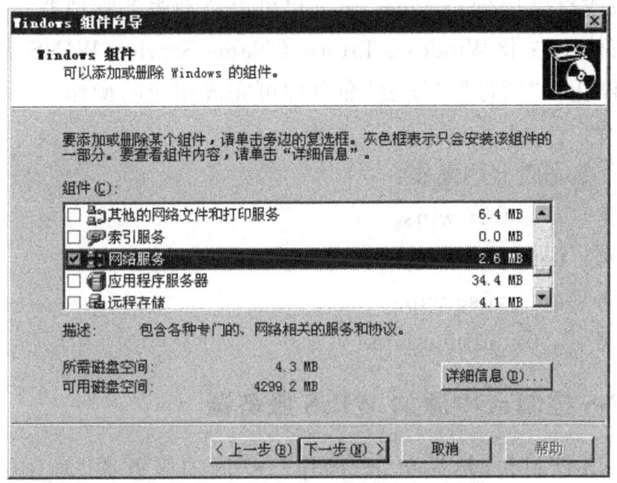

图 12-1 “Windows 组件向导”对话框

(2) 单击“详细信息”按钮，从列表中选择“Windows Internet 名称服务(WINS)”，如图 12-2 所示，单击“确定”按钮。

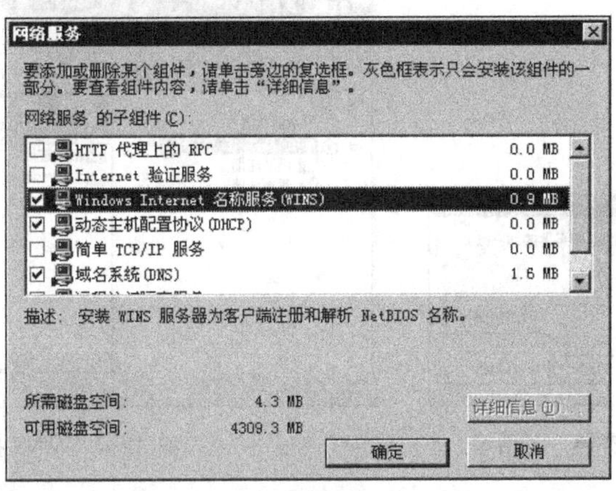

图 12-2 “网络服务”对话框

(3) 单击"下一步"按钮,输入 Windows Server 2003 安装源文件的路径,单击"确定"按钮开始安装 DNS 服务。

(4) 单击"完成"按钮,关闭"添加或删除程序"窗口。

安装完毕后在"开始"菜单的"管理工具"中多了一个 WINS 控制台,使用它进行 WINS 服务器管理与设置。而且会创建一个%SystemRoot%\system32\wins 文件夹(%SystemRoot%为 Windows 安装所在目录,默认安装在 C:\Windows 目录,可以用 set 命令查看),其中存储与 WINS 运行有关的文件。

12.4.2 WINS 服务器的启动/停止

安装好 WINS 服务器后,就可以对 WINS 服务器执行启动或停止操作了。

1. 利用服务管理器

首先,启动计算机的服务管理器。选择"开始"→"程序"→"管理工具"→"服务"命令,即可启动服务管理器;或直接运行 services.msc 也可以启动服务管理器。

然后,在右侧窗体中右击 Windows Internet Name Service(WINS 项),在弹出的快捷菜单中选择"启动"、"停止"、"暂停"、"恢复"命令即可完成相应的操作。

2. 利用 net 命令

可以利用 net 命令完成上述操作:

启动 WINS 服务:net start wins

停止 WINS 服务:net stop wins

暂停 WINS 服务:net pause wins

恢复 WINS 服务:net continue wins

12.4.3 WINS 控制台中添加 WINS 服务器

首先,启动 WINS 控制台,然后单击"操作"→"添加服务器"命令(或右键单击左侧的 WINS,选择"添加服务器"命令),在"添加服务器"对话框中填写服务器名称或 IP 地址,如图 12-3 所示。然后单击"确定"按钮。这样在 WINS 管理控制台中添加了一台 WINS 服务器,如图 12-4 所示。

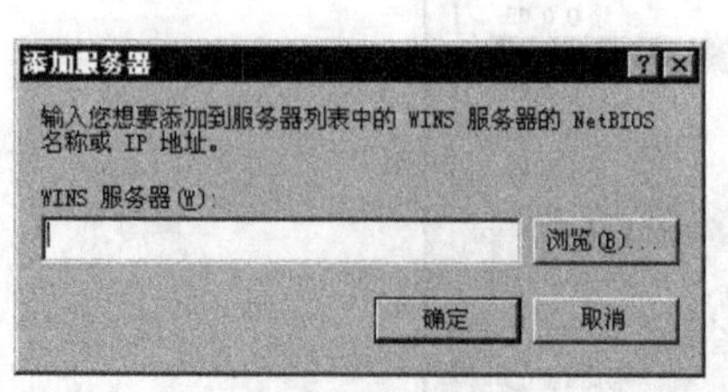

图 12-3 "添加服务器"对话框

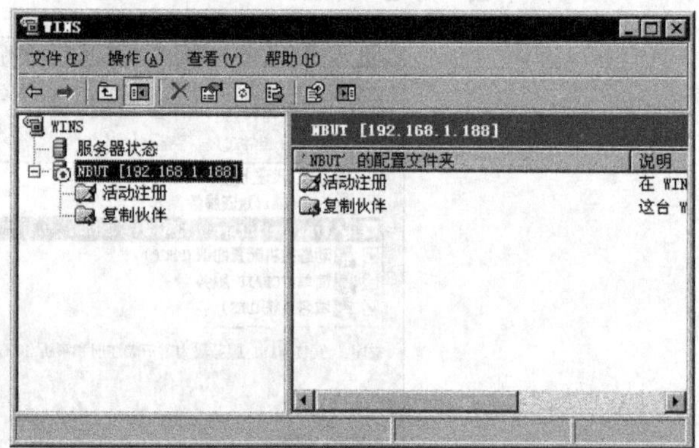

图 12-4 WINS 控制台

从图 12-4 可以看到，在添加的服务器中包含了两个组件：活动注册和复制伙伴。可以利用显示统计信息查看服务器的状态。右击服务器，在弹出的快捷菜单中选择“显示服务器统计信息”命令，就可以看到当前服务器的详细统计报表，如图 12-5 所示。单击“复位”按钮则可以清除报表统计信息；单击“刷新”按钮则可以刷新报表。

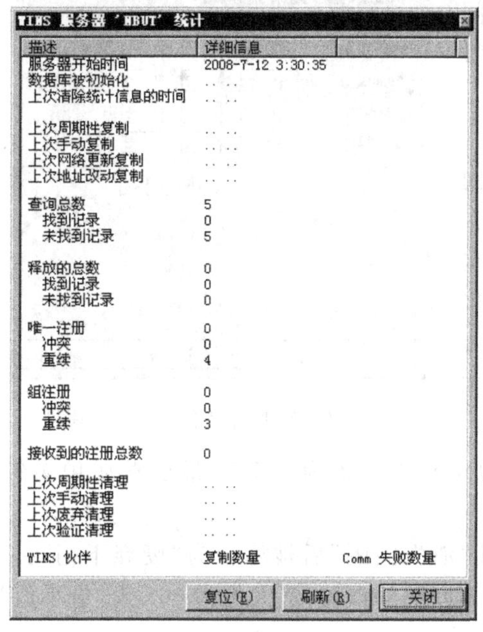

图 12-5　WINS 服务器统计

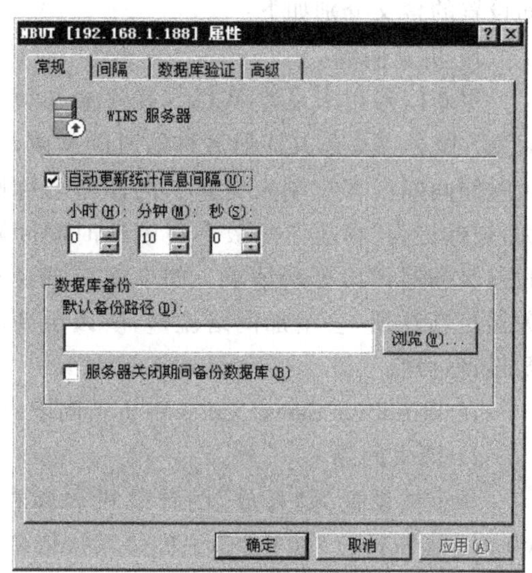

图 12-6　WINS 服务器“常规”属性

12.4.4　WINS 服务器的配置

对于网络中的单台 WINS 服务器，在安装完成后即使不用配置，它也可以正常工作。当然，为了更好地对服务器进行管理和维护，应该熟悉一下 WINS 服务器里的一些参数和属性的配置。

1. 常规选项

可能利用服务器的“属性”选项对服务器进行设置，在服务器列表中选中服务器，然后右击，选择“属性”命令(或在“操作”菜单中单击“属性”命令)；然后出现服务器的属性对话框，如图 12-6 所示。

常规选项包含了如下内容：

1) 自动更新统计信息间隔

选中“自动更新统计信息间隔”复选框，并在其下的“小时”、“分钟”、“秒”微调框中设置时间间隔(默认为 10 分钟)。这样，WINS 服务器就会自动按照管理员的设置定时对网络上的统计信息进行刷新。

2) 数据库备份

为了解决 WINS 数据库被损坏而导致网络注册信息丢失的问题，管理员可备份 WINS 数据库。单击“浏览”按钮，选择备份路径，或在“默认备份路径”文本框中直接输入备份路径。如果 WINS 服务器经常被关闭且希望在服务器关闭期间备份 WINS 数据库，可选中“服务器关闭期间备份数据库”复选框。

2. 间隔选项

间隔选项如图 12-7 所示。对于 WINS 数据库中的动态记录需要进行周期性的更新，以便验证记录的有效性，清除无效的记录，用户可自己设置自动更新时间间隔。

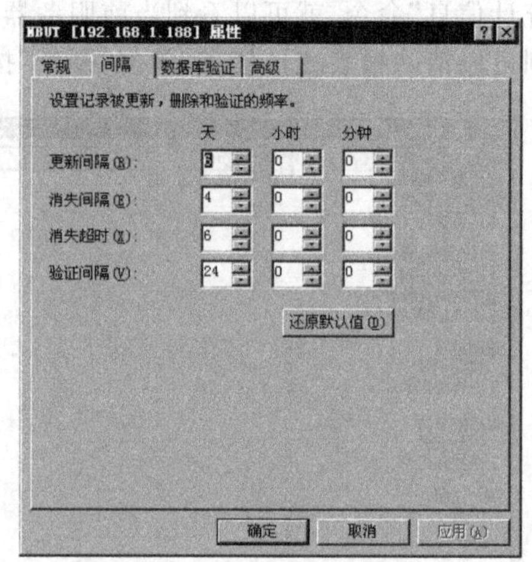

图 12-7 WINS 服务器“间隔”属性

通过调整微调器的值来设置名称记录更新间隔、消失间隔、消失超时以及验证间隔。这 4 种时间设置的含义分别如下：

1）更新间隔

更新间隔用来设置 WINS 客户端必须重新向 WINS 服务器更新其注册名称的时间间隔，如果在该时间间隔内客户端未更新它的注册名称则此名称，被标记为“释放”，一般客户端在时间间隔过半时向服务器提出更新请求。如果客户端经常向服务器更新注册，会增加网络流量，所以更新间隔不要设得过短。

在 Windows Server 2003 中更新间隔默认为 6 天，最大值为 365 天，最小值为 40 分钟。

2）消失间隔

一个被设置为“释放”的计算机名称在经过“消失间隔”后被标记为“废弃不用”。在 Windows Server 2003 中消失间隔默认依赖于更新间隔的设置，最大值为 365 天，最小值为 40 分钟。

3）消失超时

一个已被标记为“废弃不用”的计算机名称，在经过“消失超时”后，将被从服务器的数据库中删除。

在 Windows Server 2003 中消失超时默认依赖于更新间隔的设置，最大值为 365 天，最小值为 24 小时。

4）验证间隔

经过此间隔后，WINS 服务器必须验证那些不属于此服务器的名称是否仍然活动。

在 Windows Server 2003 中验证间隔默认依赖于更新间隔的设置，最大值为 365 天，最小值为 24 天。

3. 数据库验证选项

在“数据库验证”选项卡中，可以设置数据库验证间隔，如图 12-8 所示。它用来检查本地服务器的数据库与其他 WINS 服务器的数据库的一致性，由于启动一致性检查会影响服务器的性能，所以在默认情况下，它被设为不启动。

如果启动了一致性检查，在默认情况下，每次数据库验证间隔时间为 24 小时。每次将检查最多 30 000 个记录，检查从 2:00 开始。当每次检查时，将检查本地数据库中的记录与其他服务器中属于此所有者的数据库中的相应记录是否一致。

4. 高级选项

对于事件的记录，WINS 服务为及时查找和更正错误提供了准确的依据，同时 Windows Server 2003 的 WINS 服务具备突发事件的处理功能，为 Windows Server 2003 在大型应用中的稳定性提供了可靠的保证，如图 12-9 所示。

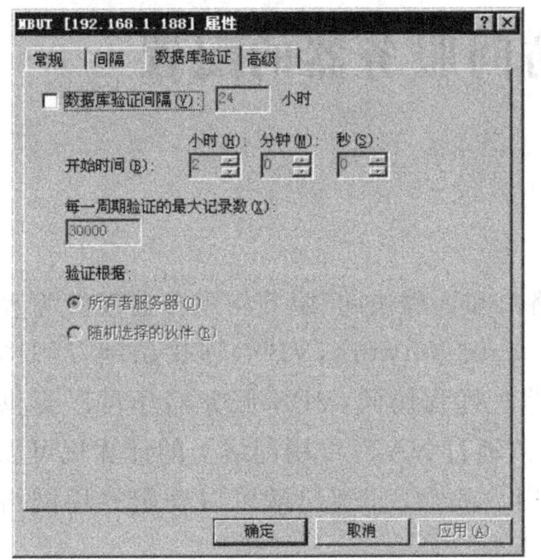

图 12-8 WINS 服务器“数据库验证”属性

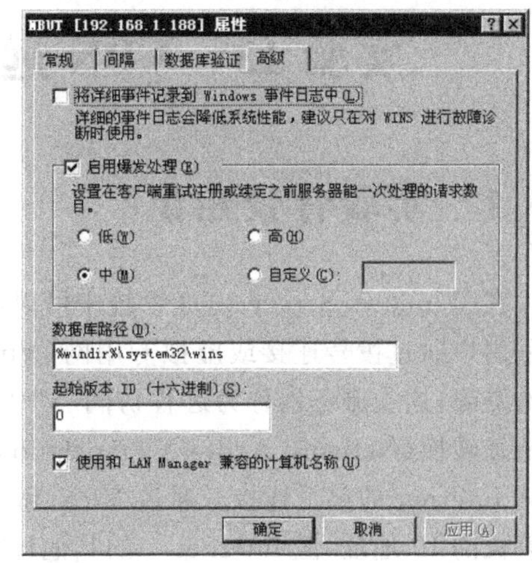

图 12-9 WINS 服务器“高级”属性

1）将详细事件记录到 Windows 事件日志中

设置是否以详细的方式记录事件，由于这种方式占用过多的系统资源，会影响服务器的性能，所以不推荐使用这种方式。建议只在对 WINS 进行故障诊断时使用。

2）启用爆发处理

设置 WINS 服务器支持处理的大量突发性负荷。如果大量的 WINS 客户端开机，同时向 WINS 服务器注册名称时就会产生突发性负荷，会造成网络上的 WINS 通信增大。

突发处理模式使用突发队列规模作为其启动值，默认为 500。这个值指定了在该值范围内客户端的名称注册请求及名称更新请求均为正常情况。当客户端的更新请求数大于这个值的时候，突发处理启动，服务器对于那些超过启动值的客户端请求立即发送一个肯定回答，在肯定回答中利用 TTL 的值的不同从而控制客户端请求所产生的请求。

在设置突发处理时有 4 种选择：

(1) 低：突发队列规模设置为 300。

(2) 中：突发队列规模设置为 500。

(3) 高：突发队列规模设置为 1000。

(4) 自定义：突发队列规模设置最大为 25 000。

数据库路径：指定数据库存放的路径。

起始版本 ID：用十六进制数设置 WINS 服务器数据库的起始版本 ID 值，最大值为 $2^{31}-1$(十六进制的 7FFFFFFF)。当此服务器的复制伙伴从此服务器复制数据库时，如果发现此版本号比现有的数据库版本号低，则不需要复制。

12.5 思考题

(1) WINS 服务器在计算机网络中有何作用？

(2) WINS 服务器适合在何种网络环境中使用？

实验 13 VPN 远程访问服务器的配置

13.1 实验背景知识

在 Windows Server 2003 系统中可以利用"路由和远程访问"服务将服务器配置为允许远程用户通过拨号连接或虚拟专用网(Virtual Private Network,VPN)连接访问专用网络上的资源,这类服务器称为远程访问/VPN 服务器。远程访问/VPN 服务器还可以提供网络地址转换(Network Address Translation,NAT),通过 NAT,专用网络上的计算机可以共享到 Internet 的单个连接。通过 VPN 和 NAT,用户的 VPN 客户端可以确定专用网络上计算机的 IP 地址,但 Internet 上的其他计算机则不能。

通过将"路由和远程访问"服务配置为远程访问服务器,可以将远程或移动工作人员连接到组织和单位网络上。远程用户可以像计算机物理地连接到网络上一样工作。运行"路由和远程访问"的服务器可以提供两个不同类型的远程访问连接:

1. 拨号网络连接

常见的通过电话线+Modem 方式就是这种连接方式。此方式下,远程客户机使用非永久的物理连接到远程访问服务器的物理端口上。一旦建立连接,拨号网络客户机和拨号网络服务器之间就有了直接的物理连接。

2. 虚拟专用网络连接

虚拟专用网络是远程客户机使用基于 TCP/IP 协议的专门的隧道协议,如 PPTP、L2TP;通过虚拟专用网络服务器的虚拟端口,穿越其他网络,如 Internet,实现一种逻辑上的直接连接。常见的虚拟连接的例子是,异地员工通过拨号网络连接到当地的 ISP,经由 Internet 连入公司的远程访问服务器,此服务器应答客户机的虚拟呼叫,在客户机和公司内部的局域网之间传递数据,就像在 Internet 上打了个隧道。

与拨号网络相比,虚拟专用网始终是通过专用或公用网络(如 Internet)在虚拟专用网客户端和虚拟专用网服务器之间的一种逻辑的、非直接的连接。要保证隐私权,必须加密在连接上传送的数据。

由于 RAS 和 VPN 远程访问的配置方法比较类似,并且随着 Internet 的普及,通过电话线直接连接 RAS 的方式有被 VPN 替代的趋势,所以本章节仅介绍 VPN 远程访问的配置过程。

13.1.1 VPN 协议

Windows 远程访问服务器与客户端支持两种远程访问 VPN 协议:端到端隧道协议(Point to Point Tunneling Protocol,PPTP)和第二层隧道协议(Layer 2 Tunneling Protocol,L2TP)。而对于站点到站点 VPN 连接,除了使用上述协议外,还可以使用 IP 安全(IPSec)隧道模式。

1. 端到端隧道协议

端到端隧道协议(PPTP)是微软公司基于 PPP 协议开发的隧道协议,在 RFC 2637 中进行定义,在 Windows 系统中广泛使用。PPTP 首先在 Windows NT 4.0 中提供支持,并且随 TCP/IP 协议一起自动进行安装。PPTP 是对端到端协议(PPP)的一种扩展,它采用了 PPP 所提供的身份验证、压缩与加密机制,并且通过 Microsoft 公司端到端加密(MPPE)技术来对数据包进行加密、封装和隧道传输。

PPTP 具有以下特性:

(1) PPTP 帧通过通用路由封装(Generic Routing Encapsulation,GRE)报头和 IP 报头进行封装,在 IP 报头中提供了与 VPN 客户端和 VPN 服务器相对应的源 IP 地址和目标 IP 地址。

(2) 使用 Microsoft 端到端加密(Microsoft Point to Point Encryption,MPPE)技术来对多种协议的数据包进行加密、封装和在 IP 网络上进行隧道传输。

(3) PPTP 隧道连接协商身份验证、压缩与加密。

(4) PPTP 支持 VPN 客户端 IP 地址的动态分配。

如果使用 PPTP 协议的 VPN 客户端部署在 NAT 网关之后,那么要求 NAT 网关具有理解 PPTP 协议的 NAT 编辑器;否则 VPN 客户将不能创建 VPN 连接。目前的绝大部分 NAT 网关中都具有 PPTP NAT 编辑器,均可以很好地支持 PPTP 协议。

2. 第二层隧道协议

第二层隧道协议(L2TP)是微软公司 PPTP 隧道协议和 Cisco 第二层转发协议(L2F)的结合体,在 RFC 2661 中进行定义,最新的版本是 L2TPv3,在 RFC 3931 中定义。与 PPTP 利用 MPPE 进行数据包加密不同,L2TP 依靠 IPSec 技术提供加密服务。L2TP 与 IPSec 的结合产物称为 L2TP/IPSec,VPN 客户端与 VPN 服务器都必须支持 L2TP 和 IPSec 才能使用 L2TP/IPSec。L2TP 将随同路由与远程访问服务一起自动进行安装。

在 IPSec 数据包基础上所进行的 L2TP 封装由两个层次组成:

(1) L2TP 封装:PPP 帧(IP 或 IPX 数据包)将通过 L2TP 报头和 UDP 报头进行封装。

(2) IPSec 封装:上述封装后所得到的 L2TP 报文将通过 IPSec 封装安全性有效载荷(Encapsulating Security Paylocd,ESP)报头、用以提供消息完整性与身份验证的 IPSec 身份验证报尾以及 IP 报头,再次进行封装。IP 报头中将提供与 VPN 客户端和 VPN 服务器相对应的源 IP 地址和目标 IP 地址。IPSec 加密机制将通过由 IPSec 身份验证过程所生成的加密密钥对 L2TP 报文进行加密。

3. IPSec 隧道模式

对于站点到站点 VPN 连接,除了上述的 PPTP 和 L2TP/IPSec 外,还可以使用 IPSec 隧道模式。IPSec 隧道模式单独使用 IPSec 创建一个加密的隧道,通常用于和不支持 L2TP/IPSec 或 PPTP 协议的非 Windows VPN 服务器之间创建加密通信。与 L2TP、PPTP 不同,IPSec 隧道模式不需要验证用户账户,具有以下特性:

(1) IP 数据包通过 IPSec 进行加密,并在 IP 网络上进行隧道传输;IPSec 隧道模式只能用于站点到站点的 VPN 类型。

(2) IPSec 隧道模式需要额外的 IPSec 安全策略配置。

13.1.2 网络环境配置

在整个 VPN 通信中，主要有两种 VPN 通信方式，适用于两类不同用户选择使用，满足各方面用户与企业 VPN 服务器进行通信的需求。这两种 VPN 通信方式就是“远程访问 VPN”和“路由器到路由器 VPN”，前者也称为 Access VPN（远程访问 VPN）；后者包括 Intranet VPN（企业内联 VPN）和 Extranet VPN（企业外联 VPN）。前者是采用 Client-to-LAN（客户端到局域网）的模式；而后者所采用的是 LAN-to-LAN（局域网到局域网）模式。前者适用于单机用户与企业 VPN 服务器之间的 VPN 通信连接；而后者适用于两个企业局域网 VPN 服务器之间的 VPN 通信连接。这样，在家中或旅途中工作的用户可以使用远程访问 VPN 连接建立到组织服务器的远程访问连接，方法是使用公共网络提供的基础结构。单位也能够使用 VPN 连接来为地理位置分开的办公室建立路由连接，或在保持安全通信的同时通过公共网络连接到其他单位。这里所用的就是“路由器到路由器 VPN 连接”，这种连接通常是双向的，所访问的资源通常也是对方整个网络资源。

现在以 VPN 的远程访问应用为例，说明远程访问服务器和客户端的配置。远程 VPN 客户机登录 VPN 服务器后，可以与 VPN 内部网络进行互相通信，网络拓扑如图 13-1 所示。

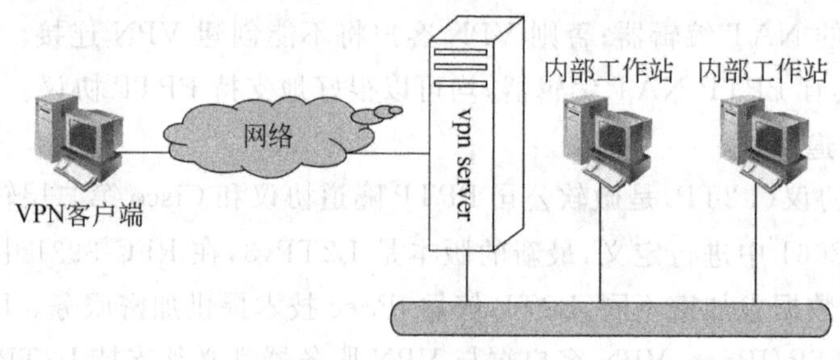

图 13-1 网络拓扑图

网络环境配置说明如下：

(1) 远程 VPN 客户端的 IP 地址为 192.168.1.10，子网掩码为 255.255.255.0。

(2) VPN 服务器机器名分外部网络和内部网络，配置如下：

① 外网与 VPN 客户端处于同一个网络，IP 地址为 192.168.1.188，子网掩码为 255.255.255.0。

② 内网与内部工作站处于同一个网络，IP 地址为 192.168.203.128，子网掩码为 255.255.255.0。

(3) 内部工作站以 inpc1 为例，IP 地址为 192.168.203.141，子网掩码为 255.255.255.0。

(4) 远程 VPN 客户端连接到 VPN 服务器时，VPN 服务器分配给其 IP 地址的范围可以与内网的 IP 同一子网，也可以不同，这里采用前者（如果不同，则可采用添加静态路由的方法）。

(5) 实例中采用的 VPN 与 NAT 并用。

(6) 为了验证其与内部局域网的通信，使用远程 VPN 客户端访问内部机器上共享的文件验证。

13.2 实验目的

掌握在 Windows Server 2003 操作系统中安装和配置 VPN 远程访问服务器的方法。

13.3 实验设备及环境

安装了 Windows Server 2003 操作系统的服务器或 PC 一台，每 4 人一组。

13.4 实验内容及步骤

13.4.1 VPN 服务器的配置

一般 Windows Server 2003 操作系统安装完成，“路由和远程访问”组件已经默认安装，但相应服务并未启动。配置 VPN 服务器的具体步骤如下：

(1) 在 vpnserver 这台 Windows Server 2003 服务器上，选择“开始”→“程序”→“管理工具”→“路由和远程访问”命令，将出现如图 13-2 所示“路由和远程访问”管理窗口。由于没有启用，现在还是停止标识。

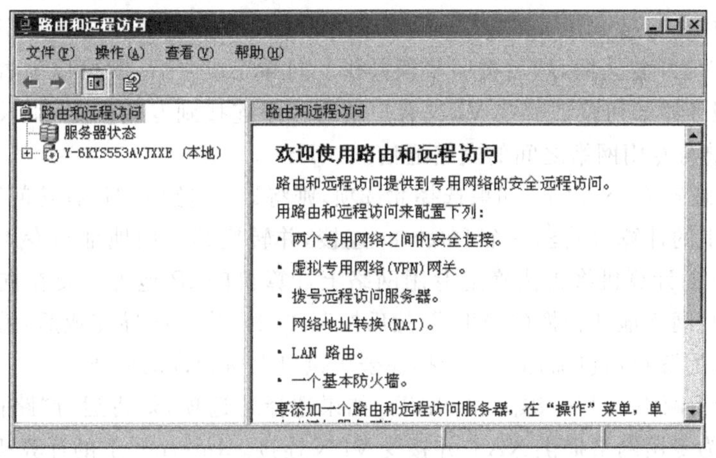

图 13-2 “路由和远程访问”管理窗口

(2) 右键单击该窗口左边“树”中的“NBUT(本地)”，在弹出菜单中选择“配置并启用路由与远程访问”命令，屏幕出现“路由和远程访问服务安装向导”欢迎窗口，单击“下一步”按钮。

(3) 出现如图 13-3 所示对话框，实例中选择“虚拟专用网络(VPN)访问和 NAT”，单击“下一步”按钮。对话框中的几个选项说明如下：

① 远程访问(拨号)：如果选择此选项，则将运行“路由和远程访问”的服务器配置为允许远程访问客户端通过拨入调制解调器组或其他拨号设备来连接到专用网络。要在向导中配置此类服务器，请选中“远程访问”选项，选中“拨号”复选框，然后按照步骤操作。向导完成之后，就可以配置其他选项。例如，可以配置服务器应答呼叫的方式、服务器如何验证哪

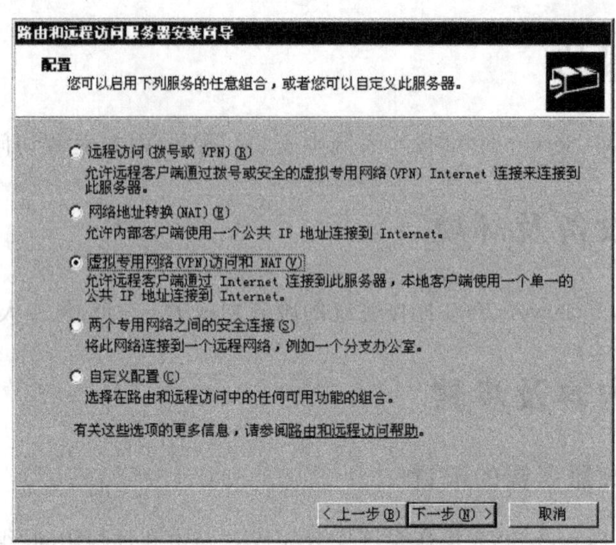

图 13-3　选择远程访问的方式

些远程访问客户端有权限连接到专用网络，以及服务器是否路由远程访问客户端与专用网络之间的网络通信。

② 远程访问(VPN)：如果选择此选项，则将运行"路由和远程访问"的服务器配置为允许远程访问客户端通过 Internet 连接到专用网络。要在向导中配置此类服务器，请选中"远程访问"，选中 VPN 复选框，然后按照步骤操作。向导完成之后，就可以配置其他选项。例如，可以配置服务器如何验证哪些 VPN 客户端有权限连接到专用网络，以及服务器是否路由 VPN 客户端与专用网络之间的网络通信。

③ 网络地址转换(NAT)：如果选择此选项，则将运行"路由和远程访问"的服务器配置为与专用网络上的计算机共享一个 Internet 连接，并转换其公用地址与专用网络之间的通信。Internet 上的计算机将无法确定专用网络上计算机的 IP 地址。要在向导中配置此类服务器，请选中"网络地址转换(NAT)"，然后按照步骤操作。向导完成后，就可以配置其他选项。例如，可配置数据包筛选器并选择在公用接口上所允许的服务。

④ 虚拟专用网络(VPN)访问和 NAT：如果选择此选项，则将运行"路由和远程访问"的服务器配置为专用网络提供 NAT 并接受 VPN 连接。Internet 上的计算机将无法确定专用网络上计算机的 IP 地址。但是，VPN 客户端可以连接到专用网络上的计算机，就像它们物理连接到相同的网络上。要在向导中配置此类服务器，请选中"虚拟专用网络(VPN)访问和 NAT"，然后按照步骤操作。

⑤ 两个专用网络之间的安全连接：如果选择此选项，则将两台运行"路由和远程访问"的服务器配置为在 Internet 上安全地发送私人数据。在每台服务器上运行"路由和远程访问服务器安装向导"时，必须选择此路径。两台服务器之间的连接可以为永久性(总是连接)或请求式(请求拨号)。要在向导中配置此类服务器，请选中"两个专用网络之间的安全连接"，然后按照步骤操作。向导完成之后，就可以配置每台服务器的其他选项。例如，可配置每台服务器接受的路由协议的种类，以及每台服务器路由两个网络之间通信的方式。

⑥ 自定义配置：如果选择此选项，则可以选择在路由和远程访问中的任何功能的

组合。

(4) 在出现的如图 13-4 所示的对话框中,选择连接到 Internet 即外网的网络接口,实例中选中 192.168.1.188 接口。选中"通过设置基本防火墙来对选择的接口进行保护"复选框,则将防止未授权的用户访问此服务器;单击"下一步"按钮。

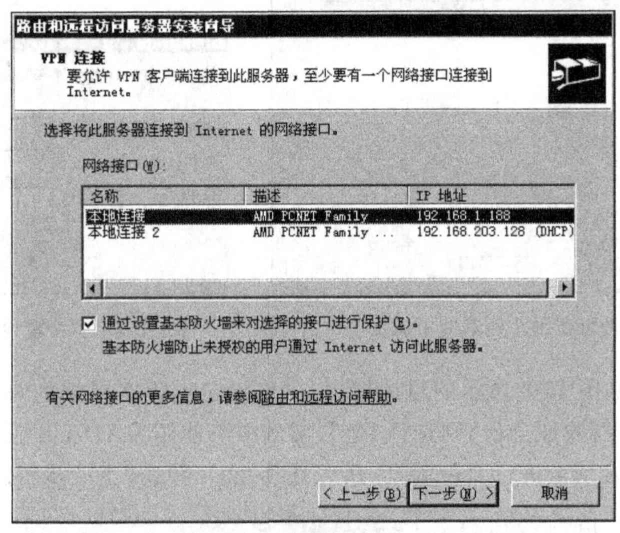

图 13-4 选择外网接口

(5) 在出现的如图 13-5 所示的对话框中,可以设定远程客户端的 IP 地址指派方法。"自动"表示远程客户端从 DHCP 服务器获取 IP 地址;"来自一个指定的地址范围"表示从一个静态池中取出一个可用的 IP 地址给远程客户端。这里选中"来自一个指定的地址范围"复选框,单击"下一步"按钮。

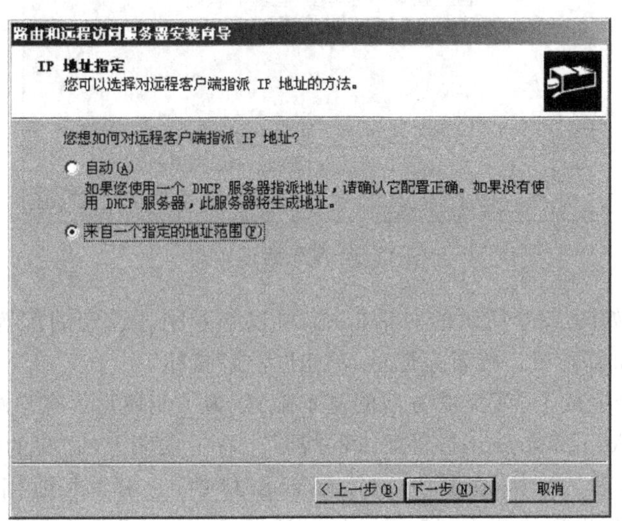

图 13-5 设定远程客户端 IP 地址

(6) 在出现的如图 13-6 所示的对话框中,可以设定远程客户端的 IP 地址范围。单击"新建"按钮,按图 13-7 所示设置 IP 地址范围,单击"下一步"按钮。

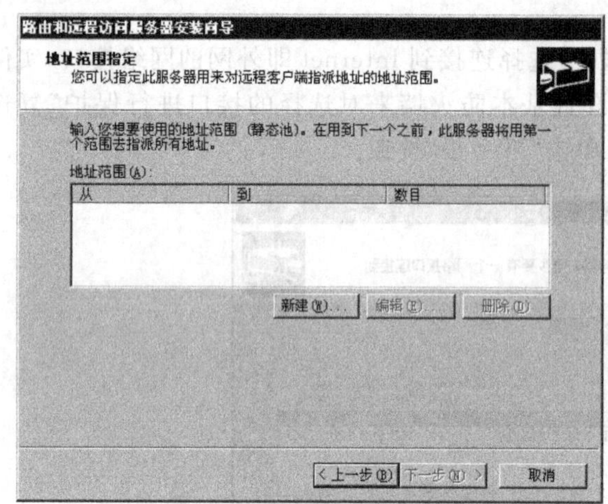

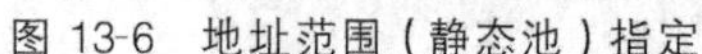

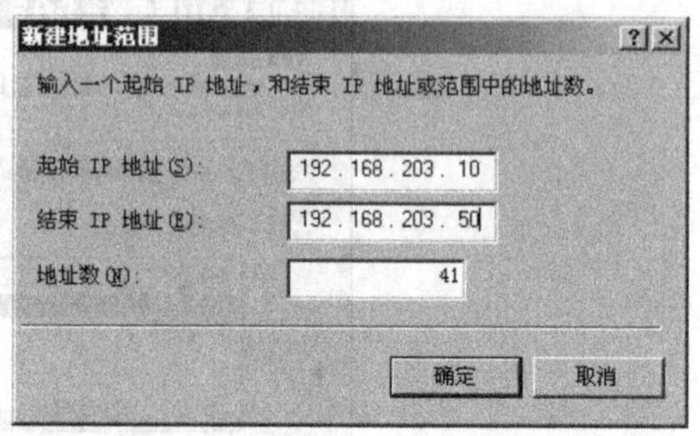

图 13-6　地址范围（静态池）指定　　　　图 13-7　“新建地址范围”对话框

(7) 在出现的如图 13-8 所示的对话框中，可以设定远程客户端的身份验证方式。如果使用 RADIUS 服务器验证身份，则选择“是”；实例中不使用 RADIUS 服务器而直接使用路由和远程访问对连接请求进行身份验证，所以选择“否”，单击“下一步”按钮。

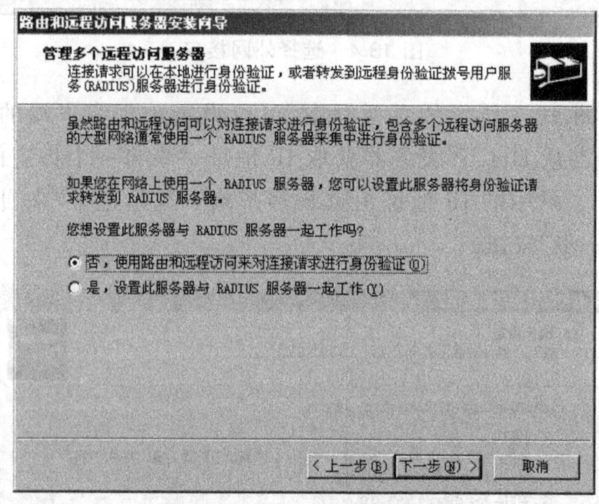

图 13-8　身份验证方式

(8) 在出现的如图 13-9 所示的对话框中，可以查看刚才设定的配置的摘要，如果需要修改，则可以返回重新配置。配置完成后，单击“完成”按钮。

(9) 至此，已经完成了 VPN 服务器的基本配置；为了能使远程客户端拨入，还需要启用 VPN 服务器上的 Administrator 远程拨入的权限。右击桌面上的“我的电脑”，在弹出的快捷菜单中选择“管理”命令；在打开的控制台窗口中，选择“本地用户和组”项，双击 Administrator 用户，出现如图 13-10 所示的对话框；在“拨入”选项卡中的“远程访问权限”选项组，选中“允许访问”单选按钮。

至此，完成了 VPN 服务器的基本设置，VPN 远程客户端已经可以拨入了。首先来了解一下常见的一些选项。

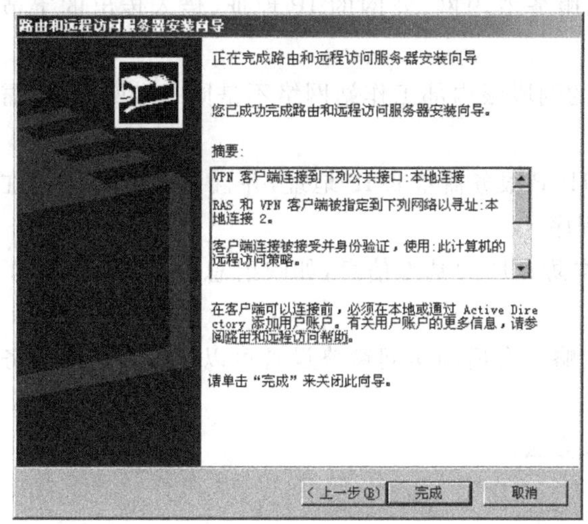

图 13-9　完成向导

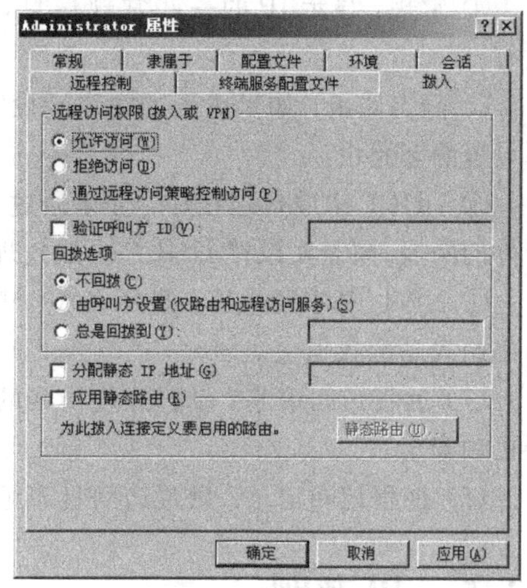

图 13-10　设定访问权限

13.4.2　VPN 服务器的选项

打开“路由和远程访问”管理窗口，如图 13-11 所示。

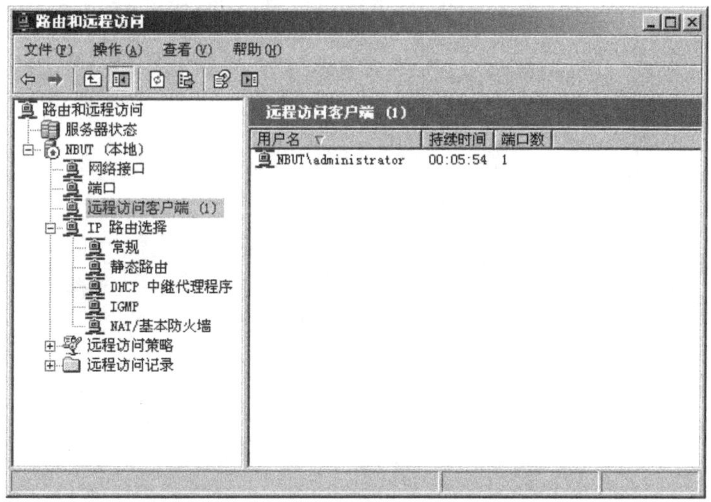

图 13-11　“路由和远程访问”管理窗口

(1) 服务器状态：可以查看的启动状态。

(2) NBUT(本地)：右键菜单中“所有任务”下的选项可以启动、停止、暂停、恢复、重启动该服务；选择“禁用路由和远程访问”则将删掉当前的配置。

(3) 网络接口：显示 LAN 和请求拨号接口的状态。

(4) 端口：显示并口(LPT)和 WAN 微型端口(PPTP)的状态。

(5) 远程访问客户端：如果当前有远程客户端拨入，则将显示拨入用户的相关信息，如连接时间等，如图 13-11 所示。

(6) IP 路由选择。

① 常规：显示 IP 的一些常规信息，如服务器内网、外网的 IP 地址、传入传出的字节数等。

② 静态路由：如果拨入的客户端设定的网段跟内部工作站网络不是同一个网段，则需要设置静态路由。

③ DHCP 中继代理程序：如果通过 DHCP 服务器获取 IP 地址，并且 DHCP 服务器在另外的网段，则需要设置 DHCP 中继代理程序。

④ NAT/基本防火墙：显示 NAT/基本防火墙的基本信息，如映射总数、转换/拒绝了的出站入站的数据包。

(7) 远程访问策略：设置远程访问的策略。合适的访问策略设置可以使远程访问服务器更加安全。

(8) 远程访问记录：设置访问日志记录方法。

13.5 思考题

(1) VPN 远程访问服务器在计算机网络中有何作用？

(2) VPN 远程访问服务器是如何工作的？

实验 14　Windows 软路由的安装与配置

14.1　实验背景知识

Windows Server 2003 的“路由和远程访问”服务是一个全功能的软件路由器，也是用于路由和互联网络工作的开放平台。它为局域网和广域网环境中的商务活动，或使用安全虚拟专用网连接的 Internet 上的商务活动提供路由选择服务。

“路由和远程访问”服务的优点之一是与 Windows Server 2003 家族集成。“路由和远程访问”服务提供了很多经济功能，并且和多种硬件平台和网卡一起工作。“路由和远程访问”服务可以通过应用程序编程接口（Application Programming Interface，API）进行扩展，开发人员可以使用 API 创建客户网络连接方案，新供应商可以使用 API 参与到不断增长的开放互联网络商务中。

运行“路由和远程访问”的服务器是专门为已经熟悉路由协议和路由服务的系统管理员而设计的。通过“路由和远程访问”服务，管理员可以查看和管理网络上的路由器和远程访问服务器。Windows Server 2003“路由和远程访问”服务提供多协议路由服务，包括 LAN 到 LAN、LAN 到 WAN、虚拟专用网以及网络地址转换，本章只讨论作为软件路由器(软路由)。

14.2　实验目的

掌握在 Windows Server 2003 操作系统中安装和配置 Windows 软件路由器的方法。

14.3　实验设备及环境

安装了 Windows Server 2003 操作系统的服务器或 PC 一台，每 4 人一组。

14.4　实验内容及步骤

14.4.1　Windows Server 2003 软路由的配置

使用 Windows Server 2003 作为软件路由器的具体操作步骤如下：

(1) 选择“开始”→“程序”→“管理工具”→“路由和远程访问”命令，打开“路由和远程访问”管理窗口，如图 14-1 所示。

(2) 选择左边目录树下的“路由和远程访问”根目录，然后右击，在弹出的快捷菜单中选择“添加服务器”命令。

(3) 在“添加服务器”对话框中，选中本地计算机作为路由和远程访问服务器，单击“确定”按钮即可，如图 14-2 所示。

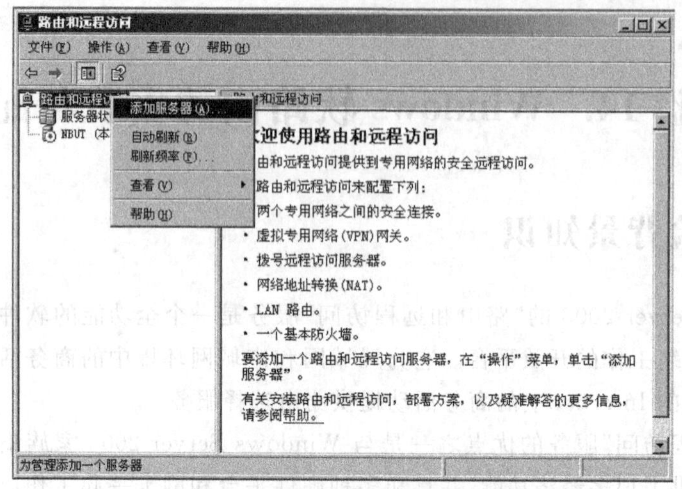

图 14-1 “路由和远程访问”管理窗口

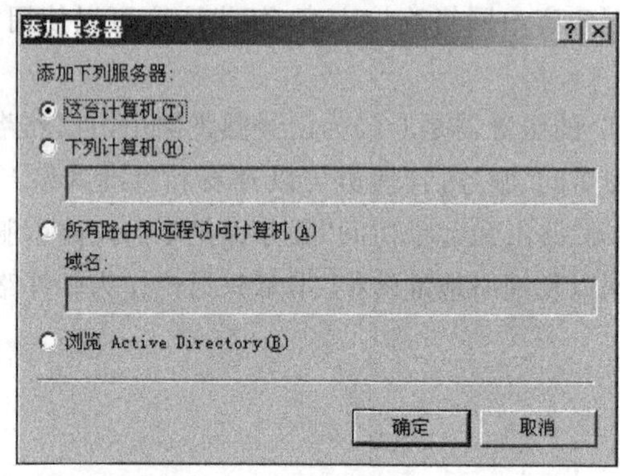

图 14-2 “添加服务器”对话框

(4) 添加服务器后，接下来必须要配置并启用它。选择添加的服务器，然后右击，在弹出的菜单中选择“配置并启用路由和远程访问”命令，如图 14-3 所示。

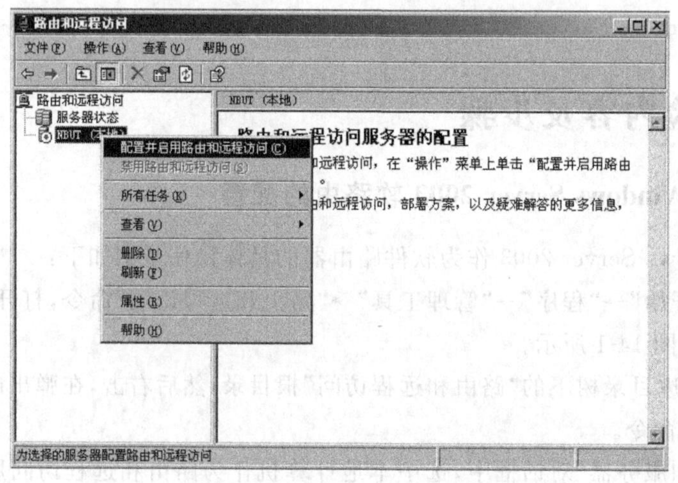

图 14-3 配置并启用路由和远程访问

(5) 在“路由和远程访问安装向导”的欢迎界面中单击“下一步”按钮继续，在“配置”页面中选择“两个专用网络之间的安全连接”(在 Windows Server 2000 中是“网络路由器”)单选按钮，然后单击“下一步”按钮继续，如图 14-4 所示。

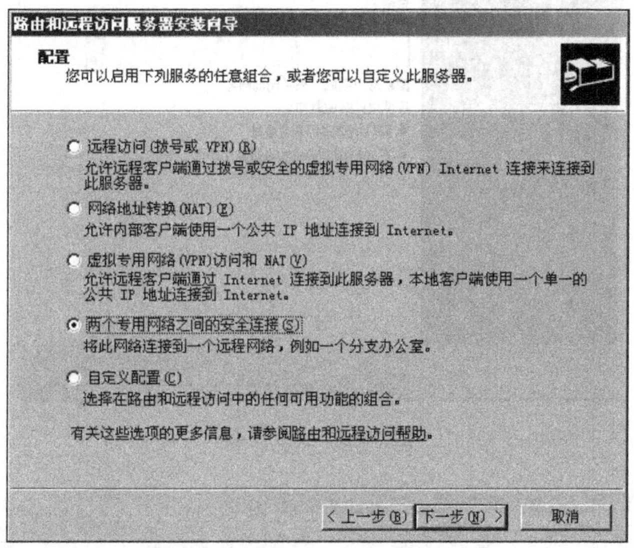

图 14-4　配置路由和远程访问服务

(6) 在“请求拨号连接”页面中选择“否”单选按钮，然后单击“下一步”按钮继续，如图 14-5 所示。

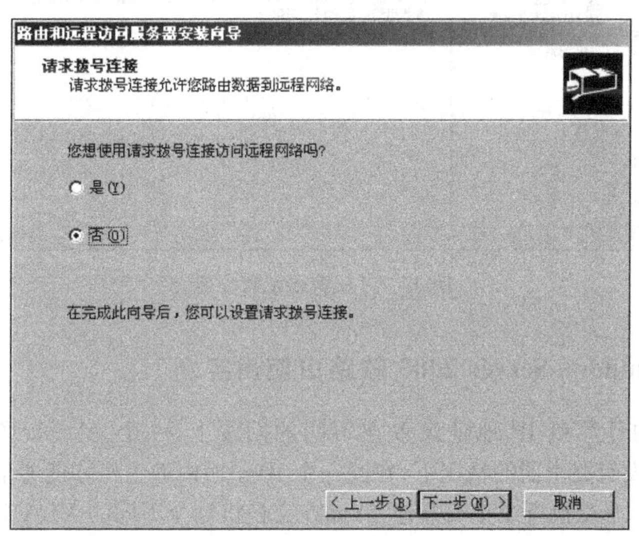

图 14-5　请求拨号连接

接着进入下一个对话框，提示用户安装完成，单击“完成”按钮，如图 14-6 所示；出现一个正在完成初始化对话框，几秒钟后，“路由和远程访问”服务器安装才全部完成。

这时，在“路由和远程访问”管理窗口可以看到添加的服务器已启动，如图 14-7 所示。

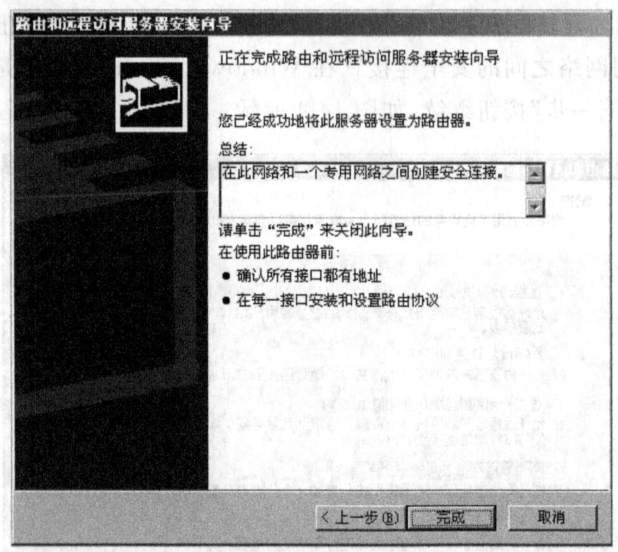

图 14-6　完成安装

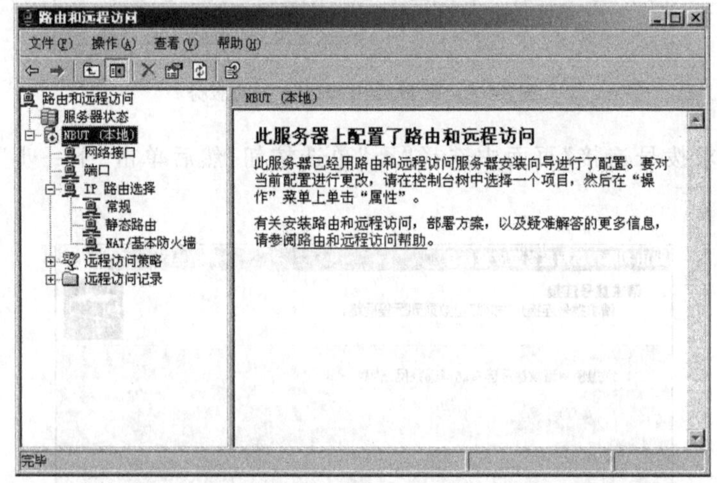

图 14-7　服务器配置完成

14.4.2　Windows Server 2003 软路由使用实例

某单位机房的计算机 IP 地址设置在不同的网段上，一个为 192.168.1.0；另一个为 192.168.2.0。在没有路由器的情况下，在同一个 IP 子网内的主机才能通信；主机不在同一网段内，即使通过同一个交换机或集线器连接(如在交换机划分不同的 VLAN)也无法相互通信。

此时可以在一台 Windows Server 2003 服务器上绑定两个 IP 地址为 192.168.1.1 和 192.168.2.1，然后在 Windows Server 2003 上启动路由服务，将 Windows Server 2003 作为路由器，实现两个网段的互连互通，具体设置步骤如下：

1. 服务器的设置

按照上面所说的方法启动 Windows Server 2003 上的路由器。为 Windows Server 2003 绑定两个 IP 地址：192.168.1.1 和192.168.2.1。其绑定方法如下：

打开“本地连接”的“属性”对话框，选择“Internet 协议(TCP/IP)”项，单击“属性”按钮，为服务器绑定第一个 IP 地址：192.168.1.1，子网掩码设为：255.255.255.0；然后单击“高级”按钮，在“高级 TCP/IP 设置”对话框的“IP 地址”栏中，单击“添加”按钮，为服务器绑定第二个 IP 地址 192.168.2.1，子网掩码设为 255.255.255.0。设置完成后，单击“确定”按钮退出，如图 14-8 所示。

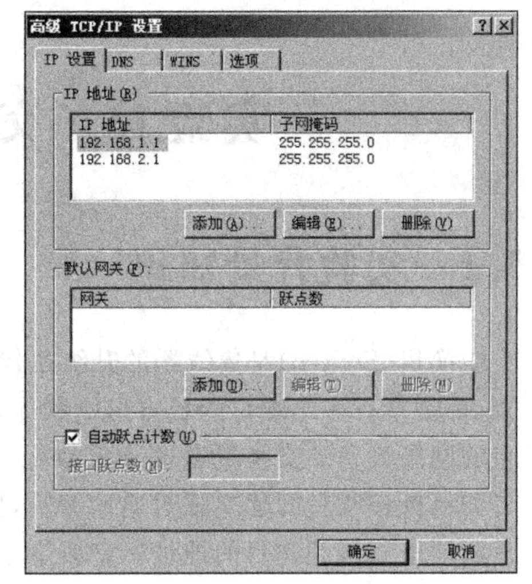

图 14-8 “高级 TCP/IP 设置”对话框

2. 客户机的设置

客户端设置比较简单，在 Windows 2000/XP 的环境下，在网卡的“Internet 协议(TCP/IP 属性)”中，IP 地址为网段 A 的(如 192.168.1.67)机器上，默认网关的 IP 地址为192.168.1.1，如图 14-9 所示；IP 地址为网段 B 的(如 192.168.2.35)计算机上，默认网关的 IP 地址为 192.168.2.1，如图 14-10 所示。

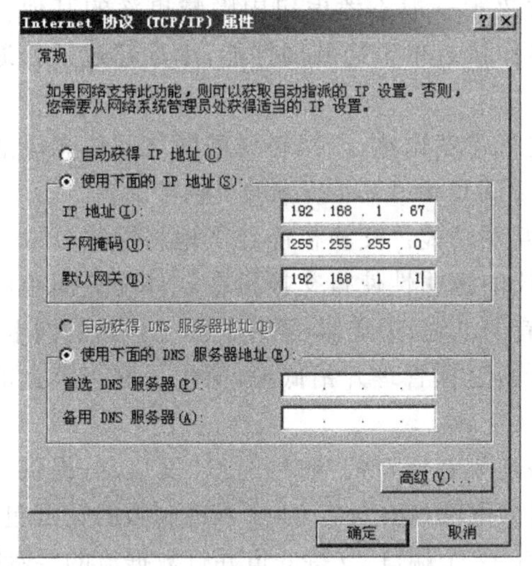

图 14-9 设置网段 A 的默认网关

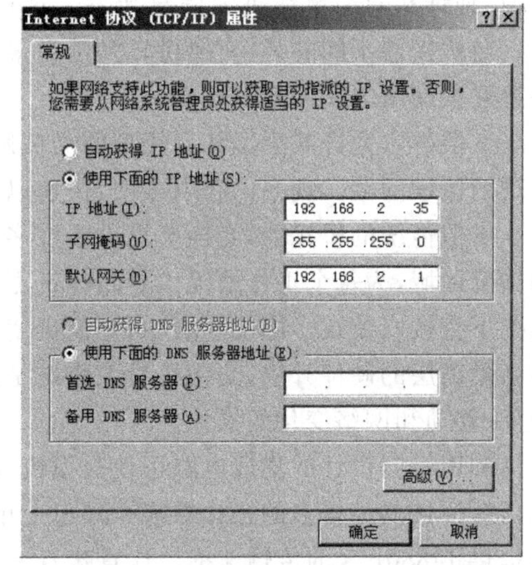

图 14-10 设置网段 B 的默认网关

如果两个子网各自使用不同的交换机或集线器，那么只要将作为路由器的 Windows Server 2003 服务器的机器安装两个网卡，分别连接到两个子网，再将两个网卡的 IP 地址设置成各自相连接的子网的网关 IP 地址就可以了，这里对于这种情况就不再单独说明，实际上实现的原理还是一样的。

14.5 思考题

(1) Windows 软件路由器在计算机网络中有何作用？

(2) Windows 软件路由器的工作原理是什么？

实验 15　交换机的基本配置

15.1　实验背景知识

交换机(Switch)是集线器的升级换代产品,从外观上来看,它与集线器基本上没有多大区别,都是带有多个端口的长方形盒状体,它是一种基于 MAC 地址识别、能够封装、转发数据包的网络设备。交换机通过分析数据包中的 MAC(网卡硬件地址)信息,可以在数据始发者和目标接收者间建立临时通信路径,使数据包能够在不影响其他端口正常工作的情况下从源地址直接到达目的地址。它改变了集线器向所有端口广播数据的传输模式,从而节约了网络带宽,并提高了网络执行效率。

1993 年,局域网交换设备出现,1994 年,国内掀起了交换网络技术的热潮。其实,交换技术是一个具有简化、低价、高性能和高端口密集特点的交换产品,体现了桥接技术的复杂交换技术在 OSI 参考模型的第二层操作。与桥接器(Bridge)一样,交换机按每一个包中的 MAC 地址相对简单地决策信息转发。这种转发决策一般不考虑包中隐藏更深的其他信息。与桥接器不同的是,交换机转发延迟很小,操作接近单个局域网性能,远远超过了普通桥接互联网络之间的转发性能。

交换技术允许共享型和专用型的局域网段进行带宽调整,以减轻局域网之间信息流通出现的瓶颈问题。现在已有以太网、快速以太网、FDDI 和 ATM 技术的交换产品。

类似传统的桥接器,交换机提供了许多网络互联功能。交换机能经济地将网络分成小的冲突网域,为每个工作站提供更高的带宽。协议的透明性使得交换机在软件配置简单的情况下直接安装在多协议网络中;交换机使用现有的电缆、中继器、集线器和工作站的网卡,不必做高层的硬件升级;交换机对工作站是透明的,这样管理开销低廉,简化了网络节点的增加、移动和网络变化的操作。

利用专门设计的集成电路可使交换机以线路速率在所有的端口并行转发信息,提供了比传统桥接器高得多的操作性能。理论上单个以太网端口对含有 64 个八进制数的数据包,可提供 14880b/s 的传输速率。这意味着一台具有 12 个端口、支持 6 道并行数据流的“线路速率”以太网交换器必须提供 89280b/s 的总体吞吐率(6 道信息流×14880b/s/道信息流)。专用集成电路技术使得交换机在更多端口的情况下以上述性能运行,其端口造价低于传统型桥接器。

15.1.1　交换机工作流程

二层交换技术是发展比较成熟,二层交换机属数据链路层设备,可以识别数据包中的 MAC 地址信息,根据 MAC 地址进行转发,并将这些 MAC 地址与对应的端口记录在自己内部的一个地址表中。具体的工作流程如下:

(1) 当交换机从某个端口收到一个数据包,先读取包头中的源 MAC 地址,这样就知道源 MAC 地址的机器是连在哪个端口上的。

(2) 再去读取包头中的目的 MAC 地址,并在地址表中查找相应的端口。

(3) 如表中有与这目的 MAC 地址对应的端口,把数据包直接复制到这端口上。

(4) 如表中找不到相应的端口则把数据包广播到所有端口上,当目的机器对源机器回应时,交换机又可以学习一目的 MAC 地址与哪个端口对应,在下次传送数据时就不再需要对所有端口进行广播了。

不断的循环这个过程,对于全网的 MAC 地址信息都可以学习到,二层交换机就是这样建立和维护自己的地址表。

从二层交换机的工作原理可以推知以下 3 点:

(1) 由于交换机对多数端口的数据进行同时交换,这就要求具有很宽的交换总线带宽,如果二层交换机有 N 个端口,每个端口的带宽是 M,交换机总线带宽超过 N×M,那么这交换机就可以实现线速交换;

(2) 学习端口连接的机器的 MAC 地址,写入地址表,地址表的大小(一般两种表示方式:BEFFER RAM 和 MAC 表项数值),地址表大小影响交换机的接入容量。

(3) 还有一个就是二层交换机一般都含有专门用于处理数据包转发的 ASIC (Application Specific Integrated Circuit)芯片,因此转发速度可以做到非常快。由于各个厂家采用 ASIC 不同,直接影响产品性能。

15.1.2 交换机的管理方式

交换机的管理方式基本分为两种:带内管理和带外管理。通过交换机的 Console 口管理交换机属于带外管理,不占用交换机的网络接口,其特点是需要使用配置线缆,近距离配置。第一次配置交换机时必须利用 Console 端口进行配置。

交换机的命令行操作模式,主要包括用户模式、特权模式、全局配置模式、端口模式等。

(1) 用户模式进入交换机后得到的第一个操作模式,该模式下可以简单查看交换机的软、硬件版本信息,并进行简单的测试。用户模式提示符为 switch>。

(2) 特权模式由用户模式进入的下一级模式,该模式下可以对交换机的配置文件进行管理,查看交换机的配置信息,进行网络的测试和调试等。特权模式提示符为 switch#。

(3) 全局配置模式属于特权模式的下一级模式,该模式下可以配置交换机的全局性参数(如主机名、登录信息等)。在该模式下可以进入下一级的配置模式,对交换机具体的功能进行配置。全局模式提示符为 switch(config)#。

(4) 端口模式属于全局模式的下一级模式,该模式下可以对交换机的端口进行参数配置。端口模式提示符为 switch(config-if)#。

交换机的基本操作命令包括:

(1) Exit 命令是退回到上一级操作模式。

(2) End 命令是指用户从特权模式以下级别直接返回到特权模式。

交换机命令行支持获取帮助信息、命令的简写、命令的自动补齐、快捷键功能。配置交换机的设备名称和配置交换机的描述信息必须在全局配置模式下执行。

(3) Hostname 配置交换机的设备名称。

当用户登录交换机时,需要告诉用户一些必要的信息。可以通过设置标题达到这个目的。可以创建两种类型的标题:每日通知和登录标题。

(4) Banner motd 配置交换机每日提示信息 motd message of the day。

(5) Banner login 配置交换机登录提示信息,位于每日提示信息之后。

查看交换机的系统和配置信息命令要在特权模式下执行。

(1) Show version 查看交换机的版本信息,可以查看到交换机的硬件版本信息和软件版本信息,用于进行交换机操作系统升级时的依据。

(2) Show mac-address-table 查看交换机当前的 MAC 地址表信息。

(3) Show running-config 查看交换机当前生效的配置信息。

15.2 实验目的

掌握交换机命令行各种操作模式的区别,能够使用各种帮助信息,以及用命令进行基本的配置。

15.2.1 实验背景描述

你是某公司新进的网管,公司要求你熟悉网络产品,公司采用全系列锐捷网络产品,首先要求你登录交换机,了解、掌握交换机的命令行操作技巧,以及如何使用一些基本命令进行配置。

15.2.2 实验需求分析

需要在交换机上熟悉各种不同的配置模式以及如何在配置模式间切换,使用命令进行基本的配置,并熟悉命令行界面的操作技巧。

15.3 实验设备及环境

15.3.1 实验拓扑结构

实验拓扑如图 15-1 所示。

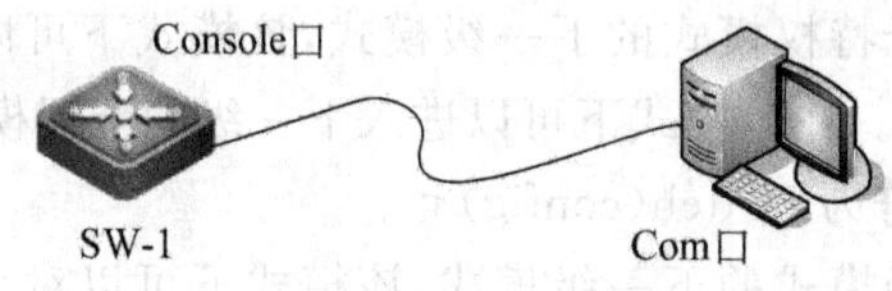

图 15-1 实验拓扑图

15.3.2 实验设备

三层交换机 1 台。

15.4 实验内容及步骤

在 Console 配置管理中,使用 Windows 系统附件中的超级终端仿真程序完成与交换机的交互。新建超级终端的步骤如下:

(1) 按照如下路径打开超级终端：选择“开始”→“程序”→“附件”→“通信”→“超级终端”命令。

(2) 弹出对话框，输入连接名称 Lab-CON 后确认。

(3) 再次弹出对话框，在“连接时使用”选项中选择连接交换机的对应 COM 口，选择 COM1。单击“确定”按钮。在 COM1 属性对话框中选择属性参数如图 15-2 所示。

(4) 如果已经将线缆按照要求连接好，并且交换机已经启动，此时按 Enter 键，将进入交换机的用户视图并出现标识符：Switch>；否则启动交换机，超级终端会自动显示交换机的整个启动过程。

(5) 输入命令，配置交换机或查看交换机运行状态。需要帮助可以随时输入“?”。

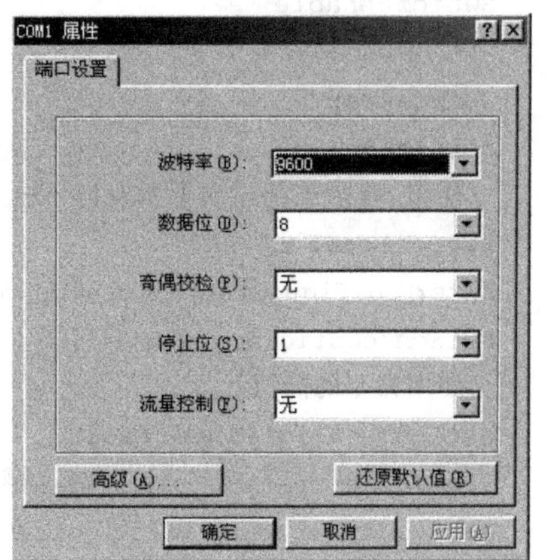

图 15-2　端口设置

① 交换机各个操作模式直接的切换。

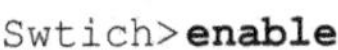

```
Swtich>enable
 !使用 enable 命令从用户模式进入特权模式
Swtich#configure terminal
Enter configuration commands, one per line. End with CNTL/Z.
 !使用 configure terminal 命令从特权模式进入全局配置模式
Swtich(config)#interface fastEthernet 0/1
 !使用 interface 命令进入接口配置模式
Swtich(config-if)#
Swtich(config-if)#exit
 !使用 exit 命令退回上一级操作模式
Swtich(config)#interface fastEthernet 0/2
Swtich(config-if)#end
Swtich#
!使用 end 命令直接退回特权模式
```

② 交换机命令行界面基本功能。

```
Switch>?
 !显示当前模式下所有可执行的命令
disable Turn off privileged commands
enable Turn on privileged commands
exit Exit from the EXEC
help Description of the interactive help system
ping Send echo messages
rcommand Run command on remote switch
show Show running system information
telnet Open a telnet connection
traceroute Trace route to destination
```

```
Swtich>en<tab>
Swtich>enable
 !使用 tab 键补齐命令
Swtich#con?
configure connect
 !使用?显示当前模式下所有以 con 开头的命令
Swtich#conf t
Enter configuration commands,one per line. End with CNTL/Z.
Swtich(config)#
 !使用命令的简写
Swtich(config)#interface?
 !显示 interface 命令后可执行的参数
Aggregateport Aggregate port interface
Dialer Dialer interface
FastEthernet Fast IEEE 802.3
GigabitEthernet Gbyte Ethernet interface
Loopback Loopback interface
Multilink Multilink-group interface
Null Null interface
Tunnel Tunnel interface
Virtual-ppp Virtual PPP interface
Virtual-template Virtual Template interface
Vlan Vlan interface
range Interface range command
Switch(config)#interface
Swtich(config)#interface fastEthernet 0/1
Switch(config-if)#^Z
Switch#
 !使用 Ctrl+Z 键可以直接退回到特权模式
Switch#ping 1.1.1.1
sending 5,100-byte ICMP Echos to 1.1.1.1,
timeout is 2000 milliseconds.
. ^C
Switch#
!在交换机特权模式下执行 ping 1.1.1.1 命令,发现不能 ping 通目标地址,交换机默认情况下需要发送 5 个数据包,如不想等到 5 个数据包均不能 ping 通目标地址的反馈出现,可在数据包未发出 5 个之前通过执行 Ctrl+C 键终止当前操作
```

③ 配置交换机的名称和每日提示信息。

```
Switch(config)#hostname SW-1
 !使用 hostname 命令更改交换机的名称
SW-1(config)#banner motd $
 !使用 banner 命令设置交换机的每日提示信息,参数 motd 指定以哪个字符为信息的结束符
Enter TEXT message. End with the character '$'.
Welcome to SW-1,if you are admin,you can config it.
```

```
If you are not admin,please EXIT!
$
SW-1(config)#
SW-1(config)#exit
SW-1#Nov 25 22:04:01 % SYS-5-CONFIG_I: Configured from console by console
SW-1#exit
SW-1 CON0 is now available
Press RETURN to get started
Welcome to SW-1,if you are admin,you can config it.
If you are not admin,please EXIT!
SW-1>
```

④ 配置接口状态。

锐捷全系列交换机 FastEthernet 接口默认情况下是 10M/100Mb/s 自适应端口，双工模式也为自适应(端口速率、双工模式可配置)。默认情况下，所有交换机端口均开启。

如果网络中存在一些型号比较旧的主机，还在使用 10Mb/s 半双工的网卡，此时为了能够实现主机之间的正常访问，应当在交换机上进行相应的配置，把连接这些主机的交换机端口速率设为 10Mb/s，传输模式设为半双工。

```
SW-1(config)#interface fastEthernet 0/1
 !进入端口 F0/1 的配置模式
SW-1(config-if)#speed 10
 !配置端口速率为 10M
SW-1(config-if)#duplex half
 !配置端口的双工模式为半双工
SW-1(config-if)#no shutdown
 !开启端口，使端口转发数据。交换机端口默认已经开启。
SW-1(config-if)#description "This is a Accessport."
 !配置端口的描述信息，可作为提示。
SW-1(config-if)#end
SW-1#Nov 25 22:06:37 %SYS-5-CONFIG_I: Configured from console by console
SW-1#
SW-1#show interface fastEthernet 0/1
Index(dec):1 (hex):1
FastEthernet 0/1 is UP ,line protocol is UP
Hardware is marvell FastEthernet
Description: "This is a Accessport."
Interface address is: no ip address
MTU 1500 bytes,BW 10000 Kbit
Encapsulation protocol is Bridge,loopback not set
Keepalive interval is 10 sec ,set
Carrier delay is 2 sec
RXload is 1 ,Txload is 1
Queueing strategy: WFQ
Switchport attributes:
```

```
interface's description:""This is a Accessport.""
medium-type is copper
lastchange time:329 Day:22 Hour: 5 Minute: 2 Second
Priority is 0
admin duplex mode is Force Half Duplex,oper duplex is Half
admin speed is 10M,oper speed is 10M
flow control admin status is OFF,flow control oper status is OFF
broadcast Storm Control is OFF,multicast Storm Control is OFF,unicast Storm Control
is OFF
5 minutes input rate 0 bits/sec,0 packets/sec
5 minutes output rate 0 bits/sec,0 packets/sec
0 packets input,0 bytes,0 no buffer,0 dropped
Received 0 broadcasts,0 runts,0 giants
0 input errors,0 CRC,0 frame,0 overrun,0 abort
0 packets output,0 bytes,0 underruns ,0 dropped
0 output errors,0 collisions,0 interface resets
SW-1#
```

如果需要将交换机端口的配置恢复默认值,可以使用 **default** 命令。

```
SW-1(config)#interface fastEthernet 0/1
SW-1(config-if)#default bandwidth
 !恢复端口默认的带宽设置
SW-1(config-if)#default description
!取消端口的描述信息
SW-1(config-if)#default duplex
 !恢复端口默认的双工设置
SW-1(config-if)#end
SW-1#Nov 25 22:11:13 % SYS-5-CONFIG_I: Configured from console by console
SW-1#
SW-1#show interface fastEthernet 0/1
Index(dec):1 (hex):1
FastEthernet 0/1 is UP ,line protocol is UP
Hardware is marvell FastEthernet
Interface address is: no ip address
MTU 1500 bytes,BW 100000 Kbit
Encapsulation protocol is Bridge,loopback not set
Keepalive interval is 10 sec ,set
Carrier delay is 2 sec
RXload is 1 ,Txload is 1
Queueing strategy: WFQ
Switchport attributes:
interface's description:""
medium-type is copper
lastchange time:329 Day:22 Hour:11 Minute:13 Second
Priority is 0
admin duplex mode is AUTO,oper duplex is Full
```

```
admin speed is AUTO,oper speed is 100M
flow control admin status is OFF,flow control oper status is ON
broadcast Storm Control is OFF,multicast Storm Control is OFF,unicast Storm Control
is OFF
5 minutes input rate 0 bits/sec,0 packets/sec
5 minutes output rate 0 bits/sec,0 packets/sec
0 packets input,0 bytes,0 no buffer,0 dropped
Received 0 broadcasts,0 runts,0 giants
0 input errors,0 CRC,0 frame,0 overrun,0 abort
0 packets output,0 bytes,0 underruns ,0 dropped
0 output errors,0 collisions,0 interface resets
SW-1#
```

⑤ 查看交换机的系统和配置信息。

```
SW-1#show version
 !查看交换机的系统信息
System description : Ruijie Dual Stack Multi - Layer Switch (S3760 - 24) By
Ruijie Network
 !交换机的描述信息(型号等)
System start time : 2008-11-25 21:58:44
System hardware version : 1.0
 !设备的硬件版本信息
System software version : RGNOS 10.2.00(2),Release(27932)
 !操作系统版本信息
System boot version: 10.2.27014
System CTRL version: 10.2.24136
System serial number: 0000000000000
SW-1#
SW-1#show running-config
 !查看交换机的配置信息
Building configuration...
Current configuration : 1279 bytes
!
version RGNOS 10.2.00(2),Release(27932)(Thu Dec 13 10:31:41 CST 2007 -ngcf32)
hostname SW-1
!
vlan 1
!
no service password-encryption
!
interface FastEthernet 0/1
!
interface FastEthernet 0/2
!
interface FastEthernet 0/3
```

```
!
interface FastEthernet 0/4
!
interface FastEthernet 0/5
!
interface FastEthernet 0/6
!
interface FastEthernet 0/7
!
interface FastEthernet 0/8
!
interface FastEthernet 0/9
!
interface FastEthernet 0/10
!
interface FastEthernet 0/11
!
interface FastEthernet 0/12
!
interface FastEthernet 0/13
!
interface FastEthernet 0/14
!
interface FastEthernet 0/15
!
interface FastEthernet 0/16
!
interface FastEthernet 0/17
!
interface FastEthernet 0/18
!
interface FastEthernet 0/19
!
interface FastEthernet 0/20
!
interface FastEthernet 0/21
!
interface FastEthernet 0/22
!
interface FastEthernet 0/23
!
interface FastEthernet 0/24
!
interface GigabitEthernet 0/25
!
```

```
interface GigabitEthernet 0/26
!
interface GigabitEthernet 0/27
!
interface GigabitEthernet 0/28
!
!
line con 0
line vty 0 4
login
!
!
banner motd ^C
Welcome to SW-1,if you are admin,you can config it.
If you are not admin,please EXIT!
^C
!
end
```

⑥ 保存配置。

下面的 3 条命令都可以保存配置。

```
SW-1#copy running-config startup-config
SW-1#write memory
SW-1#write
```

(6) 注意事项。

① 命令行操作进行自动补齐或命令简写时,要求所简写的字母必须能够区别该命令。如 switch # conf 可以代表 configure,但 switch # co 无法代表 configure,因为 co 开头的命令有两个 copy 和 configure,设备无法区别。

② 注意区别每个操作模式下可执行的命令种类。交换机不可以跨模式执行命令。

③ 配置设备名称的有效字符是 22 个字节。

④ 配置每日提示信息时,注意终止符不能在描述文本中出现。如果输入结束的终止符后仍然输入字符,则这些字符将被系统丢弃。

⑤ 交换机端口在默认情况下是开启的,AdminStatus 是 up 状态,如果该端口没有实际连接其他设备,OperStatus 是 down 状态。

⑥ show running-config 查看的是当前生效的配置信息,该信息存储在(随机存储器 RAM)中,当交换机掉电,重新启动时会重新生成新的配置信息。

15.5 思考题

(1) 简述二层交换机的工作流程。

(2) 交换机的命令行操作模式中主要包括哪些模式?

实验 16　在交换机上配置 Telnet

16.1　实验背景知识

以太网交换机正常工作的前提条件是网络操作员正确配置了交换机，那么网络操作员如何进行设备配置则成为关注的焦点。网络操作员与交换机的交互有多种方法，通常主要使用如下两种配置方法：

16.1.1　通过 Console 口进行配置管理

能过 Console 口进行配置管理见实验 15。

两种配置管理方法中，最为常用的方法就是通过 Console 口进行本地配置管理。在设备初始化或没有进行其他方式的配置管理准备时，都只能使用 Console 口进行本地配置管理。通过 Console 口进行配置管理的实验组网连接最为简单，只需要使用以太网交换机随机附送的专用配置电缆连接以太网交换机和配置用 PC 即可，其中交换机的一端是 RJ45 水晶头，连接 PC 的一端是 DB9 的数据接头，即与 COM 口对接。

16.1.2　通过 Telnet 进行本地的或远程配置管理

Telnet 配置管理方法是网络工程师或网络管理员使用最广泛的一种设备访问控制方式。它通过局域网或广域网实现本地或远程的访问控制，但是它的使用必须要求首先对设备进行初始化配置；否则用户无法正确登录和访问。初始化配置只能通过 Console 口登录进行配置。

16.2　实验目的

学习如何在交换机上启用 Telent，实现通过 Telnet 远程访问交换机。

16.3　实验设备及环境

16.3.1　实验背景描述

企业园区网覆盖范围较大时，交换机会分别放置在不同的地点，如果每次配置交换机都需要在交换机所在地点现场配置，管理员的工作量会很大。此时，可以在交换机上进行 Telnet 配置，这样再需要配置交换机时，管理员可以远程以 Telnet 方式登录配置。

16.3.2　实验需求分析

需要掌握如何配置交换机的密码，以及如何配置 Telnet，掌握以 Telnet 的方式远程访问交换机的方法。

16.3.3 实验原理

在两台交换机上配置 VLAN 1 的 IP 地址，用双绞线将两台交换机的 F0/1 端口连接起来，分别配置 Telnet，然后就可以实现在每台交换机以 Telnet 的方式登录另一台交换机。

16.3.4 实验拓扑结构

实验拓扑结构如图 16-1 所示。

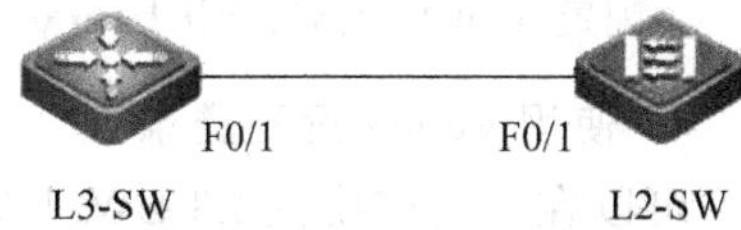

图 16-1 实验拓扑图

16.3.5 实验设备

二层交换机 1 台；

三层交换机 1 台。

16.4 实验内容及步骤

16.4.1 实验步骤

1. 在两台交换机上配置主机名、管理 IP 地址

```
S3760(config)#hostname L3-SW
 !配置三层交换机的主机名
L3-SW(config)#interface vlan 1
 !配置三层交换机的管理 IP 地址
L3-SW(config-if)#ip address 192.168.1.1 255.255.255.0
L3-SW(config-if)#no shutdown
L3-SW(config-if)#end
S2126G (config)#hostname L2-SW
 !配置二层交换机的主机名
L2-SW(config)#interface vlan 1
 !配置二层交换机的管理 IP 地址
L2-SW(config-if)#ip address 192.168.1.2 255.255.255.0
L2-SW(config-if)#no shutdown
L2-SW(config-if)#end
```

2. 在三层交换机上配置 Telnet

```
L3-SW(config)#enable password 0 star
 !配置 enable 的密码
L3-SW(config)#line vty 0 4
 !进入线程配置模式
L3-SW(config-line)#password 0 star
 !配置 Telnet 的密码
L3-SW(config-line)#login
 !启用 Telnet 的用户名密码验证
```

```
L3-SW(config-line)#exit
```

3. 在二层交换机上配置 Telnet

```
L2-SW(config)#enable secret level 1 0 star
 !配置 Telnet 的密码,即 level 1 的密码
L2-SW(config)#enable secret 0 star
 !配置 enable 密码,默认是 level 15 的密码
```

4. 使用 Telnet 远程登录

可以在三层交换机 L3-SW 上以 Telnet 的方式登录二层交换机 L2-SW,进行验证:

```
L3-SW#telnet 192.168.1.2
Trying 192.168.1.2,23...
User Access Verification
Password:
 !提示输入 Telnet 密码,输入设置的密码 star
L2-SW>enable
Password:
 !提示输入 enable 密码,输入设置的密码 star
L2-SW#
 !现在已经进入了二层交换机 L2-SW,可以正常的进行配置
L2-SW#
L2-SW#exit
 !使用 exit 命令退出 Telnet 登录
L3-SW#
```

可以在二层交换机 L2-SW 上以 Telnet 的方式登录三层交换机 L3-SW,进行验证:

```
L2-SW#telnet 192.168.1.1
Trying 192.168.1.1...Open
User Access Verification
Password:
 !提示输入 Telnet 密码,输入设置的密码 star
L3-SW>en
Password:
 !提示输入 enable 密码,输入设置的密码 star
L3-SW#
L3-SW#exit
[Connection to 192.168.1.1 closed by foreign host]
 !使用 exit 命令退出 Telnet 登录
L2-SW#
```

16.4.2 注意事项

如果没有配置 enable 的密码,将不能登录到交换机进行配置,可以进入用户模式,但无法进入特权模式,二层交换机此时的提示信息为"% No password set",三层交换机此时的提示信息为 Password required, but none set。

16.4.3 参考配置

命令及显示如下：

```
L3-SW#show running-config
Building configuration...
Current configuration : 1359 bytes
!
version RGNOS 10.2.00(2),Release(27932)(Thu Dec 13 10:31:41 CST 2007-ngcf32)
hostname L3-SW
!
vlan 1
!
no service password-encryption
!
enable password star
!
!
interface FastEthernet 0/1
!
interface FastEthernet 0/2
!
interface FastEthernet 0/3
!
interface FastEthernet 0/4
!
interface FastEthernet 0/5
!
interface FastEthernet 0/6
!
interface FastEthernet 0/7
!
interface FastEthernet 0/8
!
interface FastEthernet 0/9
!
interface FastEthernet 0/10
!
interface FastEthernet 0/11
!
interface FastEthernet 0/12
!
interface FastEthernet 0/13
!
interface FastEthernet 0/14
```

```
!
interface FastEthernet 0/15
!
interface FastEthernet 0/16
!
interface FastEthernet 0/17
!
interface FastEthernet 0/18
!
interface FastEthernet 0/19
!
interface FastEthernet 0/20
!
interface FastEthernet 0/21
!
interface FastEthernet 0/22
!
interface FastEthernet 0/23
!
interface FastEthernet 0/24
!
interface GigabitEthernet 0/25
!
interface GigabitEthernet 0/26
!
interface GigabitEthernet 0/27
!
interface GigabitEthernet 0/28
!
interface VLAN 1
ip address 192.168.1.1 255.255.255.0
!
!
line con 0
line vty 0 4
login
password star
!
!
end
L2-SW#show running-config
System software version : 1.66(8) Build Dec 22 2006 Rel
Building configuration...
Current configuration : 380 bytes
!
```

```
version 1.0
!
hostname L2-SW
vlan 1
!
!
enable secret level 1 5 $2H.Y*T73C,tZ[V/4D+S(\W&QG1X)sv'
enable secret level 15 5 $2,1u_;C3&-8U0<D4'.tj9=GQ+/7R:>H
!
interface fastEthernet 0/1
!
interface vlan 1
no shutdown
ip address 192.168.1.2 255.255.255.0
!
!
end
```

16.5 思考题

(1) 交换机通常有哪几种配置方式？

(2) 如何在交换机上启用 Telent？

实验 17　路由器的基本操作

17.1　实验背景知识

路由器是一种连接多个网络或网段的网络设备,能将不同网络或网段之间的数据信息进行"翻译",以使它们能够相互"读懂"对方的数据,从而构成一个更大的网络。路由器与集线器和交换机不同,不是应用于同一网段的设备,而是应用于不同网段或不同网络之间的设备,属网际设备。路由器之所以能在不同网络之间起到"翻译"的作用,是因为它不再是一个纯硬件设备,而是具有相当丰富路由协议的软、硬结构设备,如 RIP 协议、OSPF 协议、EIGRP、IP 协议等。这些路由协议就是用来实现不同网段或网络之间的相互"理解"。

在局域网接入广域网的众多方式中,通过路由器接入互联网是最为普遍的方式。使用路由器互联网络的最大优点是:各互联子网仍保持各自独立,每个子网可以采用不同的拓扑结构、传输介质和网络协议,网络结构层次分明,有的路由器具有 VLAN 管理功能。通过路由器与互联网相连,则可完全屏蔽公司内部网络,起到一个防火墙的作用,因此使用路由器上网还可确保内部网的安全。

路由器这类网络设备尽管自身具有许多软件性质的协议和 OS 系统,但从总体上来说仍属于硬件设备,自身是不怕攻击的,集线器与交换机等网络设备也一样不怕攻击。另外,路由器具有独立的公网 IP 地址,当局域网通过路由器接入互联网后,在互联网上显示的只是路由器的公网 IP 地址,而局域网用户所采用的是局域网 IP 地址,不属同一网络,所以起到保护作用。从本质上说,路由器也是一台计算机,其操作系统是在计算机引导时从 ROM 中装入内存的。路由器的主要功能就是"路由"的作用,通俗地讲就是"向导"作用,主要用来为数据包转发指明一个方向的作用。

当 IP 子网中的一台主机发送 IP 分组给同一 IP 子网的另一台主机时,它将直接把 IP 分组送到网络上,对方就能收到。而要送给不同 IP 子网上的主机时,它要选择一个能到达目的子网上的路由器,把 IP 分组送给该路由器,由路由器负责把 IP 分组送到目的地。如果没有找到路由器,主机就把 IP 分组送给一个称为"默认网关"(Default Gateway)的路由器上。默认网关是每台主机上的一个配置参数,是接在同一个网络上的某个路由器端口的 IP 地址。

当路由器转发 IP 分组时,根据 IP 分组目的地址的网络号部分,选择合适的端口,把 IP 分组送出去。同主机一样,路由器也要判定端口所接的是否是目的子网,如果是,就直接把分组通过端口送到网络上;否则,要选择下一个路由器来传送分组。路由器也有它的默认网关,用来传送不知道往哪里送的 IP 分组。这样,通过路由器把知道如何传送的 IP 分组正确转发出去,不知道的 IP 分组送给默认网关路由器,这样逐级传送,IP 分组最终将送到目的地,送不到目的地的 IP 分组则被网络丢弃了。

路由器的管理方式基本分为两种:带内管理和带外管理。通过路由器的 Console 口管理路由器属于带外管理,不占用路由器的网络接口,它的特点是线缆特殊,需要近距离配置。

第一次配置路由器时必须利用 Console 进行配置,使其支持 Telnet 远程管理。

路由器的命令行操作模式,主要包括用户模式、特权模式、全局配置模式、端口模式等几种。

用户模式进入路由器后得到的第一个操作模式,该模式下可以简单查看路由器的软、硬件版本信息,并进行简单的测试。用户模式提示符为 Red-Giant>。

特权模式由用户模式进入的下一级模式,该模式下可以对路由器的配置文件进行管理,查看路由器的配置信息,进行网络的测试和调试等。特权模式提示符为 Red-Giant#。

全局配置模式属于特权模式的下一级模式,该模式下可以配置路由器的全局性参数,如主机名、登录信息等。在该模式下可以进入下一级的配置模式,对路由器具体的功能进行配置。全局模式提示符为 Red-Giant(config)#。

端口模式属于全局模式的下一级模式,该模式下可以对路由器的端口进行参数配置。Exit 命令是退回到上一级操作模式,end 命令是直接退回到特权模式。

路由器命令行支持获取帮助信息、命令的简写、命令的自动补齐、快捷键功能。配置路由器的设备名称和路由器的描述信息必须在全局配置模式下执行。

- Hostname 配置路由器的设备名称即命令提示符的前部分信息。

当用户登录路由器时,可能需要告诉用户一些必要的信息。可以通过设置标题达到这个目的。可以创建两种类型的标题:每日通知和登录标题。

- Banner motd 配置路由器每日提示信息 motd message of the day。
- Banner login 配置路由器远程登录提示信息,位于每日提示信息之后。

锐捷路由器接口 FastEthernet 接口默认情况下是 10Mbps/100Mbps 自适应端口,双工模式也为自适应。

在路由器的物理端口可以灵活配置带宽,但最大值为该端口的实际物理带宽。

查看路由器的系统和配置信息命令要在特权模式下执行。

- Show version 查看路由器的版本信息,可以查看到路由器的硬件版本信息和软件版本信息,用于进行路由器操作系统升级时的依据。
- Show ip route 查看路由表信息。
- Show running-config 查看路由器当前生效的配置信息。

17.2 实验目的

理解路由器的工作原理,掌握路由器的基本操作。

17.3 实验设备及环境

17.3.1 实验背景描述

你是某公司新进的网管,公司要求你熟悉网络产品,公司采用全系列锐捷网络产品,首先要求登录路由器,了解、掌握路由器的命令行操作,进行路由器设备名的配置,配置路由器登录时的描述信息,对路由器的端口配置基本的参数。

17.3.2 实验需求分析

将计算机的 Com 口和路由器的 Console 口通过 Console 线缆连接起来，使用 Windows 提供的超级终端工具进行连接，登录路由器的命令行界面进行配置。

17.3.3 实验拓扑结构

实验拓扑结构如图 17-1 所示。

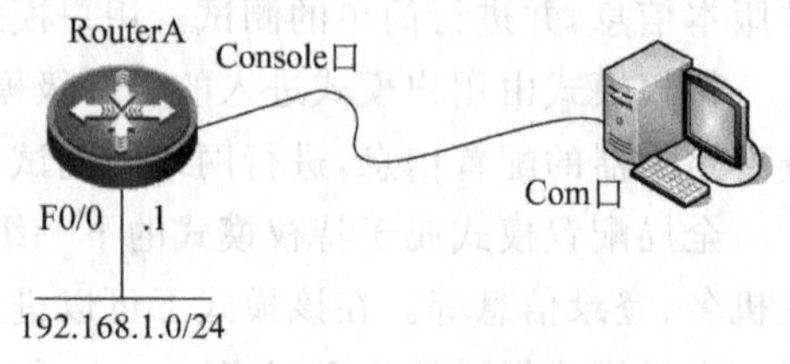

图 17-1 实验拓扑图

17.3.4 实验设备

路由器 1 台；

计算机 1 台。

17.4 实验内容及步骤

17.4.1 实验步骤

1. 路由器命令行的基本功能

```
RSR20>?
  !使用?显示当前模式下所有可执行的命令
Exec commands:
<1-99>Session number to resume
disable Turn off privileged commands
disconnect Disconnect an existing network connection
enable Turn on privileged commands
exit Exit from the EXEC
help Description of the interactive help system
lock Lock the terminal
ping Send echo messages
ping6 ping6
show Show running system information
start-terminal-service Start terminal service
telnet Open a telnet connection
traceroute Trace route to destination
RSR20>e?
enable exit
  !显示当前模式下所有以 e 开头的命令
RSR20>en<tab>
  !按键盘的 Tab 键自动补齐命令，路由器支持命令的自动补齐
RSR20>enable
  !使用 enable 命令从用户模式进入特权模式
RSR20#copy?
  !显示 copy 命令后可执行的参数
flash: Copy from flash: file system
```

```
running-config Copy from current system configuration
startup-config Copy from startup configuration
tftp: Copy from tftp: file system
xmodem: Copy from xmodem: file system
RSR20#copy
%Incomplete command.
 !提示命令未完,必须附带可执行的参数
RSR20#conf t
 !路由器支持命令的简写,该命令代表 configure terminal
 !进入路由器的全局配置模式
Enter configuration commands,one per line. End with CNTL/Z.
RSR20(config)#interface fastEthernet 0/0
 !进入路由器端口 Fa0/0 的接口配置模式
RSR20(config-if)#
RSR20(config-if)#exit
 !使用 exit 命令返回上一级的操作模式
RSR20(config)#interface fastEthernet 0/0
RSR20(config-if)#end
 !使用 end 命令直接返回特权模式
RSR20#
RSR20(config)#interface fastEthernet 0/0
RSR20(config-if)#^Z
 !使用快捷键 ctrl+Z 直接退回到特权模式
RSR20#
RSR20#ping 1.1.1.1
Sending 5,100-byte ICMP Echoes to 1.1.1.1,timeout is 2 seconds:
<press Ctrl+C to break>
..^C
Success rate is 0 percent (0/3)
```

!在路由器特权模式下执行 ping 1.1.1.1 命令,发现不能 ping 通目标地址,路由器默认情况下需要发送 5 个数据包,若不想等到 5 个数据包均不能 ping 通目标地址时才认为目的地址不可到达,可在数据包未发出 5 个之前通过快捷键 Ctrl+C 终止当前操作

2. 配置路由器的名称和每日提示信息

```
RSR20>enable
RSR20#configure terminal
Enter configuration commands,one per line. End with CNTL/Z.
RSR20(config)#hostname RouterA
 !将路由器的名称设置为 RouterA
RouterA(config)#
RouterA(config)#banner motd &
 !设置路由器的每日提示信息,motd 后面的参数为设置的终止符
Enter TEXT message. End with the character '&'.
Welcome to RouterA,if you are admin,you can config it.
If you are not admin,please EXIT.
```

```
&
RouterA(config)#
```

验证测试：

```
RouterA#exit
RouterA CON0 is now available
Press RETURN to get started
Welcome to RouterA,if you are admin,you can config it.
If you are not admin,please EXIT.
RouterA>
```

3. 配置路由器的接口并查看接口配置

```
RouterA#configure terminal
Enter configuration commands,one per line. End with CNTL/Z.
RouterA(config)#interface fastEthernet 0/0
 !进入端口 Fa0/0 的接口配置模式
RouterA(config-if)#ip address 192.168.1.1 255.255.255.0
 !配置接口的 IP 地址
RouterA(config-if)#no shutdown
 !开启该端口
RouterA(config-if)#end
RouterA#show interfaces fastEthernet 0/0
!查看端口 Fa0/0 的状态是否为 UP,地址配置和流量统计等信息
Index(dec):1 (hex):1
FastEthernet 0/0 is UP ,line protocol is UP
Hardware is MPC8248 FCC FAST ETHERNET CONTROLLER FastEthernet,address is 00d0.f86b.
3832 (bia 00d0.f86b.3832)
Interface address is: 192.168.1.1/24
ARP type: ARPA,ARP Timeout: 3600 seconds
MTU 1500 bytes,BW 100000 Kbit
Encapsulation protocol is Ethernet-II,loopback not set
Keepalive interval is 10 sec ,set
Carrier delay is 2 sec
RXload is 1 ,Txload is 1
Queueing strategy: FIFO
Output queue 0/40,0 drops;
Input queue 0/75,0 drops
Link Mode: 100M/Full-Duplex
5 minutes input rate 1 bits/sec,0 packets/sec
5 minutes output rate 1 bits/sec,0 packets/sec
1 packets input,60 bytes,0 no buffer,0 dropped
Received 1 broadcasts,0 runts,0 giants
0 input errors,0 CRC,0 frame,0 overrun,0 abort
1 packets output,42 bytes,0 underruns ,0 dropped
0 output errors,0 collisions,2 interface resets
```

4. 查看路由器的配置

```
RouterA# show version
 !查看路由器的版本信息
System description : Ruijie Router(RSR20-04) by Ruijie Network
System start time : 2009-8-16 5:37:38
System hardware version: 1.01
 !硬件版本号
System software version: RGNOS 10.1.00(4),Release(18443)
 !软件版本号
System boot version: 10.2.24515
System serial number: 1234942570135
RouterA# show ip route
 !查看路由表信息
Codes: C -connected,S -static,R -RIP B -BGP
O -OSPF,IA -OSPF inter area
N1 -OSPF NSSA external type 1,N2 -OSPF NSSA external type 2
E1 -OSPF external type 1,E2 -OSPF external type 2
i -IS-IS,L1 -IS-IS level-1,L2 -IS-IS level-2,ia -IS-IS inter area
 * -candidate default

Gateway of last resort is no set
C 192.168.1.0/24 is directly connected,FastEthernet 0/0
C 192.168.1.1/32 is local host.
RouterA# show running-config
 !查看路由器当前生效的配置信息
Building configuration...
Current configuration : 540 bytes
!
version RGNOS 10.1.00(4),Release(18443)(Tue Jul 17 20:50:30 CST 2007 -ubulserver)
hostname RouterA
!
!
interface FastEthernet 0/0
ip address 192.168.1.1 255.255.255.0
duplex auto
speed auto
!
interface FastEthernet 0/1
duplex auto
speed auto
!
line con 0
line aux 0
line vty 0 4
```

```
login
!
banner motd ^C
Welcome to RouterA,if you are admin,you can config it.
If you are not admin,please EXIT.
^C
!
End
```

17.4.2 注意事项

(1) 命令行操作进行自动补齐或命令简写时,要求所简写的字母必须能够唯一区别该命令。如 Red-Giant# conf 可以代表 configure,但 Red-Giant#co 无法代表 configure,因为 co 开头的命令有两个 copy 和 configure,设备无法区别。

(2) 注意区别每个操作模式下可执行的命令种类。路由器不能跨模式执行命令。

(3) 配置设备名称的有效字符是 22 个字节。

(4) 配置每日提示信息时,注意终止符不能在描述文本中出现。如果输入结束的终止符后仍然输入字符,则这些字符将被系统丢弃。

(5) Serial 接口正常的端口速率最大是 2.048Mb/s(2000Kb/s)。

(6) Show interface 和 show ip interface 之间的区别。

(7) Show running-config 是查看当前生效的配置信息。Show startup-config 是查看保存在 NVRAM 里的配置文件信息。

(8) 路由器的配置信息全部加载在 RAM 里生效。路由器在启动过程中是将 NVRAM 里的配置文件加载到 RAM 里生效的。

17.5 思考题

(1) 简述路由器的工作原理。

(2) 路由器的命令行操作模式主要包括哪几种?

实验 18　WLAN 的组建

18.1　实验背景知识

无线局域网络（Wireless Local Area Networks，WLAN）是相当便利的数据传输系统，它利用射频（Radio Frequency，RF）的技术，取代旧式碍手碍脚的双绞铜线（Coaxial）所构成的局域网络，使得无线局域网络能利用简单的存取架构让用户透过它，达到信息随身化、便利走天下的理想境界。

无线局域网的优点如下：

(1) 灵活性和移动性。在有线网络中，网络设备的安放位置受网络位置的限制，而无线局域网在无线信号覆盖区域内的任何一个位置都可以接入网络。无线局域网另一个最大的优点在于其移动性，连接到无线局域网的用户可以移动且能同时与网络保持连接。

(2) 安装便捷。无线局域网可以免去或最大限度地减少网络布线的工作量，一般只要安装一个或多个接入点设备，就可建立覆盖整个区域的局域网络。

(3) 易于进行网络规划和调整。对于有线网络来说，办公地点或网络拓扑的改变通常意味着重新建网。重新布线是一个昂贵、费时、浪费和琐碎的过程，无线局域网可以避免或减少以上情况的发生。

(4) 故障定位容易。有线网络一旦出现物理故障，尤其是由于线路连接不良而造成的网络中断，往往很难查明，而且检修线路需要付出很大的代价。无线网络则很容易定位故障，只需更换故障设备即可恢复网络连接。

(5) 易于扩展。无线局域网有多种配置方式，可以很快从只有几个用户的小型局域网扩展到上千用户的大型网络，并且能够提供节点间"漫游"等有线网络无法实现的特性。由于无线局域网有以上诸多优点，因此其发展十分迅速。最近几年，无线局域网已经在企业、医院、商店、工厂和学校等场合得到了广泛的应用。

无线局域网的不足之处：无线局域网在能够给网络用户带来便捷和实用的同时，也存在着一些缺陷。无线局域网的不足之处体现在以下几个方面：

(1) 性能。无线局域网是依靠无线电波进行传输的。这些电波通过无线发射装置进行发射，而建筑物、车辆、树木和其他障碍物都可能阻碍电磁波的传输，所以会影响网络的性能。

(2) 速率。无线信道的传输速率与有线信道相比要低得多。目前，无线局域网的最大传输速率为 54Mb/s，只适合于个人终端和小规模网络应用。

(3) 安全性。本质上无线电波不要求建立物理的连接通道，无线信号是发散的。从理论上讲，很容易监听到无线电波广播范围内的任何信号，造成通信信息泄漏。

18.2 实验目的

掌握接入访问点/无线路由器和 WLAN 客户端的安装与配置。

18.3 实验设备及环境

18.3.1 实验设备

安装有 802.11g 无线网卡的 PC 2 台。

TL-WR642G 无线路由器 1 台。

18.3.2 实验拓扑结构

实验拓扑结构如图 18-1 所示。

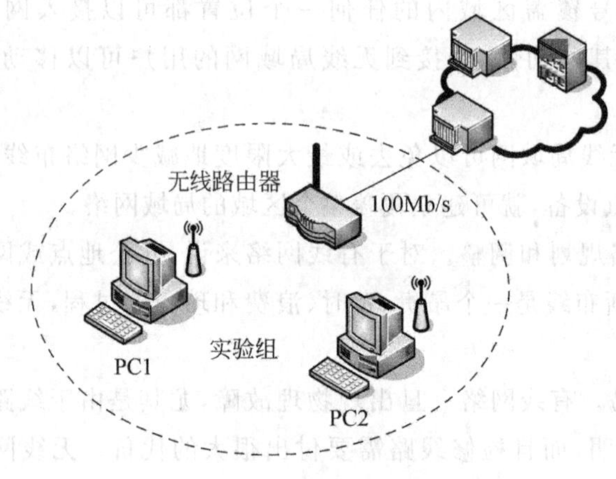

图 18-1 网络拓扑结构

18.4 实验内容及步骤

18.4.1 安装配置无线路由器

1. 硬件连接

使用一根双绞线电缆连接 TL-WR642G 到校园网：网线的一端插到 TL-WR642G 的 WAN 接口，另一端插到实验室墙上的网络插座。

使用另一根双绞线电缆连接 TL-WR642G 和 PC：网线的一端插到 TL-WR642G 的任意一个 LAN 接口，另一端插到 PC 背面的网络接口。

连接路由器的电源适配器，具体连接方式如图 18-2 所示。

2. 配置无线路由器

(1) 设置 PC 的 TCP/IP 属性如图 18-3 所示，其中 DNS 服务器地址是实验室的网关，可咨询实验指导教师。

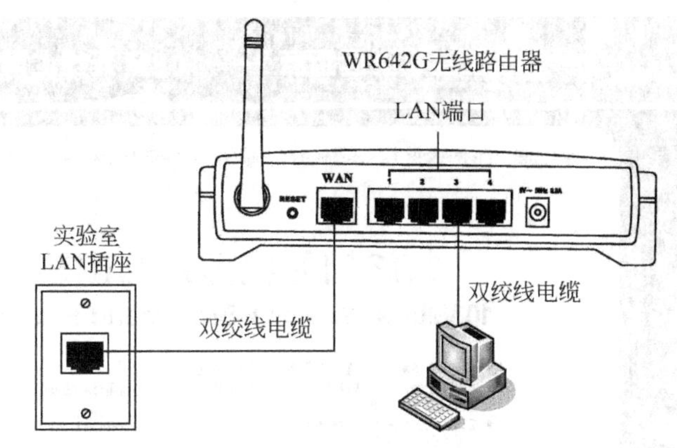

图 18-2　硬件连接

(2) 登录无线路由器

打开网络浏览器，在地址栏中输入 http://192.168.1.1，出现如图 18-4 所示的登录界面。输入用户名为 admin 和密码 admin。

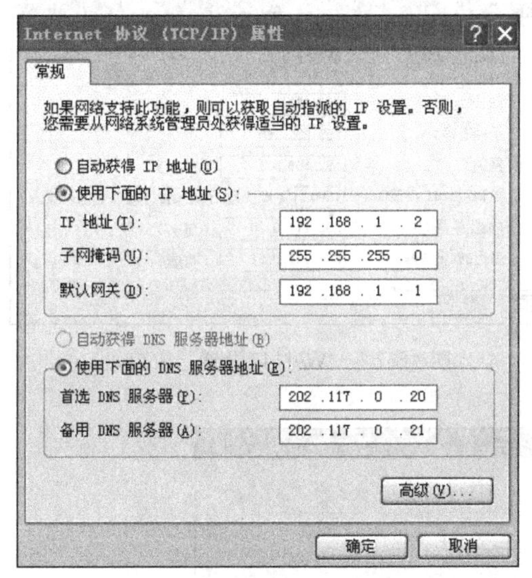

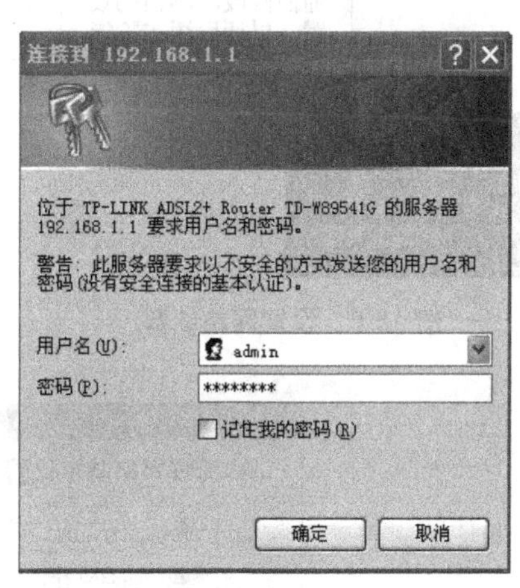

图 18-3　TCP/IP 属性

图 18-4　登录界面

单击"确定"按钮，出现如图 18-5 所示的管理界面。

(3) 在管理页面中设置 TL-WR642G 的网络参数、无线设置和 DHCP 服务

① 设置网络参数。

单击管理页面左面菜单中的"网络参数"项，展开下级菜单，如图 18-6 所示。

单击"WAN 口设置"项，进入 WAN 口设置界面，如图 18-7 所示，其中 DNS 服务器地址是实验室的网关，可咨询实验指导教师。

② 无线设置。

单击设置页面左面菜单中的"无线设置"项，展开下级菜单，单击下级菜单中的"基本设置"项，进入无线网络基本设置界面，如图 18-8 所示。

图 18-5　管理界面

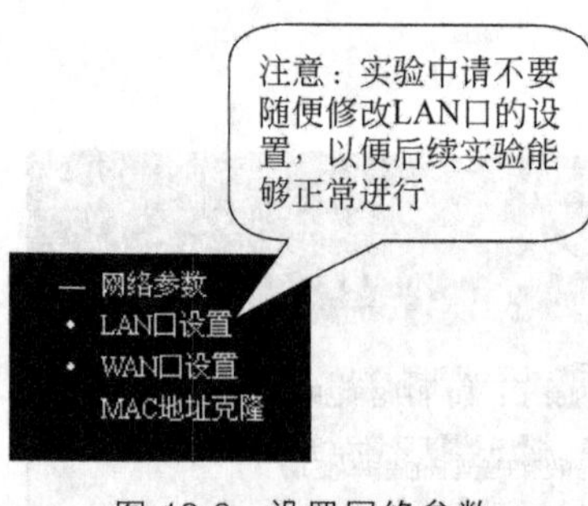

图 18-6　设置网络参数

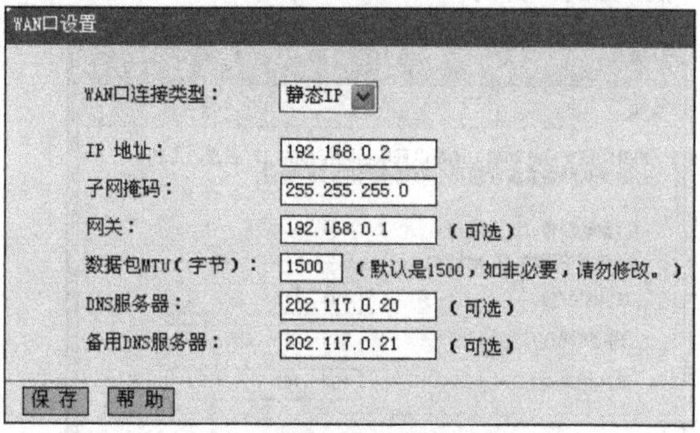

WAN口设置

WAN口连接类型：	静态IP
IP 地址：	192.168.0.2
子网掩码：	255.255.255.0
网关：	192.168.0.1　（可选）
数据包MTU（字节）：	1500　（默认是1500，如非必要，请勿修改。）
DNS服务器：	202.117.0.20　（可选）
备用DNS服务器：	202.117.0.21　（可选）

保 存　帮 助

图 18-7　“WAN 口设置”窗口

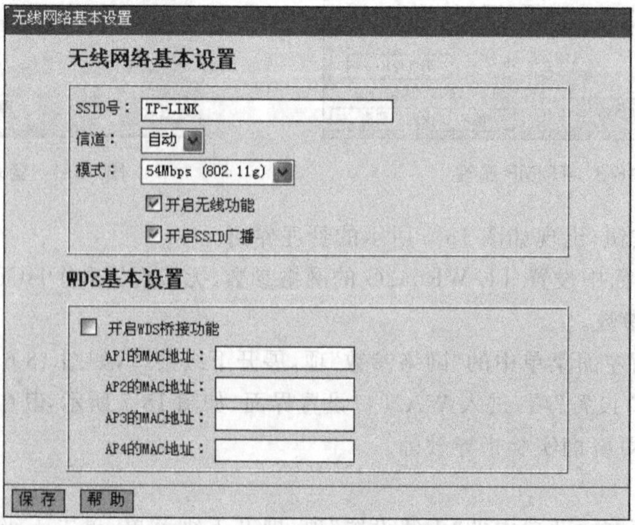

无线网络基本设置

无线网络基本设置

SSID号：TP-LINK

信道：自动

模式：54Mbps (802.11g)

☑ 开启无线功能

☑ 开启SSID广播

WDS基本设置

☐ 开启WDS桥接功能

AP1的MAC地址：

AP2的MAC地址：

AP3的MAC地址：

AP4的MAC地址：

保 存　帮 助

图 18-8　设置无线网络参数

③ 设置 DHCP 服务。

单击页面左面菜单中的“DHCP 服务器”项，展开下级菜单，单击下级菜单中的“DHCP 服务”项，进入 DHCP 服务设置界面，如图 18-9 所示。

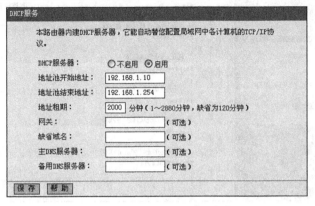

DHCP服务

本路由器内建DHCP服务器，它能自动替您配置局域网中各计算机的TCP/IP协议。

DHCP服务器： ○不启用 ⊙启用

地址池开始地址： 192.168.1.10

地址池结束地址： 192.168.1.254

地址租期： 2000 分钟（1～2880分钟，缺省为120分钟）

网关： （可选）

缺省域名： （可选）

主DNS服务器： （可选）

备用DNS服务器： （可选）

保 存 帮 助

图 18-9 设置 DHCP 服务参数

18.4.2 安装配置无线客户端

1. 配置 TCP/IP

(1) 选择“开始”→“控制面板”命令，选中“网络连接”项。

(2) 双击无线网络连接图标，在打开的窗口中单击“属性”按钮。

(3) 选中“Internet 协议(TCP/IP)”项，单击下面的属性按钮，设置了“自动获得 IP 地址”和“自动获得 DNS 服务器地址”。

(4) 单击“确定”按钮，退出。

2. 配置无线网络

(1) 在无线网络连接属性窗口中，切换至“无线网络配置”选项卡，选中“用 Windows 配置我的无线网络设置”复选框，如图 18-10 所示。

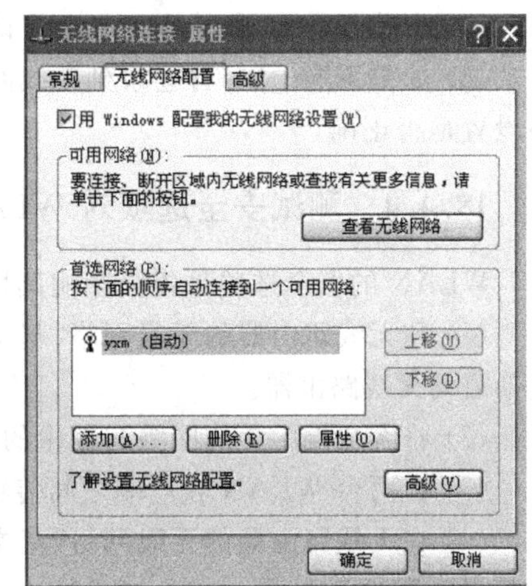

图 18-10 无线网络配置

(2) 单击“查看无线网络”按钮，在弹出的窗口中会显示当前存在的无线网络列表，如图 18-11 所示。双击刚才设置的无线网络，如 TP-LINK。这时计算机就开始连接所指定的无线网络，连接时会让你输入网络密钥，注意在输入时应与设置无线路由器时设置的“密钥内容”相一致，输入后单击“连接”按钮。连接后在该项的右边会显示“已连接上”。

18.4.3 测试 WLAN 是否能正常工作

通过以下方法能测试 WLAN 是否工作正常。

(1) 重新启动路由器。

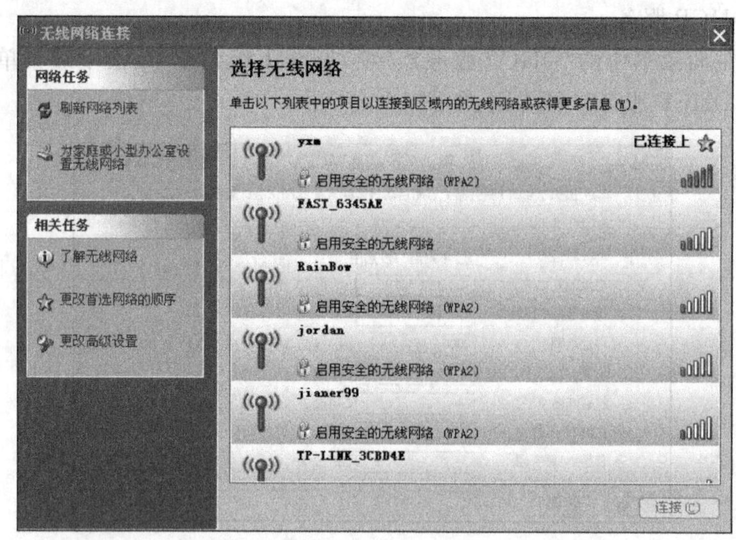

图 18-11 选择无线网络

(2) 打开无线客户端的计算机电源。

(3) 检查无线网络的连接情况(如果有多个无线网络,则须指定所要连接的是哪一个)。

(4) 待连接成功后,用以下方法检查 WLAN 是否工作正常:

① Ping 无线路由器的 IP 地址(192.168.1.1),看能否 Ping 通。

② 两台无线客户端互相 Ping 对方,看能否 Ping 通。

③ 若以上操作均成功,则启动网络浏览器。

(5) 浏览任意主页,检查 Internet 访问是否正常。

(6) 如果不能上网,再登录到无线路由器检查各参数是否设置正确,或检查客户端的网络设置是否正确。

18.4.4 测试安全选项对 WLAN 的性能影响

WLAN 的安全选项是否会影响其性能,可以通过以下方法进行实际测试:

(1) 在无线路由器的无线网络"基本设置"界面中选择"开启安全设置"否,然后保存并重新启动无线路由器。

(2) 将客户端的无线网络属性中的"加密类型"设置为"无"。

(3) 在两台 WLAN 客户端之间传输一个小文件(大小为 10MB 左右),记录传输时间。

(4) 在无线路由器的无线网络"基本设置"界面中不选择"开启安全设置",然后保存并重新启动无线路由器。

(5) 将客户端的无线网络属性中的"加密类型"设置为 WEP。

(6) 在两台 WLAN 客户端之间传输同一个文件,记录传输时间。

(7) 中等文件传输。步骤同上,但文件为 100MB 左右,记录两次传输时间。

(8) 大文件传输。步骤同上,但文件为 1GB 左右,记录两次传输时间。

(9) 将以上数据做成柱形图,并进行分析说明安全选项对传输性能的影响。

18.4.5 测试有线连接和无线连接的速度差异

本实验中的无线路由器符合 802.11g 标准，无线传输速率为 54Mb/s，即每秒可传输 6.75MB 的数据。同时路由器还提供了 4 个 10/100 Mb/s 的有线 LAN 接口。无线和有线两种连接方式之间的速度差异可以用以下方法进行测试：

(1) 按前述方法设置无线连接。

(2) 在两台客户机之间传输 1GB 大小的文件，记录传输时间。

(3) 在客户机上禁止无线连接，允许有线连接。将两台客户机用双绞线分别连接到无线路由器的 LAN 接口上，并分别设置有线连接的 TCP/IP 属性均为“自动获取”。

(4) 在两台客户机之间传输 1GB 大小的文件，记录传输时间。

(5) 根据以上数据计算有线连接和无线连接的实际传输速率，并进行分析。

18.5 实验思考题

(1) 在 SOHO 环境中，往往需要通过 ADSL Modem 连接广域网来实现因特网的访问。在这种环境下，无线路由器应怎样连接？画出相应的网络拓扑图。无线路由器的设置与实验中的环境相比需要做哪些改动？

(2) 在很多大学中，学校为每间学生宿舍都安装了一个网络接口，提供与校园网的连接。但如果宿舍中有多台计算机需要上网(现在笔记本计算机已经成为很多学生的标准配备，宿舍中可能也会有多台笔记本计算机需要上网)，网络接口数量就不能满足需求了。在此类环境中采用 WLAN 就是一个很好的解决方案。请参照本实验为你的宿舍设计一个 WLAN，让宿舍中的每台计算机都能共享一个网络接口同时上网。画出网络拓扑图，写出所有配置参数。

实验 19　防火墙的基本配置

19.1　实验背景知识

在传统情况下，当构筑和使用木结构房屋时，为防止火灾，人们将坚固的石块堆砌在房屋周围作为屏障，这种防护构筑物被称为防火墙。如今，人们借助这个概念，使用“防火墙”保护敏感的数据不被窃取和篡改，不过，这种防火墙是由先进的计算机系统构成的。防火墙犹如一道护栏隔在被保护的内部网与不安全的非信任网络之间，用来保护计算机网络免受非授权人员的骚扰与黑客的入侵。

防火墙可以是非常简单的过滤器，也可能是精心配置的网关，但它们的原理是一样的，都是监测并过滤所有内部网和外部网之间的信息交换。防火墙通常是运行在一台单独计算机上的一个特别的服务软件，它可以识别并屏蔽非法的请求，保护内部网络敏感的数据不被偷窃和破坏，并记录内外网通信的有关状态信息日志，如通信发生的时间和进行的操作等。

防火墙技术是一种有效的网络安全机制，主要用于确定哪些内部服务允许外部访问，以及允许哪些外部服务访问内部服务。其基本准则：一切未被允许的就是禁止的；一切未被禁止的就是允许的。

防火墙是建立在现代通信网络技术和信息安全技术基础上的应用性安全技术，并越来越多地应用于专用与公用网络的互联环境之中。

19.1.1　防火墙的作用

防火墙是不同网络或网络安全域之间信息的唯一出入口，能根据企业的安全策略控制(允许、拒绝、监测)出入网络的信息流，且本身具有较强的抗攻击能力，是提供信息安全服务，实现网络和信息安全的基础设施。在逻辑上，防火墙是一个分离器，一个限制器，也是一个分析器，有效地监控着内部网和外部网之间的任何活动，保证了内部网络的安全，其结构如图 19-1 所示。

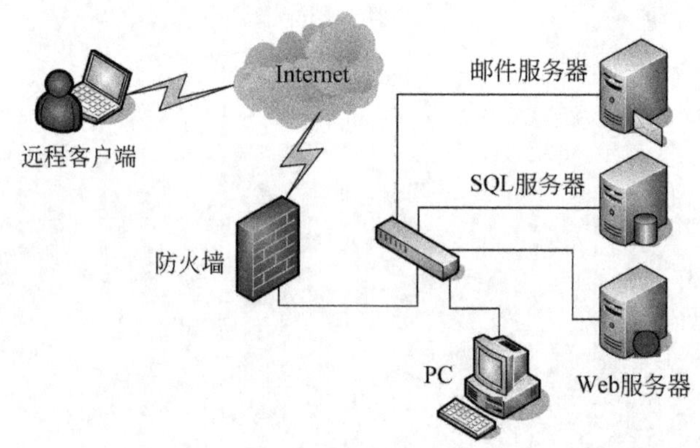

图 19-1　防火墙示意图

1. 防火墙是网络安全的屏障

由于只有经过精心选择的应用协议才能通过防火墙，所以防火墙(作为阻塞点、控制点)能极大地提高内部网络的安全性，并通过过滤不安全的服务而降低风险，使网络环境变得更安全。防火墙同时可以保护网络免受基于路由的攻击，如IP选项中的源路由攻击和ICMP重定向中的重定向路径等。

2. 防火墙可以强化网络安全策略

通过以防火墙为中心的安全方案配置，能将所有安全软件(如密码、加密、身份认证、审计等)配置在防火墙中。与将网络安全问题分散到各个主机中相比，防火墙的集中安全管理更经济。例如，在网络访问时，"一次一密"密码系统(即每一次加密都使用一个不同的密钥)和其他的身份认证系统完全可以集中于防火墙一身。

3. 对网络存取和访问进行监控审计

如果所有的访问都经过防火墙，那么，防火墙就能记录下这些访问并做出日志记录，同时也能提供网络使用情况的统计数据。当发生可疑动作时，防火墙能进行适当的报警，并提供网络是否受到监测和攻击的详细信息。另外，收集一个网络的使用和误用情况也是非常重要的，这样可以清楚防火墙是否能够抵挡攻击者的探测和攻击，清楚防火墙的控制是否充分。网络使用统计对网络需求分析和威胁分析等而言也是非常重要的。

4. 防止内部信息的外泄

通过利用防火墙对内部网络的划分，可实现内部网重点网段的隔离，从而限制局部重点或敏感网络安全问题对全局网络造成的影响。再者，隐私是内部网络非常关心的问题，一个内部网络中不引人注意的细节可能包含了有关安全的线索而引起外部攻击者的兴趣，甚至因此而暴露了内部网络的某些安全漏洞。使用防火墙就可以隐蔽那些透漏内部细节的服务，如Finger(用来查询使用者的资料)，DNS(域名系统)等服务。Finger显示了主机的所有用户的注册名、真名、最后登录时间和使用shell类型等。但是，Finger显示的信息非常容易被攻击者所获悉。攻击者可以由此而知道一个系统使用的频繁程度，这个系统是否有用户正在连线上网，这个系统是否在被攻击时引起注意等。防火墙可以同样阻塞有关内部网络中的DNS信息，这样一台主机的域名和IP地址就不会被外界所了解。除了安全作用，防火墙还支持具有因特网服务特性的企业内部网络技术体系VPN(虚拟专用网络)。

19.1.2 防火墙的种类

根据防范的方式和侧重点的不同，防火墙技术可分成很多类型，但总体来讲还是两大类：分组过滤和应用代理。

1. 包过滤或分组过滤技术(Packet Filtering)

该技术作用于网络层和传输层，通常安装在路由器上，对数据进行选择。它根据分组包头中的源地址、目的地址、端口号、协议类型(TCP/UDP/ICMP/IP tunnel)等标志，确定是否允许数据包通过。只有满足过滤逻辑的数据包才被转发到相应的目的地出口端，其余数据包则被从数据流中丢弃。

包过滤的优点是不用改动客户机和主机上的应用程序，因为它工作在网络层和传输层，与应用层无关。但其弱点也是明显的：据以过滤判别的只有网络层和传输层的有限信息，因而各种安全要求不可能得到充分满足；在许多过滤器中，过滤规则的数目是有限制的，且随着规则数目的增加，性能会受到很大影响；由于缺少上下文关联信息，不能有效地过滤如UDP、RPC一类的协议；另外，大多数过滤器中缺少审计和报警机制，且管理方式和用户界面较差；对安全管理人员素质要求高，因为建立安全规则时，必须对协议本身及其在不同应用程序中的作用有较深入的理解。因此，过滤器通常是和应用网关配合使用，共同组成防火墙系统。

2. 代理服务技术

代理服务技术也叫应用代理（Application Proxy）和应用网关（Application Gateway），作用在应用层，其特点是完全“阻隔”了网络通信流，通过对每种应用服务编制专门的代理程序，实现监视和控制应用层通信流的作用。与包过滤防火墙不同之处在于内部网和外部网之间不存在直接连接，同时提供审计和日志服务。实际中的应用网关通常由专用工作站实现，如图 19-2 所示。

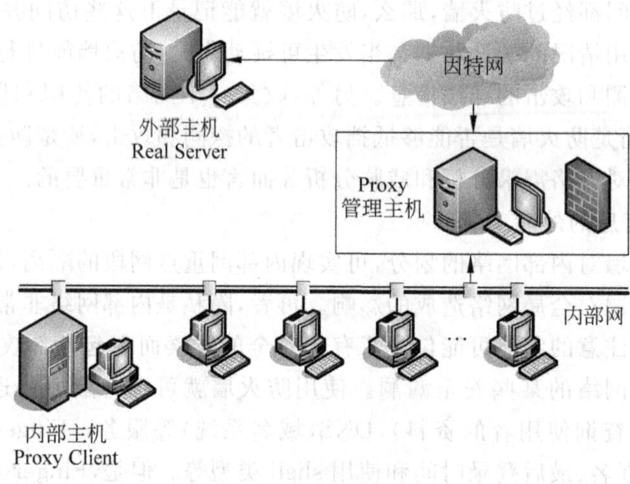

图 19-2　应用代理型防火墙

应用代理型防火墙是内部网与外部网的隔离点，工作在 OSI 模型的最高层，掌握着应用系统中可用作安全决策的全部信息，起着监视和隔绝应用层通信流的作用。同时也常结合过滤器的功能。

3. 复合型（混合型）技术

针对更高安全性的要求，常把基于包过滤的方法与基于应用代理的方法结合起来，形成复合型防火墙产品。所用主机称为堡垒主机，负责提供代理服务。这种结合通常有屏蔽主机和屏蔽子网这两种防火墙体系结构方案。

在屏蔽主机防火墙体系结构中，如图 19-3 所示，包过滤路由器或防火墙与因特网相连，同时一个堡垒主机安装在内部网络，通过在包过滤路由器或防火墙上过滤规则的设置，使堡垒主机成为因特网上其他节点所能到达的唯一节点，确保内部网络不受未授权外部用户的攻击。

在屏蔽子网防火墙体系结构中，如图 19-4 所示，堡垒主机放在一个子网（非军事区，DMZ）内，两个包过滤路由器放在这一子网的两端，使这一子网与因特网及内部网分离，堡垒主机和包过滤路由器共同构成了整个防火墙的安全基础。

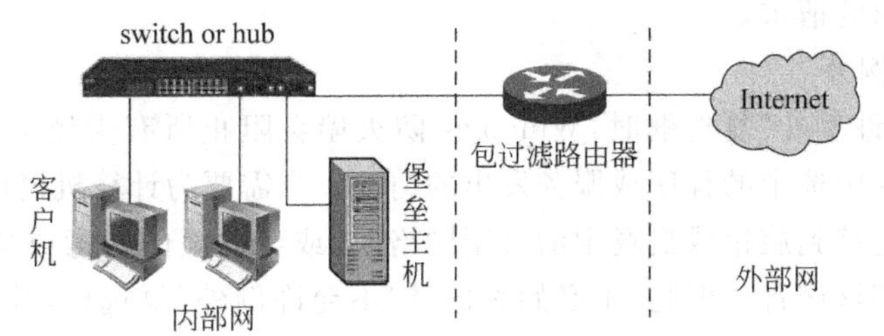

图 19-3　屏蔽主机防火墙

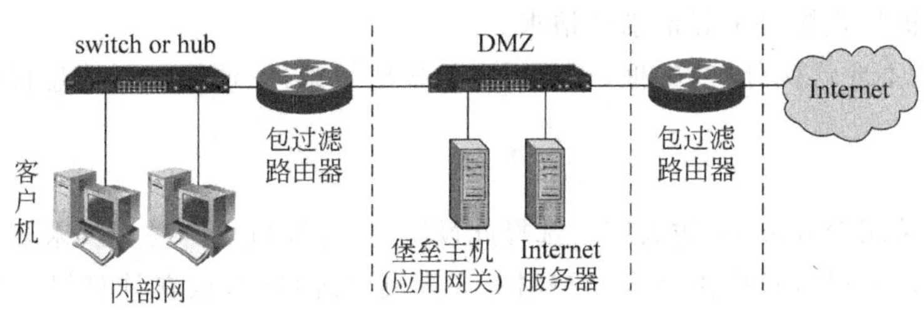

图 19-4　屏蔽子网防火墙

4. 审计技术

通过对网络上发生的各种访问过程进行记录和产生日志，并对日志进行统计分析，从而对资源使用情况进行分析，对异常现象进行追踪监视。

19.1.3　Windows 防火墙

Windows XP Service Pack 2(SP2)为连接到因特网上的小型网络提供了增强的防火墙安全保护。默认情况下，会启用 Windows 防火墙，以便帮助保护所有因特网和网络连接。用户还可以下载并安装自己选择的防火墙。用户可以将防火墙视为一道屏障，用来检查来自因特网或网络的信息，然后根据防火墙设置，拒绝信息或允许信息到达计算机，如图 19-5 所示。

图 19-5　Windows 防火墙的工作方式

当因特网或网络上的某人尝试连接到用户的计算机时，这种尝试称为“未经请求的请求”。当收到“未经请求的请求”时，Windows 防火墙会阻止该连接。如果运行的程序(如即时消息程序或多人网络游戏)需要从因特网或网络接收信息，那么防火墙会询问阻止连接还是取消阻止(允许)连接。如果选择取消阻止连接，Windows 防火墙将创建一个“例外”，这样当该程序日后需要接收信息时，防火墙就会允许信息到达用户的计算机。虽然可以为特定因特网连接和网络连接关闭 Windows 防火墙，但这样做会增加计算机安全性受到威胁的风险。

Windows 防火墙有 3 种设置：“开”、“开并且无例外”和“关”。

1. 开

Windows 防火墙在默认情况下处于打开状态，而且通常应当保留此设置不变。选择此设置时，Windows 防火墙阻止所有未经请求的连接，但不包括那些对“例外”选项卡中选中的程序或服务发出的请求。

2. 开并且无例外

当选中"不允许例外"复选框时，Windows 防火墙会阻止所有未经请求的连接，包括那些对"例外"选项卡中选中的程序或服务发出的请求。当需要为计算机提供最大限度的保护时(例如，当用户连接到旅馆或机场中的公用网络时，或当危险的病毒或蠕虫正在因特网上扩散时)，可以使用该设置。但是，不必始终选择"不允许例外"复选框，其原因在于，如果该选项始终处于选中状态，某些程序可能会无法正常工作，并且文件和打印机共享、远程协助和远程桌面、网络设备发现、例外列表上预配置的程序和服务以及已添加到例外列表中的其他项等服务会被禁止接受未经请求的请求。

如果选中"不允许例外"复选框，仍然可以收发电子邮件、使用即时消息程序或查看大多数网页。

3. 关

此设置将关闭 Windows 防火墙。选择此设置时，计算机更容易受到未知入侵者或因特网病毒的侵害。此设置只应由高级用户用于计算机管理目的，或在计算机有其他防火墙保护的情况下使用。

Windows 防火墙只阻截所有传入的未经请求的流量，对主动请求传出的流量不作理会。而第三方防火墙软件一般都会对两个方向的访问进行监控和审核，这一点是它们之间最大的区别。

Windows 防火墙能做到和不能做到的功能情况如表 19-1 所示。

表 19-1 Windows 防火墙的功能

能 做 到	不 能 做 到
阻止计算机病毒和蠕虫到达用户的计算机	检测或禁止计算机病毒和蠕虫(如果它们已经在用户的计算机上)。由于这个原因，还应该安装反病毒软件并及时进行更新，以防范病毒、蠕虫和其他安全威胁破坏用户的计算机或使用用户的计算机将病毒扩散到其他计算机
请求用户的允许，以阻止或取消阻止某些连接请求	阻止用户打开带有危险附件的电子邮件。不要打开来自不认识的发件人的电子邮件附件。即使用户知道并信任电子邮件的来源，仍然要格外小心。如果用户认识的某个人向用户发送了电子邮件附件，请在打开附件前仔细查看主题行。如果主题行比较杂乱或者用户认为没有任何意义，那么请在打开附件前向发件人确认
创建记录(安全日志)，可用于记录对计算机的成功连接尝试和不成功的连接尝试，可用作故障排除工具	阻止垃圾邮件或未经请求的电子邮件出现在用户的收件箱中。不过，某些电子邮件程序可以帮助用户做到这一点

19.2 实验目的

熟悉 Windows 防火墙的应用，了解简易防火墙的配置，掌握安全规则的建立方法。

19.3 实验设备及环境

装有 Windows XP 操作系统的 PC 一台，能正常运行的局域网。

19.4 实验内容及步骤

19.4.1 Windows 防火墙的应用

1. 启用 Windows 防火墙

(1) 选择菜单“开始”→“设置”→“控制面板”命令，打开“控制面板”窗口，然后双击其中的“Windows 防火墙”图标，打开“Windows 防火墙”对话框，如图 19-6 所示。

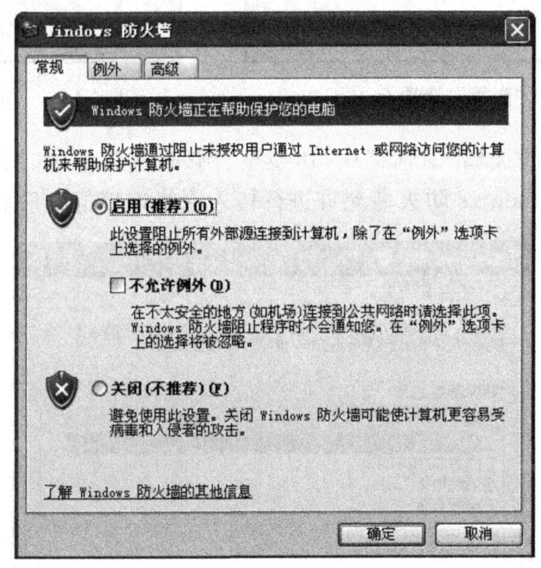

图 19-6 “Windows 防火墙”对话框

(2) 在“常规”选项卡中，选中“启用(推荐)”单选按钮。

2. 设置 Windows 防火墙允许 ping 命令运行

在默认情况下，Windows 防火墙是不允许 ping 命令运行的，即当本地计算机开启 Windows 防火墙时，在网络中的其他计算机上运行 ping 命令，向本地计算机发送数据包，本地计算机将不会应答，其他计算机上会出现 ping 命令的超时错误。如果要让 Windows 防火墙允许 ping 命令运行，需进行如下设置。

(1) 在“Windows 防火墙”对话框中，均换至“高级”选项卡，如图 19-7 所示。

(2) 单击 ICMP 选项组中的“设置”按钮，打开“ICMP 设置”对话框，选中“允许传入回显请求”复选框，如图 19-8 所示，再单击“确定”按钮。

3. 设置 Windows 防火墙允许 QQ 程序运行

在默认情况下，Windows 防火墙将阻止 QQ 程序的运行，如果要让 Windows 防火墙允许 QQ 程序运行，需进行如下设置。

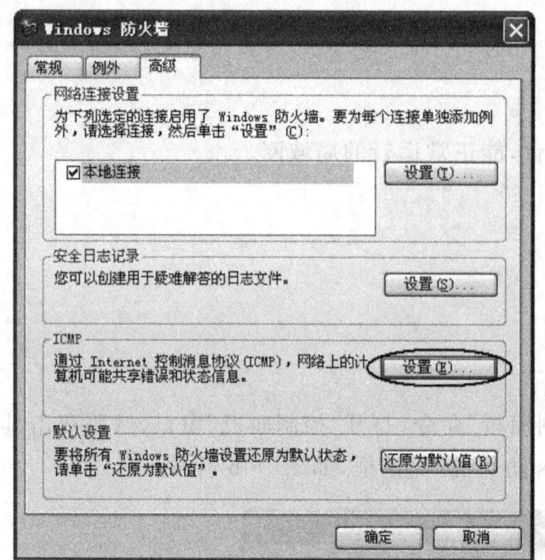

图 19-7 “高级”选项卡

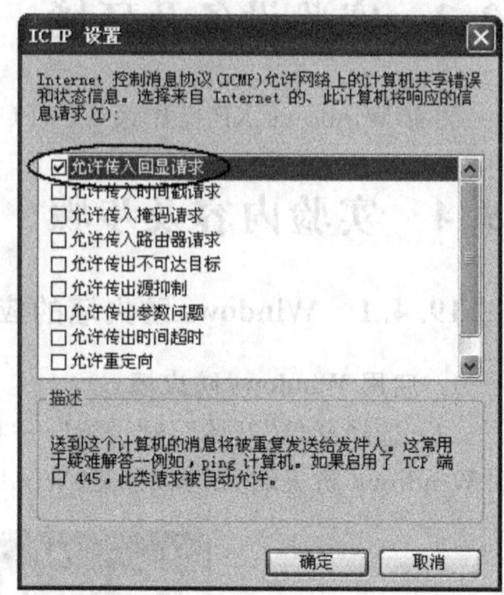

图 19-8 “ICMP 设置”对话框

（1）在“Windows 防火墙”对话框中，切换至“例外”选项卡，如图 19-9 所示，“程序和服务”列表框中列出了 Windows 防火墙允许进行传入网络连接的程序和服务。

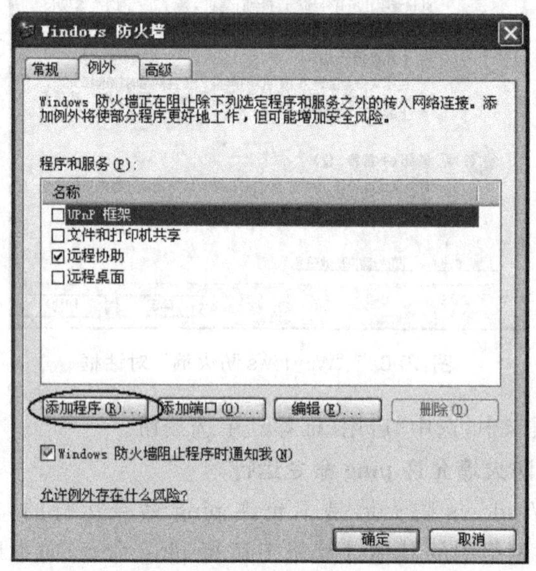

图 19-9 “例外”选项卡

（2）单击“添加程序”按钮，打开“添加程序”对话框，向下拖动垂直滚动条，找到并选中“腾讯 QQ2009”程序，如图 19-10 所示，再单击“确定”按钮。此时，“腾讯 QQ2009”程序已填入“例外”选项卡中的“程序和服务”列表框中了。

4. 启用安全记录

当 Windows 防火墙处于启动状态时，在默认情况下并不启用安全记录。但是，无论安全记录是否被启用，防火墙都能正常工作，而只有启用了 Windows 防火墙的连接才能使用日志记录功能。

(1) 在“Windows 防火墙”对话框中，切换至“高级”选项卡。

(2) 单击“安全日志记录”选项组中的“设置”按钮，打开“日志设置”对话框，选中“记录被丢弃的数据包”和“记录成功的连接”复选框，单击“确定”按钮，如图 19-11 所示。

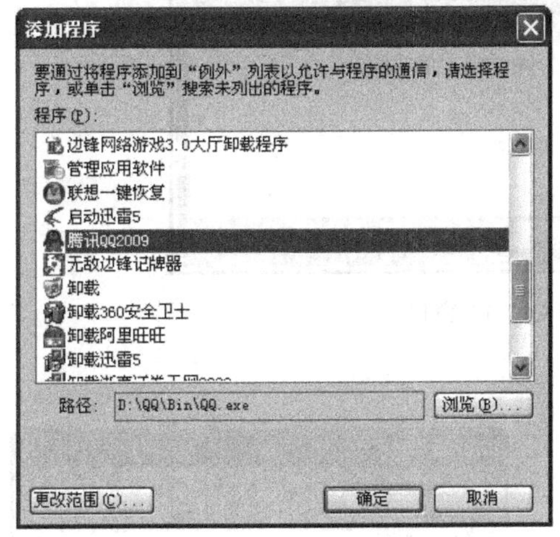

图 19-10 “添加程序”对话框

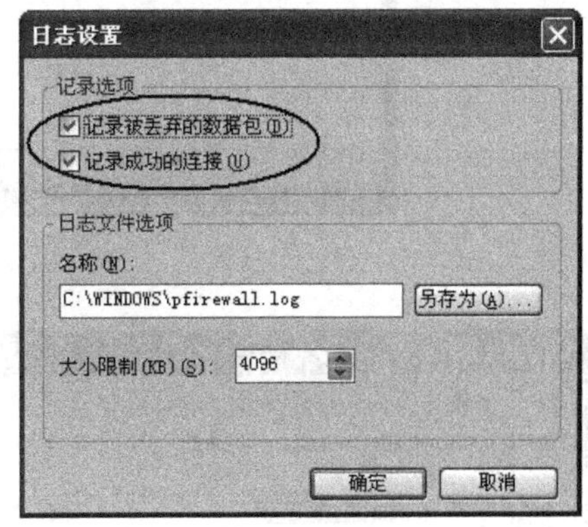

图 19-11 “日志设置”对话框

5. 查看安全日志

防火墙安全日志文件名为 pfirewall. log，存放在 Windows 文件夹中。但必须选中“记录被丢弃的数据包”或“记录成功的连接”复选框后，才能使 pfirewall. log 文件出现在 Windows 文件夹中。

(1) 在“Windows 防火墙”对话框中，切换至“高级”选项卡。

(2) 单击“安全日志记录”选项组中的“设置”按钮，打开“日志设置”对话框。

(3) 单击“另存为”按钮，在打开的“另存为”对话框中找到并右击 pfirewall. log 文件，在弹出的快捷菜单中选择“打开”命令，即可查看安全日志。

说明：如果超过了 pfirewall. log 可允许的最大大小(4096 KB)，则日志文件中原有的信息将转移到一个新文件中，并用文件名 pfirewall. log. old 进行保存。新的信息将保存在 pfirewall. log 文件中。

19.4.2 简易防火墙的配置

下面尝试在 Windows XP Professional 上学习配置简易的防火墙。

1. 添加 IP 安全策略管理

(1) 选择菜单“开始”→“运行”命令，在“运行”对话框的“打开”文本框中输入 mmc，单击“确定”按钮，打开“控制台 1”窗口，如图 19-12 所示，其中包含了“控制台根节点”窗口。

(2) 在“控制台 1”窗口的“文件”菜单中选择“添加/删除管理单元”命令，打开“添加/删除管理单元”对话框，如图 19-13 所示。

(3) 在“独立”选项卡“将管理单元添加到”下拉列表框中，选择“控制台根节点”选项，然后单击“添加”按钮，打开“添加独立管理单元”对话框，如图 19-14 所示。

(4) 在“可用的独立管理单元”列表框中选择“IP 安全策略管理”选项，然后单击“添加”按钮，打开“选择计算机或域”对话框，如图 19-15 所示。在其中选择“本地计算机”单选按钮，再单击“完成”按钮，返回“添加独立管理单元”对话框。

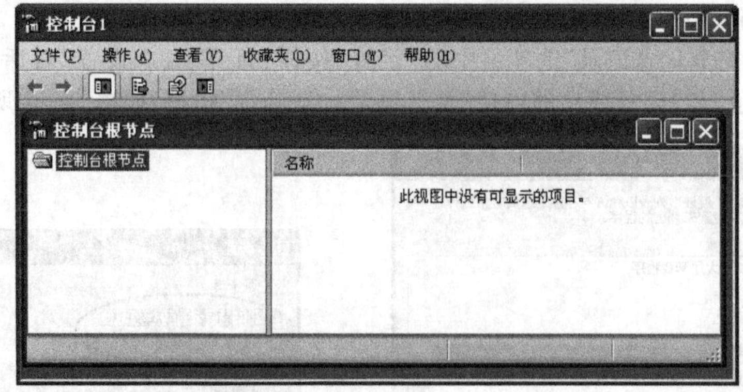

图 19-12 “控制台 1”窗口

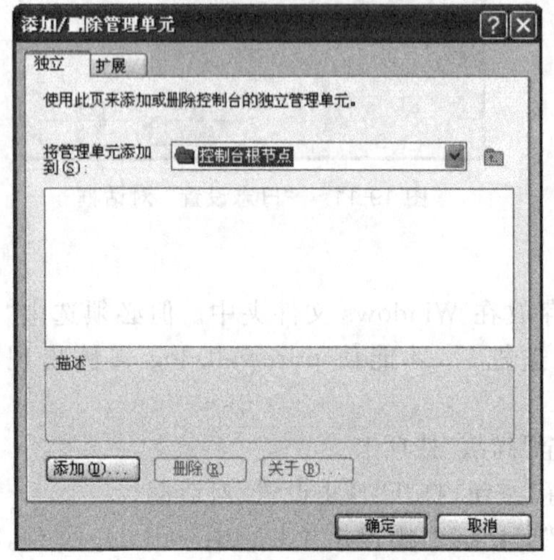

图 19-13 “添加/删除管理单元”对话框

图 19-14 “添加独立管理单元”对话框

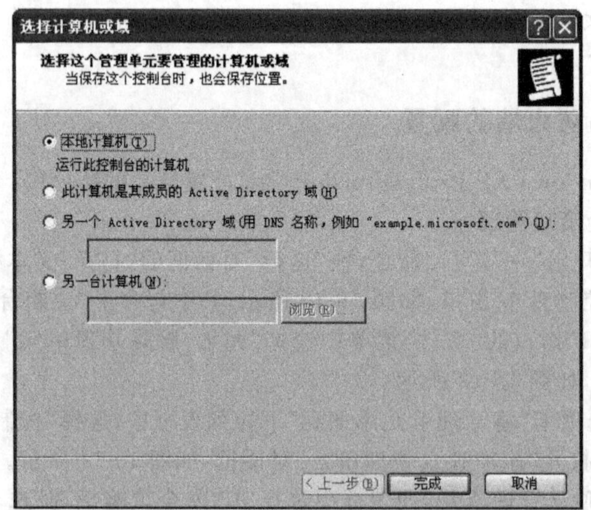

图 19-15 “选择计算机或域”对话框

(5) 单击“关闭”按钮,返回“添加/删除管理单元”对话框。

(6) 单击“确定”按钮,返回“控制台 1”窗口,完成“IP 安全策略,在本地计算机”的设置。

2. 添加 IP 筛选器表

在本机中添加一个能对指定 IP 地址(192.168.14.1)进行筛选的 IP 筛选器表。

(1) 在“控制台 1”窗口的“控制台根节点”窗口中,右击左窗格中的“IP 安全策略,在本地计算机”选项,从快捷菜单中选择“管理 IP 筛选器表和筛选器操作”命令,打开“管理 IP 筛选器表和筛选器操作”对话框,如图 19-16 所示,单击“添加”按钮。

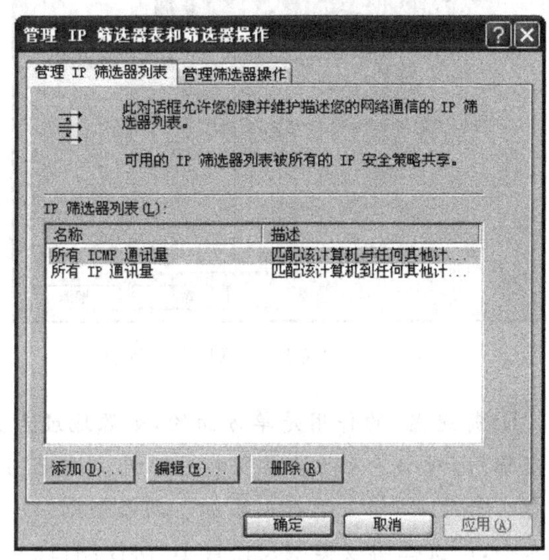

图 19-16 “管理 IP 筛选器表和筛选器操作”对话框

(2) 在打开的“IP 筛选器列表”对话框中,输入此 IP 筛选器的名称和描述。例如:“名称”为“屏蔽特定 IP”,“描述”为“屏蔽 192.168.14.1”,并取消选择“使用‘添加向导’”复选框,如图 19-17 所示,然后单击“添加”按钮。

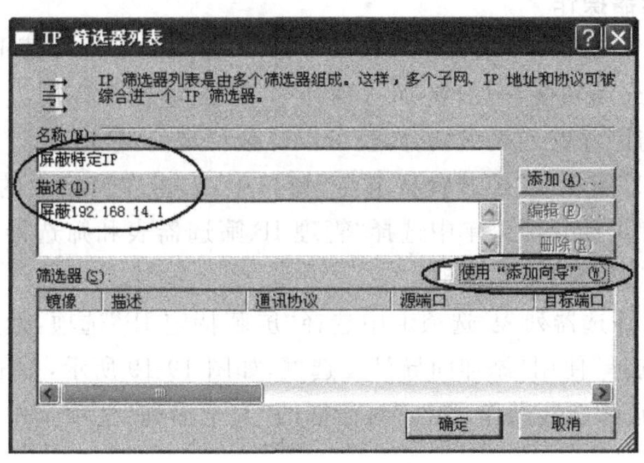

图 19-17 “IP 筛选器列表”对话框

(3) 在打开的“筛选器 属性”对话框中切换至“寻址”选项卡,在“源地址”和“目标地址”下拉列表框中分别选择“我的 IP 地址”和“一个特定的 IP 地址”选项。在“IP 地址”文本框中输入要屏蔽的 IP 地址，如 192.168.14.1，如图 19-18 所示。

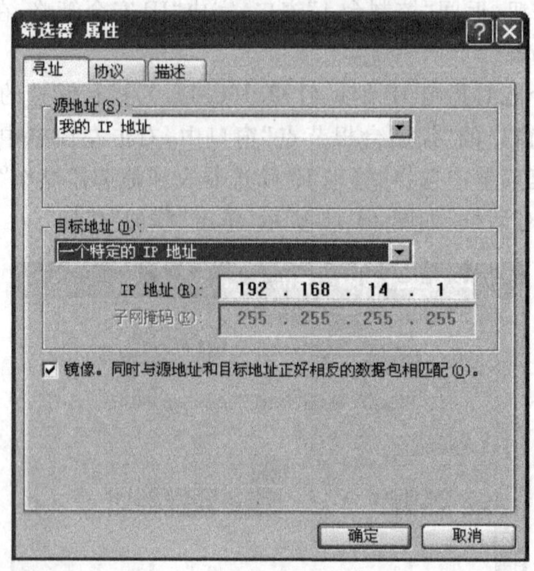

图 19-18 "筛选器 属性"对话框

说明：默认情况下，"IP 筛选器"的作用是单方面的，如源地址为 A，目标地址为 B，则防火墙只对 A→B 的流量起作用，对 B→A 的流量则略过不计。选中"镜像"复选框，则防火墙对 A←→B 的双向流量都进行处理(相当于一次添加了两条规则)。

(4) 在"协议"选项卡中，可选择协议类型及设置 IP 协议端口。

(5) 在"描述"选项卡的"描述"文本框中，可输入描述文字，作为筛选器的详细说明。

(6) 然后，单击"确定"按钮，返回"IP 筛选器列表"对话框，单击"确定"按钮，返回"管理 IP 筛选器表和筛选器操作"对话框，"屏蔽特定 IP"被填入了"IP 筛选器列表"列表中。

(7) 单击"关闭"按钮，完成本次操作。

3. 添加 IP 筛选器操作

前面操作将一个虚拟的 C 类网址 192.168.14.1 加入到了待屏蔽 IP 列表中，但它只是一个列表项，没有防火墙功能，只有再加入动作后，才能够发挥作用。下面将建立一个"阻止"操作，通过操作与刚才的列表项结合，就可以屏蔽特定的 IP 地址。

(1) 在"控制台 1"窗口的"控制台根节点"窗口中，右击左窗格中的"IP 安全策略，在本地计算机"选项，在弹出的快捷菜单中选择"管理 IP 筛选器表和筛选器操作"命令，打开"管理 IP 筛选器表和筛选器操作"对话框。

(2) 在"管理 IP 筛选器列表"选项卡中选择"屏蔽特定 IP"选项，然后选择"管理筛选器操作"选项卡，取消选择"使用'添加向导'"复选框，如图 19-19 所示，单击"添加"按钮。

(3) 在打开的"新筛选器操作 属性"对话框的"安全措施"选项卡中，选择"阻止"单选按钮，如图 19-20 所示。

(4) 选择"常规"选项卡，在"名称"文本框中输入"阻止"，如图 19-21 所示。

(5) 单击"确定"按钮，此时"阻止"操作已填入到"筛选器操作"列表中了。

(6) 单击"关闭"按钮，完成本次操作。

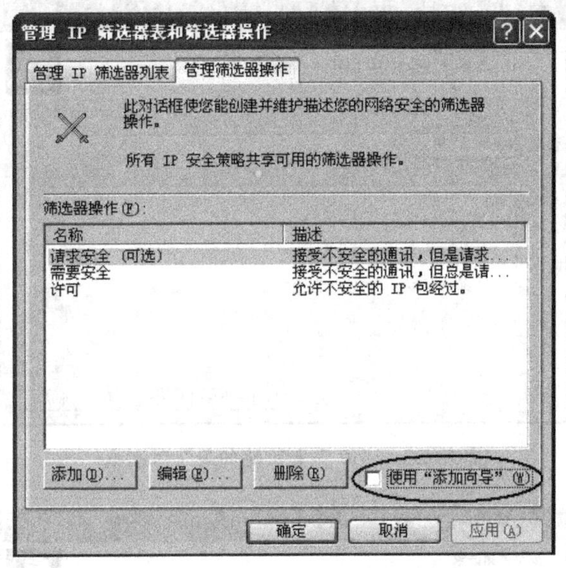

图 19-19 “管理筛选器操作”选项卡

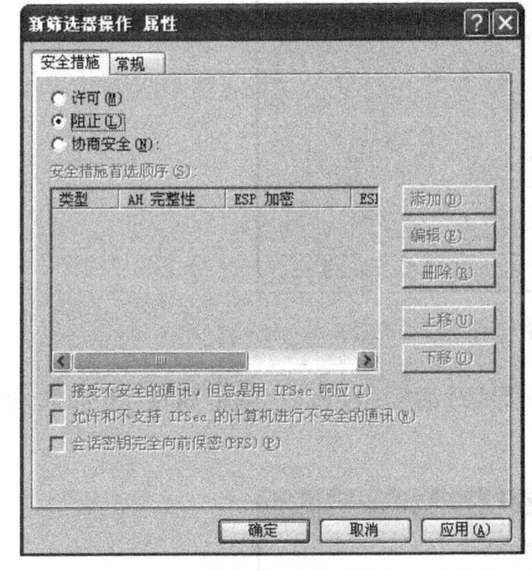

图 19-20 “新筛选器操作 属性”对话框

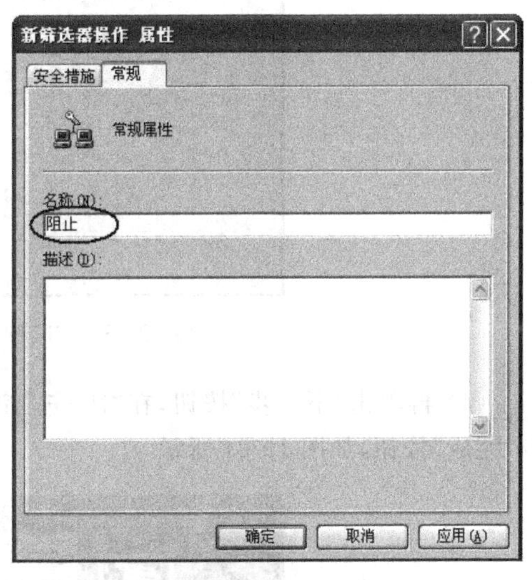

图 19-21 “常规”选项卡

4. 创建 IP 安全策略

筛选器表和筛选器操作已建立完毕，将它们结合起来发挥防火墙的作用。

(1) 返回“控制台 1”的“控制台根节点”窗口，右击“IP 安全策略，在本地计算机”选项，在弹出的快捷菜单中选择“创建 IP 安全策略”命令，打开“IP 安全策略向导”对话框之一，单击“下一步”按钮。

(2) 在“IP 安全策略向导”对话框的“名称”文本框中输入“我的安全策略”，如图 19-22 所示，还可以在“描述”文本框中输入对安全策略设置的描述。

(3) 单击“下一步”按钮，在继续显示的“IP 安全策略向导”对话框中，取消选择“激活默认响应规则”复选框，如图 19-23 所示。

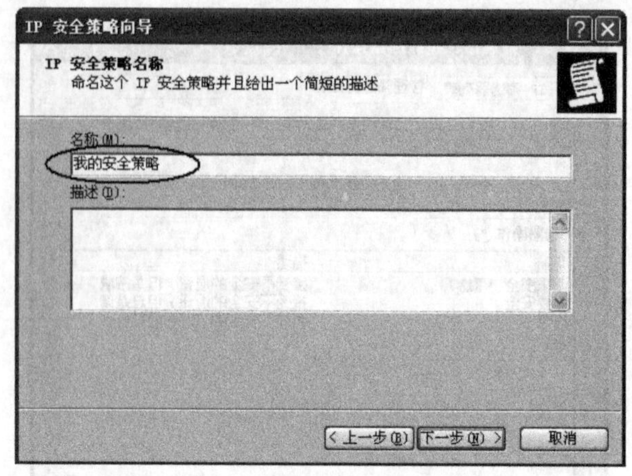

图 19-22 “IP 安全策略向导”对话框(1)

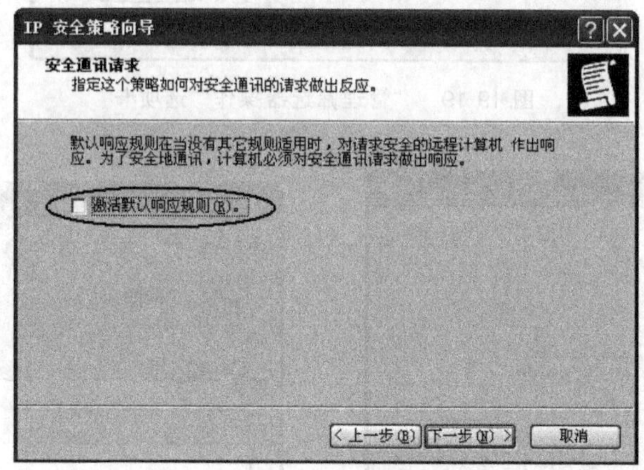

图 19-23 “IP 安全策略向导”对话框(2)

(4) 再单击“下一步”按钮，在“IP 安全策略向导”对话框中，选中“编辑属性”复选框，单击“完成”按钮，如图 19-24 所示。

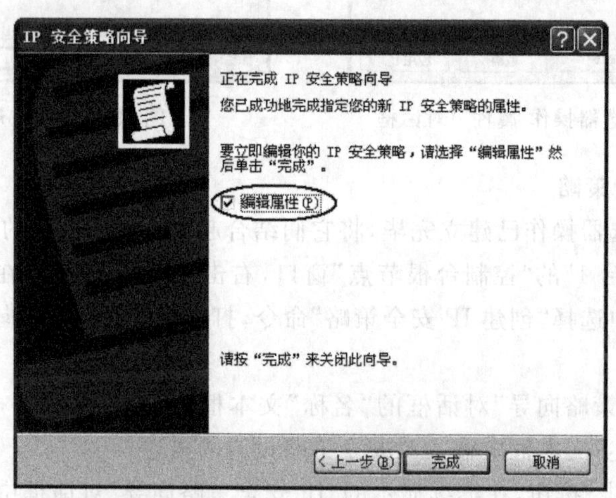

图 19-24 “IP 安全策略向导”对话框(3)

（5）在打开的“我的安全策略 属性”对话框中，选择“规则”选项卡，取消选择“使用‘添加向导’”复选框，如图 19-25 所示，再单击“添加”按钮，打开“新规则 属性”对话框，如图 19-26 所示。

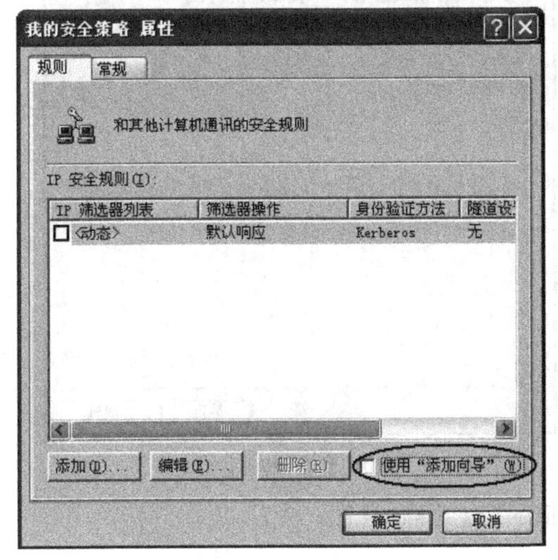

图 19-25 “我的安全策略 属性”对话框

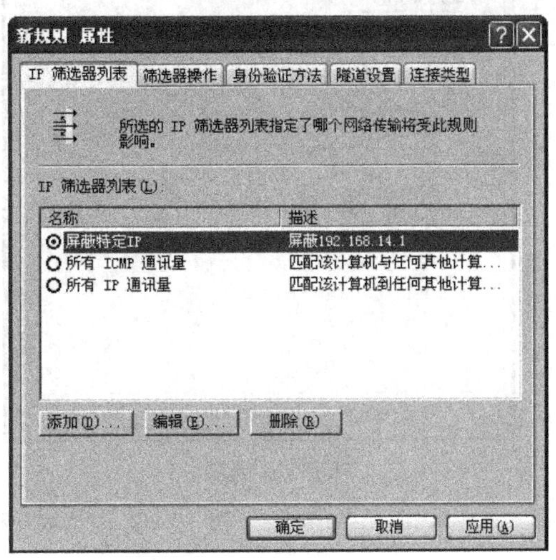

图 19-26 “新规则 属性”对话框

下面修改策略的属性，用筛选器表和筛选器操作建立规则。

（6）在“新规则属性”对话框的“IP 筛选器列表”选项卡中，选择新建立的 IP 筛选器（即“屏蔽特定 IP”）单选按钮；在“筛选器操作”选项卡中，选择“阻止”单选按钮；然后单击“确定”按钮，返回“我的安全策略属性”对话框，可以看到新规则已经建立。单击“关闭”按钮。至此，屏蔽特定 IP 的操作已完成。

5. 用 IP 筛选器屏蔽特定端口

下面建立一个名为“屏蔽 139 端口”的 IP 筛选器规则，关闭本机的 139 端口，然后结合上述任务添加的“阻止”动作进行设置。同样，也可以关闭其他端口。

（1）在“控制台 1”窗口的“控制台根节点”窗口中，右击左窗格中的“IP 安全策略，在本地计算机”选项，在弹出的快捷菜单中选择“管理 IP 筛选器表和筛选器操作”命令。

（2）在“管理 IP 筛选器表和筛选器操作”对话框中，单击“添加”按钮，在“IP 筛选器列表”对话框的“名称”文本框中，输入“屏蔽 139 端口”，继续单击“添加”按钮，打开“筛选器属性”对话框。

（3）在“筛选器 属性”对话框“寻址”选项卡的“源地址”下拉列表框中，选择“任何 IP 地址”项；在“目的地址”下拉列框中，选择“我的 IP 地址”项；取消“镜像”复选框，如图 19-27 所示。

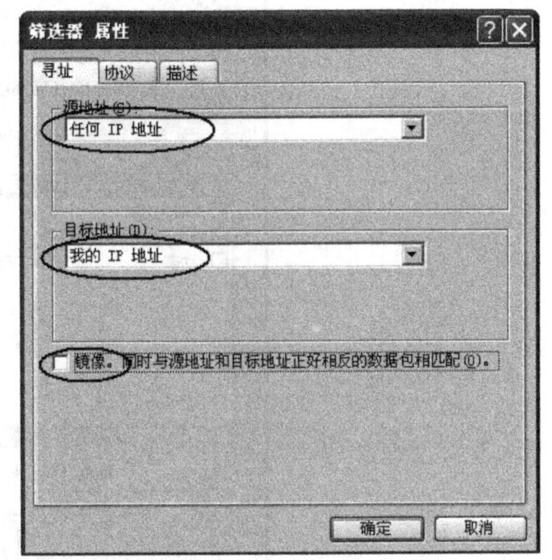

图 19-27 “寻址”选项卡

“筛选器 属性”对话框中的“协议”选项卡和“描述”选项卡，可参考图 19-28 进行设置。

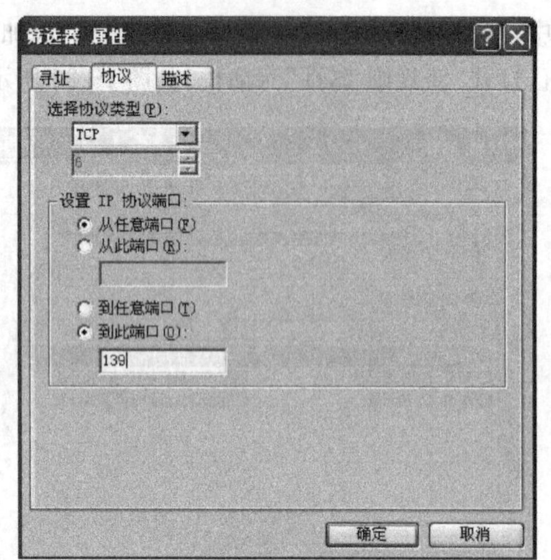

(a)“协议”选项卡

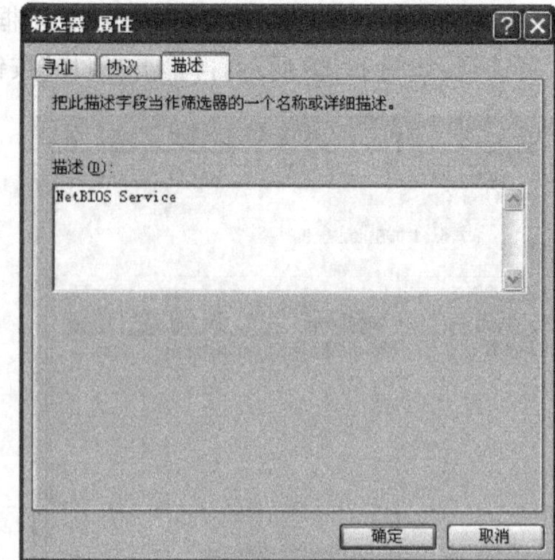

(b)“描述”选项卡

图 19-28 “协议”和“描述”选项卡的设置

(4) 单击“确定”按钮,返回“IP 筛选器列表”对话框,再单击“确定”按钮,返回“管理 IP 筛选器表和筛选器操作”对话框,可以看到“屏蔽 139 端口”已建立完成。单击“关闭”按钮。

6. 应用 IP 安全策略规则

(1) 在“控制台 1”窗口的“控制台根节点”窗口中,右击右窗格中新建立的“我的安全策略”选项,在弹出的快捷菜单中选择“属性”命令,打开“我的安全策略 属性”对话框,单击“添加”按钮,打开“新规则属性”对话框。

(2) 在“IP 筛选器列表”选项卡中,选择新建立的 IP 筛选器(即“屏蔽 139 端口”)单选按钮;在“筛选器操作”选项卡中,选择“阻止”单选按钮;然后单击“确定”按钮,返回“我的安全策略属性”对话框,可以看到新规则已经建立。至此,共有两条安全规则(“屏蔽特定 IP”和“屏蔽 139 端口”)已经建立,如图 19-29 所示。单击“关闭”按钮,返回“控制台 1”窗口。

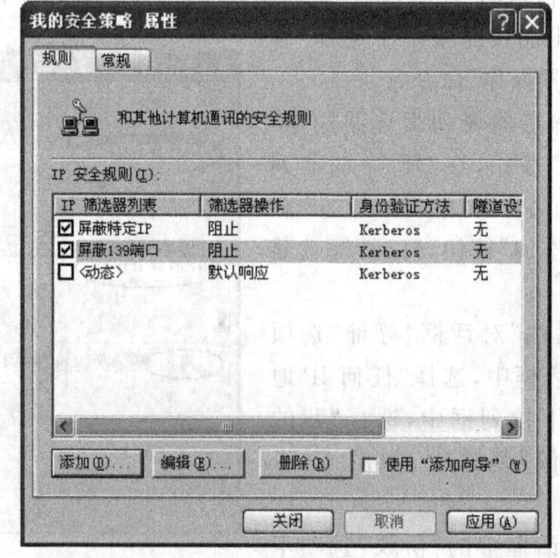

图 19-29 “规则”选项卡

(3) 在“控制台 1”窗口的“控制台根节点”窗口中,右击右窗格中的“我的安全策略”选项,在弹出的快捷菜单中选择“指派”命令。

(4) 右击左窗格中的“IP 安全策略,在本地计算机”选项,在弹出的快捷菜单中选择“所有任务”→“导出策略”命令,备份所设置的安全策略。同样,也可以使用“导入策略”命令恢复。

19.5 思考题

(1) 防火墙的主要作用是什么?

(2) 防火墙有哪些种类,各有何特点?

第 3 部分

综　合　篇

实验 20　路由器中 NAT 的基本配置

20.1　实验背景知识

网络地址转换技术(Network Address Translation,NAT)可以使一个机构内的所有用户通过有限个数合法 IP 地址访问 Internet,从而节省 Internet 上的合法 IP 地址;另一方面,通过地址转换,可以隐藏内网上主机的真实 IP 地址,从而提高网络安全性。

在 NAT 中,有 4 个术语是必须正确理解的,分别是 Inside,Outside,Local,Global。这些术语中,Inside 是指那些由机构或企业内部拥有的内部网络,这些网络通常分配了私有地址,这些地址不能直接在 Internet 上路由,从而也就不能直接用于对 Internet 的访问,必须通过网络地址转换,以合法 IP 身份来访问 Internet。前者即是 Inside Local 地址,后者即是 Inside Global 地址。Local 地址即不能在 Internet 上面通信的地址;Global 地址是能在 Internet 上通信的地址。Outside 是指除了考察的内部网络之外的所有网络,主要是指 Internet。

20.2　实验目的

掌握路由器中 NAT 的基本配置方法,并了解其工作原理。

20.3　实验设备及环境

安装了超级终端软件的计算机(作为连接到交换机的终端);Cisco 路由器(1600 系列和 2500 系列)或锐捷路由器。

20.4　实验内容及步骤

20.4.1　实验内容

实验内容主要包括以下 3 个方面。

(1) 网络拓扑结构。

按照图 20-1 所示的网络拓扑图的拓扑结构连接网络设备。

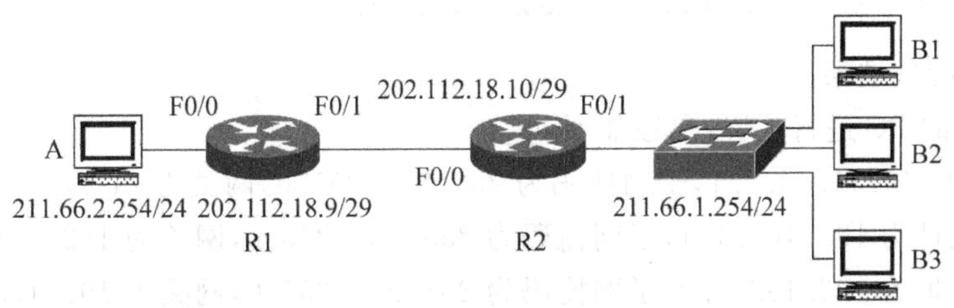

图 20-1　网络拓扑结构

(2) 配置各网络设备参数和静态路由。

(3) 在 R2 的 FE0/1 端口配置 NAT,实现对内网机器的保护,要求:

① NAT 的地址池使用 202.112.18.12～202.112.18.13。

② 对 B1 进行静态地址转换,B1 的 IP 静态映射成 202.112.18.14。

20.4.2 实验步骤

具体实验步骤如下:

(1) 根据拓扑图的结构进行物理连线。

(2) 根据拓扑图配置路由器的各个端口参数。

(3) 配置路由器端口的地址和 NAT 协议,在 R2 路由器上做以下配置:

```
R2(config)#interface FastEthernet0/0
R2(config-if)#ip address 202.112.18.10 255.255.255.248 R2(config-if)#ip nat outside
                                                        //设置 nat 转换的方向
R2(config)#interface FastEthernet0/1
R2(config-if)#ip address 192.168.1.254 255.255.255.0
R2(config-if)#ip nat inside                             //设置 nat 转换的方向
```

提示:outside 标记外部网络接口,对流出的流量进行 nat 的转换;inside 标记内部网络接口,对流入的流量进行 nat 的转换。都是从内部网络角度来看 inside 和 outside 的方向的。

(4) 设置 nat 地址转换池,用于动态的 nat 转换。

```
R2(config)#ip nat pool testpool 202.112.18.12 202.112.18.13 netmask 255.255.255.248
```

(5) 设置防火墙列表,允许指定 ip 地址进行 nat 的转换。

```
R2(config)#ip nat inside source list 10 pool testpool
R2(config)#access-list 10 permit host 192.168.1.2
R2(config)#access-list 10 permit host 192.168.1.3
```

(6) 设置静态的 nat 转换。

```
R2(config)#Ip nat inside source static 192.168.1.1 202.112.18.14
R2#show ip nat translations
R2#show ip nat statistics)
```

(7) 配置路由器 R1 和 R2 的默认路由。

```
R1(config)#ip route 0.0.0.0 0.0.0.0 202.112.18.10
R2(config)#ip route 0.0.0.0 0.0.0.0 202.112.18.9
```

(8) 测试配置结果。

对测试用的 PC 进行配置,参数如下:

A:IP 地址为 211.66.2.1,子网掩码为 255.255.255.0,网关为 211.66.2.254。

B1:IP 地址为 192.168.1.1,子网掩码为 255.255.255.0,网关为 192.168.1.254。

B2:IP 地址为 192.168.1.2,子网掩码为 255.255.255.0,网关为 192.168.1.254。

在 B1 上 ping 计算机 A,是否可以 ping 通?

在 B2 上 ping 计算机 A，是否可以 ping 通？

在计算机 A 上 ping B1 和 B2，是否可以 ping 通？

20.4.3 实验命令汇总

实验命令如表 20-1 所示。

表 20-1 实验命令

命 令	作 用
ip nat inside	定义接口为 NAT 内部接口
in nat outside	定义接口为 NAT 外部接口
ip nat inside source static *local-ip global-ip*	定义静态源地址转换
debug ip nat	打开对 NAT 的监测
show ip nat statistic	查看 NAT 统计信息
show ip nat translations	查看 NAT 地址转换
ip nat pool name *start-ip end-ip* {netmask *netmask* | prefix-length *prefix-length*}	定义 NAT 地址池
ip nat inside source list *access-list-number pool name*	定义 NAT 动态转换

20.5 思考题

(1) 在实验(6)中，经过地址转换配置之后，B1、B2 和 B3 经过 NAT 地址转换之后的全局地址是多少？

(2) 在实验(8)中，为什么 A 可以 ping 通 B1 和 B2？为何地址转换之后仍然可以 ping 通内网？所谓引入 NAT 可以提高网络安全性，究竟是如何实现的？

实训 21 路由器中 OSPF 协议的配置

21.1 实验背景知识

OSPF(Open Shortest Path First)为 IETF OSPF 工作组开发的一种基于链路状态的内部网关路由协议。OSPF 是专为 IP 开发的路由协议,直接运行在 IP 层上面,协议号为 89,采用组播方式进行 OSPF 包交换,组播地址为 224.0.0.5(全部 OSPF 设备)和 224.0.0.6(指定设备)。链路状态算法是一种与哈夫曼向量算法(距离向量算法)完全不同的算法,应用哈夫曼向量算法的传统路由协议为 RIP,而 OSPF 路由协议是链路状态算法的典型实现。与 RIP 路由协议对比,OSPF 除了算法上的不同,还引入了路由更新认证、VLSMs(可变长子网掩码)、路由汇聚等新概念。

即使 RIPv2 做了很大的改善,可以支持路由更新认证、可变长子网掩码等特性,但是 RIP 协议还是存在两个致命弱点:收敛速度慢;网络规模受限制,最大跳数不超过 16 跳。

OSPF 的出现克服了 RIP 的弱点,使得 IGP 协议也可以胜任中大型、较复杂的网络环境。OSPF 路由协议利用链路状态算法建立和计算到每个目标网络的最短路径,该算法本身较复杂,以下简单地、概括性地描述链路状态算法工作的总体过程:

(1) 初始化阶段,设备将产生链路状态通告,该链路状态通告包含了该设备全部链路状态;

(2) 所有设备通过组播的方式交换链路状态信息,每台设备接收到链路状态更新报文时,将复制一份到本地数据库,然后再传播给其他设备;

(3) 当每台设备都有一份完整的链路状态数据库时,设备应用 Dijkstra 算法针对所有目标网络计算最短路径树,结果内容包括目标网络、下一跳地址、花费,是 IP 路由表的关键部分。

如果没有链路花费、网络增删变化,OSPF 将会十分安静,如果网络发生了任何变化,OSPF 通过链路状态进行通告,但只通告变化的链路状态,变化涉及的设备将重新运行 Dijkstra 算法,生成新的最短路径树。一组运行 OSPF 路由协议的设备,组成了 OSPF 路由域的自治域系统。一个自治域系统是指由一个组织机构控制管理的所有设备,自治域系统内部只运行一种 IGP 路由协议,自治域系统之间通常采用 BGP 路由协议进行路由信息交换。

不同的自治域系统可以选择相同的 IGP 路由协议,如果要连接到互联网,每个自治域系统都需要向相关组织申请自治域系统编号。当 OSPF 路由域规模较大时,一般采用分层结构,即将 OSPF 路由域分割成几个区域(Area),区域之间通过一个骨干区域互联,每个非骨干区域都需要直接与骨干区域连接。

在 OSPF 路由域中,根据设备的部署位置,有三种设备角色。

(1) 区域内部设备,该设备的所有接口网络都属于一个区域;

(2) 区域边界设备(Area Border Routers,ABR)的接口网络至少属于两个区域,其中一个必须为骨干区域；

(3) 自治域边界设备(Autonomous System Boundary Routers，ASBR)是 OSPF 路由域与外部路由域进行路由交换的必经之路。

21.2 实验目的

掌握在路由器上配置 OSPF 单区域。在路由器和交换机上配置 OSPF 路由协议，使全网互通，从而实现信息的共享和传递。

21.3 实验设备及环境

三层交换机 1 台；
路由器 2 台；
交叉线或直连线 3 条。

21.4 实验内容及步骤

21.4.1 实验内容

假设校园网通过 1 台三层交换机连到校园网出口路由器，路由器再和校园外的另 1 台路由器连接，现做适当配置，实现校园网内部主机与校园网外部主机的相互通信。

本实验以 2 台路由器、1 台三层交换机为例。网络拓扑结构如图 21-1 所示，S3550 上划分有 VLAN10 和 VLAN50，其中 VLAN10 用于连接 RA，VLAN50 用于连接校园网主机。

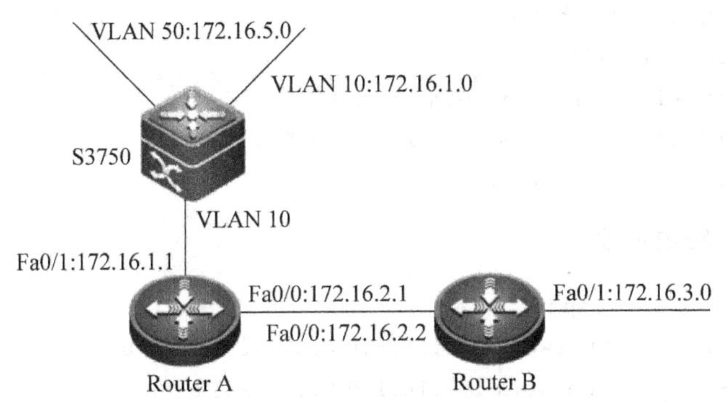

图 21-1 网络拓扑结构

21.4.2 实验步骤

1. 在路由器和三层交换机配置 IP 地址

```
switch#configure terminal
switch(config)#hostname S3750
S3750(config)#vlan 10
```

```
S3750(config-vlan)#exit
S3750(config)#vlan 50
S3750(config-vlan)#exit
S3750(config)#interface f0/1
S3750(config-if)#switchport access vlan 10
S3750(config-if)#exit
S3750(config)#interface f0/2
S3750(config-if)#switchport access vlan 50
S3750(config-if)#exit
S3750(config)#interface vlan 10
S3750(config-if)#ip address 172.16.1.2 255.255.255.0
S3750(config-if)#no shutdown
S3750(config-if)#exit
S3750(config)#interface vlan 50
S3750(config-if)#ip address 172.16.5.1 255.255.255.0
S3750(config-if)#no shutdown
S3750(config-if)#exit
RouterA(config)#interface fastethernet 0/1
RouterA(config-if)#ip address 172.16.1.1 255.255.255.0
RouterA(config-if)#no shutdown
RouterA(config-if)#exit
RouterA(config)#interface fastethernet 0/0
RouterA(config-if)#ip address 172.16.2.1 255.255.255.0
RouterB(config-if)#no shutdown
RouterB(config)#interface fastethernet 0/1
RouterB(config-if)#ip address 172.16.3.1 255.255.255.0
RouterB(config-if)#no shutdown
RouterB(config-if)#exit
RouterB(config)#interface fastethernet 0/0
RouterB(config-if)#ip address 172.16.2.2 255.255.255.0
RouterB(config-if)#no shutdown
```

2. 配置 OSPF 路由协议

```
S3750(config)#router ospf
S3750(config-router)#network 172.16.5.0 0.0.0.255 area 0
S3750(config-router)#network 172.16.1.0 0.0.0.255 area 0
S3750(config-router)#end
RouterA(config)#router ospf
RouterA(config-router)#network 172.16.1.0 0.0.0.255 area 0
RouterA(config-router)#network 172.16.2.0 0.0.0.255 area 0
RouterA(config-router)#end
RouterB(config)#router ospf
RouterB(config-router)#network 172.16.2.0 0.0.0.255 area 0
RouterB(config-router)#network 172.16.3.0 0.0.0.255 area 0
RouterB(config-router)#end
```

3. 验证测试

```
S3750#show vlan
VLAN Name Status Ports
------------------------------------------------------------
1 VLAN0001 STATIC Fa0/3,Fa0/4,Fa0/5,Fa0/6
Fa0/7,Fa0/8,Fa0/9,Fa0/10
Fa0/11,Fa0/12,Fa0/13,
Fa0/14 Fa0/15,Fa0/16,
Fa0/17,Fa0/18,Fa0/22
Fa0/19,Fa0/20,Fa0/21,
Fa0/23,Fa0/24,Gi0/25,
Gi0/26 ,Gi0/27,Gi0/28
10 VLAN0010 STATIC Fa0/1
50 VLAN0050 STATIC Fa0/2
S3750#show ip interface brief
Interface IP-Address(Pri) OK? Status
VLAN 10 172.16.1.2/24 YES UP
VLAN 50 172.16.5.1/24 YES UP
RA#show ip interface brief
Interface IP-Address(Pri) OK? Status
FastEthernet 0/0 172.16.2.1/24 YES UP
FastEthernet 0/1 172.16.1.1/24 YES UP
RB#show ip interface brief
Interface IP-Address(Pri) OK? Status
FastEthernet 0/0 172.16.2.2/24 YES UP
FastEthernet 0/1 172.16.1.3/24 YES UP
Loopback 0 no address YES DOWN
S3750#show ip route
Codes: C - connected, S - static, R - RIP B - BGP
O - OSPF, IA - OSPF inter area
N1 - OSPF NSSA external type 1, N2 - OSPF NSSA external type 2
E1 - OSPF external type 1, E2 - OSPF external type 2
i - IS-IS, L1 - IS-IS level-1, L2 - IS-IS level-2, ia - IS-IS inter area
* - candidate default
Gateway of last resort is no set
C 172.16.1.0/24 is directly connected, VLAN 10
C 172.16.1.2/32 is local host.
O 172.16.2.0/24 [110/2] via 172.16.1.1, 00:14:09, VLAN 10
O 172.16.3.0/24 [110/3] via 172.16.1.1, 00:04:39, VLAN 10
C 172.16.5.0/24 is directly connected, VLAN 50
C 172.16.5.1/32 is local host.
RA#show ip route
Codes: C - connected, S - static, R - RIP B - BGP
O - OSPF, IA - OSPF inter area
N1 - OSPF NSSA external type 1, N2 - OSPF NSSA external type 2
```

```
E1 -OSPF external type 1,E2 -OSPF external type 2
i -IS-IS,L1 -IS-IS level-1,L2 -IS-IS level-2,ia -IS-IS inter area
* -candidate default
Gateway of last resort is no set
C 172.16.1.0/24 is directly connected,FastEthernet 0/1
C 172.16.1.1/32 is local host.
C 172.16.2.0/24 is directly connected,FastEthernet 0/0
C 172.16.2.1/32 is local host.
O 172.16.3.0/24 [110/2] via 172.16.2.2,00:05:21,FastEthernet 0/0
O 172.16.5.0/24 [110/2] via 172.16.1.2,00:14:51,FastEthernet 0/1
RB# show ip route
Codes: C -connected,S -static,R -RIP B -BGP
O -OSPF,IA -OSPF inter area
N1 -OSPF NSSA external type 1,N2 -OSPF NSSA external type 2
E1 -OSPF external type 1,E2 -OSPF external type 2
i -IS-IS,L1 -IS-IS level-1,L2 -IS-IS level-2,ia -IS-IS inter area
* -candidate default
Gateway of last resort is no set
O 172.16.1.0/24 [110/2] via 172.16.2.1,00:05:58,FastEthernet 0/0
C 172.16.2.0/24 is directly connected,FastEthernet 0/0
C 172.16.2.2/32 is local host.
C 172.16.3.0/24 is directly connected,FastEthernet 0/1
C 172.16.3.1/32 is local host.
O 172.16.5.0/24 [110/3] via 172.16.2.1,00:15:22,FastEthernet 0/0
RA# show ip ospf neighbor
OSPF process 1:
Neighbor ID Pri State Dead Time Address Interface
172.16.5.1 1 Full/DR 00:00:38 172.16.1.2 FastEthernet 0/1
172.16.2.2 1 Full/DR 00:00:36 172.16.2.2 FastEthernet 0/0
RA# show ip ospf interface fastEthernet 0/0
FastEthernet 0/0 is up,line protocol is up
Internet Address 172.16.2.1/24,Ifindex 1,Area 0.0.0.0,MTU 1500
Matching network config: 172.16.2.0/24
Process ID 1,Router ID 172.167.1.1,Network Type BROADCAST,Cost: 1
Transmit Delay is 1 sec,State BDR,Priority 1
Designated Router (ID) 172.16.2.2,Interface Address 172.16.2.2
Backup Designated Router (ID) 172.167.1.1,Interface Address 172.16.2.1
Timer intervals configured,Hello 10,Dead 40,Wait 40,Retransmit 5
Hello due in 00:00:05
Neighbor Count is 1,Adjacent neighbor count is 1
Crypt Sequence Number is 82589
Hello received 114 sent 115,DD received 4 sent 5
LS-Req received 1 sent 1,LS-Upd received 5 sent 9
LS-Ack received 6 sent 4,Discarded 0
```

提示：

(1) 在申明直联网段时，注意要写该网段的反掩码。

(2) 在申明直联网段时，必须指明所属的区域。

21.5 实验思考题

(1) 简述 OSPF 路由协议的工作原理。

(2) 在 OSPF 路由域中，根据设备的部署位置，有哪几种设备角色？

实验 22　VLAN 域间路由

22.1　实验背景知识

在局域网交换技术中，共享式以太网、冲突域、广播域、桥接、交换、MAC 地址表、VLAN、VLAN 中继等概念特别重要。下面对这些概念做一下简单回顾。

1. 共享式以太网

共享式以太网是构建在总线型拓扑上的以太网，严格遵从载波侦听多路访问/冲突检测(Carrier Sense Multiple Access/Collision Detect，CSMA/CD)算法的网络，CSMA/CD 算法的机制决定了共享式网络的半双工特点。在共享式以太网上，当一台主机发送数据的时候其他主机只能接收该以太网帧，此时网上其他主机都不能发送数据。

2. 冲突域

用同轴电缆构建或以 hub 为核心构建的共享式以太网，其中所有节点同处于一个冲突域，一个冲突域内不同设备同时发出的以太网帧会互相冲突；同时，冲突域内的一台主机发送数据，同处于一个冲突域的其他主机都可以接收到。

3. 广播域

广播域是网上一组设备的集合，当这些设备中的一个发出一个广播时，所有其他设备都能接收到这个广播帧。

广播域和冲突域是比较容易混淆的概念，可以这样区分：连接在一个 hub 上的所有设备都处于一个冲突域，同时也构成了一个广播域；连接在一个没有划分 VLAN 交换机上各端口上的设备处于不同的冲突域中(每一个交换机的端口构成了一个冲突域)，但同属于一个广播域。

4. 桥接

所谓桥接，CCNA 中主要是指透明桥接。透明网桥连接两个或者更多的共享以太网网段，不同的网段分别属于各自的冲突域，所有网段处于同一个广播域。桥接工作模式应认真理解，它是理解交换机工作原理的基础。

5. 交换

局域网交换的概念源自桥接，与透明网桥使用相同的算法，只是交换的实现是用专用硬件实现，而传统的桥接是用软件完成的。

6. MAC 地址表

交换机内有一个 MAC 地址表，用于存放该交换机端口所连接设备的 MAC 地址与端口号的对应信息。MAC 地址表是交换机正常工作的基础，应该了解它的生成过程。

7. VLAN

VLAN 用以把物理上直接相连的网络从逻辑上划分为多个子网。每一个 VLAN 对应着一个广播域。

二层交换机没有路由功能，不能在 VLAN 之间转发帧，因而处于不同 VLAN 上的主机不能进行通信，只有引入第三层交换（VLAN 间路由）技术之后，VLAN 间的通信才成为可能。

8. VLAN 中继

VLAN 中继（VLAN Trunk）也称为 VLAN 主干，是指在交换机与交换机之间或交换机与路由器之间连接的情况下，在互相连接的端口上配置中继模式，使得属于不同 VLAN 的数据帧都可以通过这条中继链路得以传输。

VLAN 中继的帧格式分为 ISL 和 IEEE 802.1Q 两种，其中前者是 Cisco 交换机独有的协议；后者是国际标准，被几乎所有的设备厂商所广泛支持。

9. VLAN 中继协议

对于 Cisco 设备而言，VLAN 中继协议即 VTP 协议可以帮助交换机设置 VLAN. VTP 协议可以维护 VLAN 信息的全网一致性。

VTP 有三种工作模式，即服务器模式，客户模式和透明模式，对于三种模式的准确区分是交换技术需要掌握的要点之一。

22.2 实验目的

掌握虚拟局域网域间路由的方法，并了解其工作原理。

22.3 实验设备及环境

安装了超级终端软件的计算机（作为连接到交换机的终端）；Cisco 或锐捷交换机、路由器 。

22.4 实验内容及步骤

22.4.1 实验内容

按照图 22-1 所示的网络拓扑结构实现以下操作：

（1）产生两个 VLAN，并验证配置结果。

（2）为每个 VLAN 命名，并分配交换机成员端口。

（3）进行删除 VLAN 的操作，理解 VLAN1 为什么不能被删除。

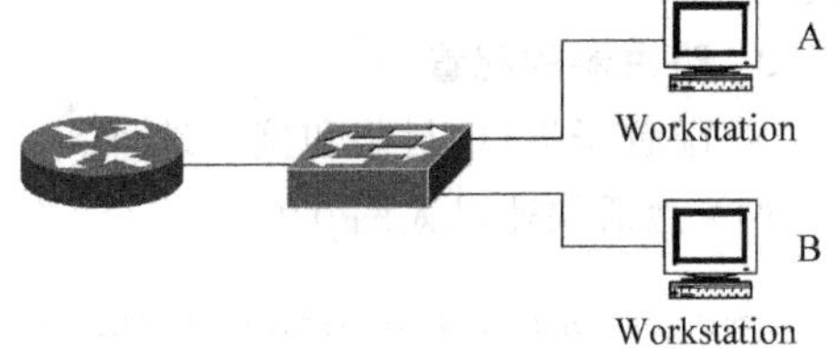

图 22-1 网络拓扑结构

22.4.2 实验步骤

1. 交换机的基本配置

配置产生新的 VLAN，产生并命名两个新的 VLAN，输入如下命令产生两个 VLAN：

```
Switch#vlan database
Switch(vlan)#vlan 2 name VLAN2
```

```
Switch(vlan)#vlan 3 name VLAN3
Switch(vlan)#exit
```

2. VLAN 间路由

1) 配置两台工作站

在计算机 A(称为“A 机”)上配置 192.168.2.1 的地址,子网掩码为 255.255.255.0,网关为 192.168.2.254. 在计算机 B(下称“B 机”)上配置 192.168.3.1 的地址,子网掩码为 255.255.255.0,网关为 192.168.3.254。然后把 A 机和 B 机插入 vlan2 和 vlan3 的端口中。

2) 将相应的接口加入 VLAN 中

(1) vlan1 为默认 vlan,故不用配置。

(2) 将 2~4 口划分为 vlan2。

```
Switch(config)#interface FastEthernet 0/2
Switch(config)#switchport access vlan 2
Switch(config)#interface FastEthernet 0/3
Switch(config)#switchport access vlan 2
Switch(config)#interface FastEthernet 0/4
Switch(config)#switchport access vlan 2
```

(3) 将 6~8 口划分为 vlan3。

```
Switch(config)#interface FastEthernet 0/6
Switch(config)#switchport access vlan 3
Switch(config)#interface FastEthernet 0/7
Switch(config)#switchport access vlan 3
Switch(config)#interface FastEthernet 0/8
Switch(config)#switchport access vlan 3
```

(4) 开启 FastEthernet 0/24 的 Trunk。

```
Switch(config)#interface fastethernet 0/24
Switch(config-if)#switchport mode trunk
```

测试两个 vlan 的功能,在 vlan1 的端口 A 机上 ping vlan2 的端口 B 机,看看能否 ping 得通。

3. 路由器的配置

1) 配置子端口,封装和接口地址

(1) 激活快速以太网 0/0。

```
Router(config)#interface FastEthernet 0/0
Router(config-if)#no shutdown
```

(2) 配置子接口并且封装。

```
Router(config)#int f0/0.1
Router(config-if)#encapsulation dot1q 2
Router(config-if)#ip address 192.168.2.254 255.255.255.0
Router(config)#int f0/0.2
```

```
Router(config-if)#encapsulation dot1q 3
Router(config-if)#ip address 192.168.3.254 255.255.255.0
Router(config-if)#exit
Router(config)#exit
```

2）观察实验结果。

完成以上配置，检查无误后，A 机和 B 机互相 ping 对方的 IP 地址。回答以下问题：

（1）A 机和 B 机是否可以互相 ping 通？

（2）记下 A 机到 B 机的 tracert 结果。

3）查看路由器配置

（1）在特权模式下输入 show ip route：

```
Router#show ip route
```

查看路由表中有哪些条目，它们指向了哪些端口。

（2）在全局配置模式下输入 no ip routing：

```
Router#config terminal
Router(config)#no ip routing
```

再次进行步骤 2）观察实验此时的 ping 检测的结果。

试试看：如果条件允许，将此实验设备中的 Catalyst 2950 交换机替换为 Catalyst 3550 系列交换机，不使用路由器，在 Catalyst 3550 交换机的全局配置模式下，输入命令 ip routing，再进行实验步骤 2）观察实验结果，对比原来的实验拓扑，思考 Catalyst 3550 三层交换机所起到的作用。

22.4.3 实验命令汇总

实验命令如表 22-1 所示。

表 22-1 实验命令

命　　令	作　　用
duplex{auto|full|full-flow-control|half}	设置接口双工模式
speed	设置接口速度
vlan database	进入 vlan 配置模式
vlan vlan_id name vlan_name	定义 vlan 编号和 vlan 名
exit	退出 vlan 配置模式并且将配置信息保存到 vlan 数据库中
show vlan	查看 vlan 信息
show vlan brief	以简洁的形式查看 vlan 信息
show mac-address-table	显示交换机 MAC 地址表
show interface interface_type interface_number switchport	查看相应端口的交换属性
interface vlan1	进入接口 vlan1 的配置模式

续表

命　　令	作　　用
enable password password	设置 enable 口令
enable secret secret	设置 enable 密码
switchport mode trunk	端口配置为 trunk 模式
switchport trunk encapsulation 802.1q	用 IEEE802.1Q 封装端口
switchport access vlan vlan_number	配置接口的 vlan 归属
vtp{server|client|tranparent}	设置 vtp 模式
vtp domain name	设置 vtp 域名
show vtp status	查看 vtp 状态
show vtp couters	查看 vtp 统计数据
vtp{server|client|tranparent}	设置 vtp 模式

22.5　实验思考题

（1）在本实验拓扑中引入路由器原因是什么？它能起到什么作用？

（2）深入分析路由器的工作机理是什么。

实验 23　访问控制列表的配置

23.1　实验背景知识

ACLs 的全称为接入控制列表(Access Control Lists),也称为访问列表(Access Lists),俗称为防火墙,在有的文档中还称之为包过滤。ACLs 通过定义一些规则对网络设备接口上的数据报文进行控制:允许通过或丢弃。按照其使用的范围,可以分为安全 ACLs 和 QoS ACLs。

对数据流进行过滤可以限制网络中的通信数据的类型,限制网络的使用者或使用的设备。安全 ACLs 在数据流通过网络设备时对其进行分类过滤,并对从指定接口输入或者输出的数据流进行检查,根据匹配条件(Conditions)决定是允许其通过(Permit)还是丢弃(Deny)。总的来说,安全 ACLs 用于控制哪些数据流允许从网络设备通过,Qos 策略对这些数据流进行优先级分类和处理。

ACLs 由一系列的表项组成,称为接入控制列表表项(Access Control Entry,ACE)。每个接入控制列表表项都申明了满足该表项的匹配条件及行为。

访问列表规则可以针对数据流的源地址、目标地址、上层协议,时间区域等信息。配置访问列表的原因比较多,主要内容如下:

(1) 限制路由更新:控制路由更新信息发往什么地方,同时希望在什么地方收到路由更新信息。

(2) 限制网络访问:为了确保网络安全,通过定义规则,可以限制用户访问一些服务(如只需要访问 WWW 和电子邮件服务,其他服务如 Telnet 则禁止),或仅允许在给定的时间段内访问,或只允许一些主机访问网络等。图 23-1 所示是一个案例,在该案例中,只允许主机 A 访问财务网络,而主机 B 禁止访问。

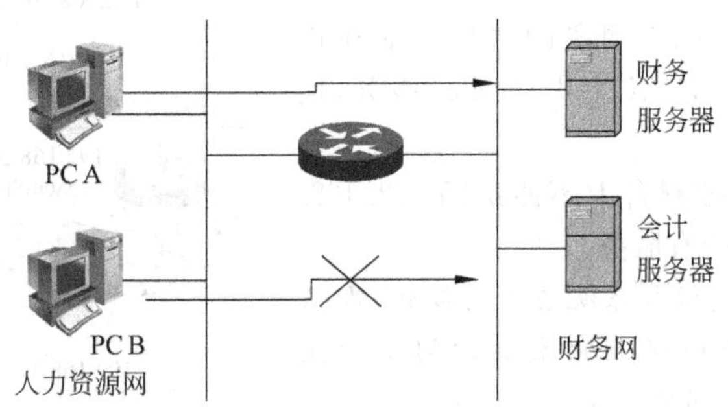

图 23-1　限制网络访问案例

可以根据需要选择基本访问列表或动态访问列表。一般情况下,使用基本访问列表已经能够满足安全需要。但经验丰富的黑客可能会通过一些软件假冒源地址欺骗设备,得以访问网络。而动态访问列表在用户访问网络以前,要求通过身份认证,使黑客难以攻入网络,所以在一些敏感的区域可以使用动态访问列表保证网络安全。(说明,通过假冒源地址欺骗设备即电子欺骗是所有访问列表固有的问题,使用动态列表也会遭遇电子欺骗问题——黑客可能在用户通过身份认证的有效访问期间，假冒用户的地址访问网络。解决这个问题的方法有两种，一种是尽量将用户访问的空闲时间设置小些，这样可以使黑客更难以攻入网络；另一种是使用 IPSec 加密协议对网络数据进行加密，确保进入设备时，所有的数据都是加密的。)

访问列表一般配置在以下位置的网络设备上：

(1) 内部网和外部网(如 Internet)之间的设备。

(2) 网络两个部分交界的设备。

(3) 接入控制端口的设备。

访问控制列表语句的执行必须严格按照表中语句的顺序，从第一条语句开始比较，一旦一个数据包的报头跟表中的某个条件判断语句相匹配，那么后面的语句就将被忽略，不再进行检查。

23.2 实验目的

掌握访问控制列表的配置方法，并理解其工作原理。

23.3 实验设备及环境

交换机 2 台；PC 2 台。

23.4 实验内容及步骤

23.4.1 实验内容

按照图 23-2 所示的网络拓扑结构，通过在 Switch B 上配置访问列表，实现以下安全功能：

(1) 192.168.12.0/24 网段的主机只能在正常上班时间访问远程 UNIX 主机 Telnet 服务，拒绝 ping 服务。

(2) 在 Switch B 控制台上不能访问 192.168.202.0/24 网段主机的所有服务。

说明：*以上案例是银行系统应用的简化，即只允许分行或储蓄点局域网上的主机访问中心主机，不允许在设备上访问中心主机。*

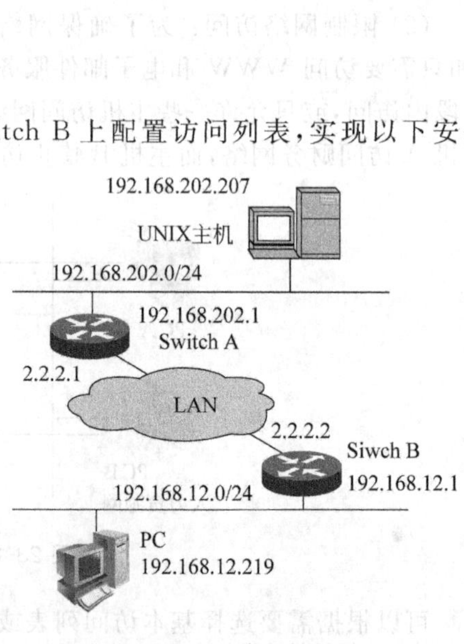

图 23-2 网络拓扑结构

23.4.2 实验步骤

1. Switch B 的配置

```
Ruijie(config)#interface GigabitEthernet 0/1
Ruijie(config-if)#ip address 192.168.12.1 255.255.255.0
Ruijie(config-if)#exit
```

```
Ruijie(config)#interface GigabitEthernet 0/2
Ruijie(config-if)#ip address 2.2.2.2 255.255.255.0
Ruijie(config-if)#ip access-group 101 in
Ruijie(config-if)#ip access-group 101 out
```

按照要求,配置一个编号为 101 的扩展访问列表。

```
Ruijie(config)#access-list 101 permit tcp 192.168.12.0
0.0.0.255 any eq telnet time-range check
Ruijie(config)#access-list 101 deny icmp 192.168.12.0
0.0.0.255 any
Ruijie(config)#access-list 101 deny ip 2.2.2.0 0.0.0.255 any
Ruijie(config)#access-list 101 deny ip any any
```

配置 Time-Range 时间区。

```
Ruijie(config)#time-range check
Ruijie(config-time-range)#periodic weekdays 8:30 to 17:30
```

说明:访问列表 101 最后一条规则语句 access-list 101 deny ip any any 可以不要,因为访问列表最后隐含一条拒绝所有的规则语句。在 S3250 和 S3750 系列产品上,最后一条规则语句 access-list 101 deny ip any any 是必要的。

2. Switch A 的配置

```
Ruijie(config)#hostname Ruijie
Ruijie(config)#interface GigabitEthernet 0/1
Ruijie(config-if)#ip address 192.168.202.1 255.255.255.0
Ruijie(config)#interface GigabitEthernet 0/2
Ruijie(config-if)#ip address 2.2.2.1 255.255.255.0
```

23.4.3 实验命令汇总

实验命令如表 23-1 所示。

表 23-1 实验命令

命　令	作　用
access-list *access_list_number*{deny|permit}*source*[*source_wildcard*][log]	定义标准 IP 访问控制列表
ip access-group number[in|out]	在接口上使用访问控制列表
show access-lists	查看已配置的访问控制列表
show ip access-list[n]	查看 IP 访问控制列表
clear access-list counters	清空访问控制列表计数器

23.5 实验思考题

(1) 简述访问控制列表的功能。

(2) 访问控制列表的工作原理是什么?

实验 24 组网实验

24.1 实验背景知识

先简单回顾一下路由选择协议及其分类：

IP 路由选择协议用有效的、无循环的路由信息填充路由选择表，从而为数据包在网络之间传递提供可靠的路径信息。路由选择分为距离矢量、链路状态和平衡混合 3 种。

距离矢量(Distance Vector)路由选择协议计算网络中所有链路的矢量和距离，并以此为依据确认最佳路径。使用距离矢量路由选择协议的路由器定期向其相邻的路由器发送全部或部分路由表。典型的距离矢量路由协议是 RIP 和 IGRP。

链路状态(Link State)路由协议使用为每个路由器创建的拓扑数据库来创建路由表，每个路由器通过此数据库建立整个网络的拓扑图。在拓扑图的基础上通过相应的路由算法计算出通往各目标网段的最佳路径，并最终形成路由表。典型的链路状态路由协议是开放最短路径优先(Open Shortest Path First，OSPF)。

平衡混合(Balanced Hybrid)路由协议结合了链路状态和距离矢量两种协议的优点，此类协议的代表增强型内部网关路由协议(Enhanced Interior Gateway Routing Protocol，EIGRP)。

24.2 实验目的

掌握在路由器上进行静态路由以及 RIP，IGRP 和单区域 OSPF 的基本配置方法。

24.3 实验设备及环境

CISCO 或锐捷路由器 2 台；交换机 2 台；学生实验主机 6 台。

24.4 实验内容及步骤

24.4.1 实验内容

给定 3 个 C 类网络地址：192.168.1.0、192.168.2.0 和 192.168.3.0。

(1) 参照图 24-1 所示的网络拓扑结构，配置路由器的端口地址和各节点网络地址。

(2) 配置静态路由，使 R1 和 R2 两边的计算机能够互相连通。

(3) 配置动态路由，使 R1 和 R2 两边的计算机能够互相连通。

24.4.2 实验步骤

1. 按实验图连接线路

需要特别注意的是，两台路由器的串口之间用 V.35 电缆相连，以太网接口和下面的工

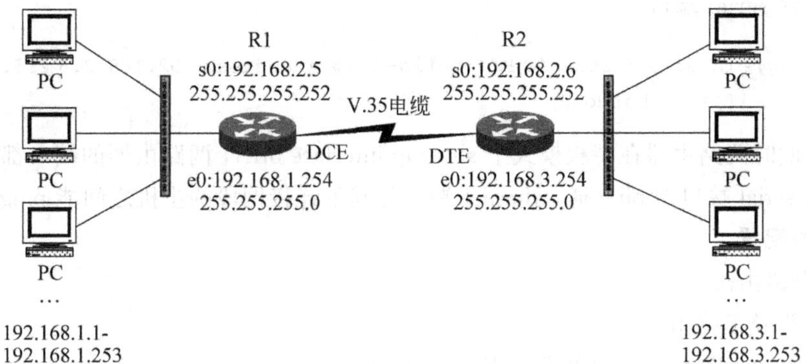

图 24-1 网络拓扑结构

作站相连用交叉线。

2. 对两个路由器进行初始化配置

1）R1 配置

(1) 连接到超级终端并进入全局配置模式。

① 用 Rollover 线一端连接路由器的 Console 口，一端连接用于配置的主机 COM1 口。

② 启动终端仿真程序如超级终端或 netterm，选定连接参数为数据位 8 位，波特率 9600，停止位 1 位，无流控，无校验。

③ 路由器加电，进入普通用户模式 R1>。

④ 输入 enable 进入超级用户模式 R1#。

⑤ 使用 configure terminal 进入全局配置模式 R1(config)#。

(2) 配置 ethernet 端口。

```
R1(config)#interface ethernet 0 R1(config-if)#ip address 192.168.1.254 255.255.
255.0 R1(config-if)#no shutdown
```

(3) 配置 serial 端口。

```
R1(config)#interface serial0 R1(config-if)#ip address 192.168.2.5 255.255.255.252
R1(config-if)#no shutdown R1(config-if)#clock rate 56000
```

提示：Trouble shooting 故障检测与排除

① 倘若进入超级终端敲 Enter 键没有反应，检查 rollover 线是否连接良好。

② 若 ethernet 端口不正常，检查网线接好否，且注意应该采用交叉线。

③ 若 serial 端口不正常，检查 V.35 电缆接好否，有无配置时钟。

2）R2 配置

(1) 连接到超级终端并进入全局配置模式。

参看 R1 配置方法进入全局配置模式 R2(config)#。

(2) 配置 ethernet 端口。

```
R2(config)#interface ethernet 0 R2(config-if)#ip address 192.168.3.254 255.255.
255.0 R2(config-if)#no shutdown
```

(3) 配置 serial 端口。

```
R2(config)#interface serial0 R2(config-if)#ip address 192.168.2.6 255.255.255.252
R2(config-if)#no shutdown
```

效果：此时两路由器在特权模式下 show ip interface brief，两路由器的端口都应是 UP,并两路由器的 serial 端口能 ping 通,ethernet 端口与其下连接网段的主机之间能 ping 通。

3. 路由配置

1) 静态路由配置

(1) 配置静态路由。

① R1 配置：进入全局配置模式 R1(config)＃。

```
R1(config)#ip route 192.168.3.0 255.255.255.0 192.168.2.6
```

② R2 配置：进入全局配置模式 R1(config)＃。

```
R2(config)#ip route 192.168.1.0 255.255.255.0 192.168.2.5
```

效果：此时,两边主机都能 ping 通并可以正常互访。

(2) 删除静态路由。

① 在路由器 R1 上删除静态路由。

```
R1(config)#no ip route 192.168.3.0 255.255.255.0 192.168.2.6
```

② 在路由器 R2 上删除静态路由。

```
R2(config)#no ip route 192.168.1.0 255.255.255.0 192.168.2.5
```

2) 动态路由配置

(1) RIP。

① 配置 RIP 路由选择协议。

• R1 配置。

参看 R1 配置方法进入全局配置模式 R1(config)＃。

```
R1(config)#router rip                              //启动 RIP 路由协议
R1(config-router)#network 192.168.1.0              //指定发布的网络
R1(config-router)#network 192.168.2.0              //指定发布的网络
```

• R2 配置。

参看 R1 配置方法进入全局配置模式 R2(config)＃。

```
R2(config)#router rip                              //启动 RIP 路由协议
R2(config-router)#network 192.168.2.0              //指定发布的网络
R2(config-router)#network 192.168.3.0              //指定发布的网络
```

效果：此时两网段任意主机都能互访,在全局配置模式下用 show ip route 命令,可看到路由标识是以 R 开头。

② 删除 RIP。

• 在 R1 上删除 rip：

```
R1(config)#no router rip
```

• 在 R2 上删除 rip：

```
R2(config)#no router rip
```

提示：管理距离小的路由选择协议所指出的路由可信度相对较高。

(2) IGRP。

① 配置 RIP 路由选择协议。

• R1 配置。

参看 R1 配置方法进入全局配置模式 R1(config)♯。

```
R1(config)#router igrp 100                         //启动 IGRP 路由协议
R1(config-router)#network 192.168.1.0 R1(config-router)#network 192.168.2.0
```

• R2 配置。

参看 R1 配置方法进入全局配置模式 R2(config)♯。

```
R2(config)#router igrp 100                         //启动 IGRP 路由协议
R2(config-router)#network 192.168.2.0 R2(config-router)#network 192.168.3.0
```

② 删除 IGRP。

• 在 R1 中。

```
R1(config)#no router igrp 100
```

• 在 R2 中。

```
R1(config)#no router igrp 100
```

(3) 单区域 OSPF。

① R1 配置。

参看 R1 配置方法进入全局配置模式 R1(config)♯。

```
R1(config)#router ospf 10                          //启动 ospf 路由协议
R1(config-roueter)#network 192.168.1.0 0.0.0.255 area 0 R1(config-roueter)#
network 192.168.2.0 0.0.0.255 area 0
```

② R2 配置。

参看 R1 配置方法进入全局配置模式 R2(config)♯。

```
R2(config)#router ospf 10                          //启动 ospf 路由协议
R2(config-roueter)#network 192.168.2.0 0.0.0.255 area 0 R2(config-roueter)#
network 192.168.3.0 0.0.0.255 area 0
```

效果：此时两网段任意主机都能互访。

提示：使用 router igrp 命令创建 IGRP 路由进程，后面的 100 是自治系统号，两个路由器必须具有相同的自治系统号，否则彼此的路由信息将不被互相传递和学习。而使用 router ospf 10 命令启动 ospf 路由选择协议进程，其中的 10 是进程号，与配置 IGRP 不同的是自治系统号不同，配置 OSPF 时，并不需要每台路由器具有相同的进程号。自治系统与进程是两个完全不同的概念。

24.4.3 实验命令汇总

实验命令汇总如表 24-1 所示。

表 24-1 实验命令

命　令	作　用
ip address *ip_address* mask	配置接口的 IP 地址
show ip interface brief	查看所有接口和它们 IP 地址的摘要信息
show controllers serial *n*	查看串行接口的控制器
clockrate *n*	设置时钟频率
router rip	创建(进入)RIP 路由选择协议
network *network_id*	声明网络
network *ip-address wildcard-mask* area *area-id*	把接口加入到 OSPF 区域中
show ip route	查看接口信息
show ip protocol	查看 IP 协议信息
no ip domain-lookup	关闭 IP 查询查询
ip routing	启动 IP 路由(路由器默认配置)

24.5 实验思考题

(1) 在本实验中,各工作站 IP,子网掩码和网关应该设置为多少?为什么?

提示: 网关设置为 192.168.1.254,IP 应设置为与其在同一网段。

(2) 在动态路由配置之前为什么要删除静态路由才能配置下面的动态路由?

实验 25　高级组网实验

25.1　实验背景知识

先简单介绍一下路由选择协议。

25.1.1　RIP 协议

RIP(路由选择信息协议)是距离矢量选择协议的一种,它具有如下特点：

(1) 选用跳数作为唯一的路由选择度量。

(2) 跳数允许的最大值是 15,如果路由器收到了一个跳数值为 16 的路由更新信息,则其目标网络是不可达的。

(3) 在默认情况下,每 30s 广播一次路由更新数据。

(4) RIP 协议包含有两个版本,RIP 第一版和 RIP 第二版。

RIPv1 的特点包括：使用跳数(hop count)作为度量值来决定最佳路径；允许最大跳数是 15 跳；默认是每 30 秒广播路由更新,实际环境中并不是设定的固定为 30 秒,而是 25～30 秒之间的随机时间,防止两个路由器发送同时更新产生冲突;最多支持 6 条等价链路的负载均衡,默认是 4 条;是基于类的路由协议,不支持 VLSM;不支持验证(authentication)。

RIPv2 比 RIPv1 增强的特点包括：基于无类概念的路由协议;支持 VLSM;可以人工设定是否进行路由汇总;使用多播来代替 RIPv1 中的广播;支持明文或 MD5 加密验证;RIPv2 使用多播地址 224.0.0.9 来更新路由信息。

25.1.2　IGRP 协议

内部网关路由协议(IGRP)是 Cisco 公司开发的一种距离矢量选择协议,其特点如下：

(1) IGRP 的度量值是由带宽,延迟,负载,可靠性和最大传输单元通过加权计算得到。

(2) 在默认情况下,IGRP 路由更新信息每 90s 发送一次。

(3) 能够变通地处理不确定的,复杂的拓扑结构。

(4) 不支持变长子网掩码(VLSM)和不连续子网。

25.2　实验目的

掌握在 3 台路由器上进行 RIP 和 IGRP 的高级配置方法,加深对这两种基本的路由选择协议的理解。

25.3　实验设备及环境

Cisco 或锐捷路由器 3 台；学生实验主机 3 台。

25.4 实验内容及步骤

25.4.1 使用 RIP 协议处理不连续的子网

按照图 25-1 所示的网络拓扑图连接网络设备。需要特别注意的是,两台路由器的串口之间用 V.35 电缆相连,以太网接口和下面的工作站相连用交叉线,注意正确区分 DCE 设备和 DTE 设备,并且在 DCE 设备上配置时钟。这是典型的不连续子网的情况,实验要求通过对 RIP 协议的配置,实现全网的连通性。

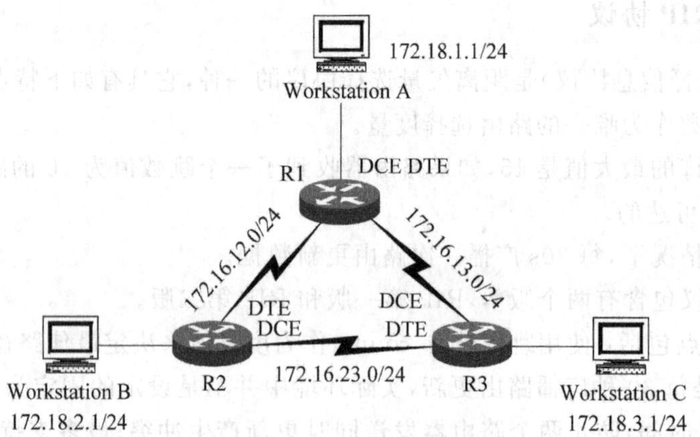

图 25-1 网络拓扑图

1. 对三个路由器进行初始化配置

1) R1 配置

(1) 配置 ethernet 端口。

```
R1(config)#interface ethernet 0 R1(config-if)#ip address 172.18.1.254 255.255.
255.0 R1(config-if)#no shutdown
```

(2) 配置 serial 端口。

```
R1(config)#interface serial0 R1(config-if)#ip address 172.16.12.1 255.255.255.0
R1(config-if)#no shutdown R1(config-if)#clock rate 56000
R1(config)#interface serial1 R1(config-if)#ip address 172.16.13.1 255.255.255.0
R1(config-if)#no shutdown
```

2) R2 配置

(1) 配置 ethernet 端口。

```
R2(config)#interface ethernet 0 R2(config-if)#ip address 172.18.2.254 255.255.
255.0 R2(config-if)#no shutdown
```

(2) 配置 serial 端口。

```
R2(config)#interface serial0 R2(config-if)#ip address 172.16.12.2 255.255.255.0
R2(config-if)#no shutdown
```

```
R2(config)#interface serial1 R2(config-if)#ip address 172.16.23.2 255.255.255.0
R2(config-if)#no shutdown R2(config-if)#clock rate 56000
```

3）R3 配置

（1）配置 ethernet 端口。

```
R3(config)#interface ethernet 0 R3(config-if)#ip address 172.18.3.254 255.255.
255.0 R3(config-if)#no shutdown
```

（2）配置 serial 端口。

```
R3(config)#interface serial0 R3(config-if)#ip address 172.16.13.3 255.255.255.0
R3(config-if)#no shutdown R3(config-if)#clock rate 56000
R3(config)#interface serial1 R3(config-if)#ip address 172.16.23.3 255.255.255.0
R3(config-if)#no shutdown
```

2. 配置 RIPv1

1）配置 RIPv1 路由选择协议

（1）R1 配置。

```
R1(config)#router rip                    //启动 RIP 路由协议
R1(config-router)#network 172.16.12.0 R1(config-router)#network 172.16.13.0 R1
(config-router)#network 172.18.1.0
```

（2）R2 配置。

```
R2(config)#router rip                    //启动 RIP 路由协议
R2(config-router)#network 172.16.12.0 R2(config-router)#network 172.16.23.0 R2
(config-router)#network 172.18.2.0
```

（3）R3 配置。

```
R3(config)#router rip                    //启动 RIP 路由协议
R3(config-router)#network 172.16.23.0 R3(config-router)#network 172.16.13.0 R3
(config-router)#network 172.18.3.0
```

2）测试全网连通性

（1）主机之间互相测试连接。

① 在主机 A 上 ping 主机 B。

② 在主机 A 上 ping 主机 C。

③ 在主机 B 上 ping 主机 C。

（2）查看路由选择信息。

在 R3 的特权模式下输入 show ip route：

```
R3#show ip route
```

观察此时的路由表中没有关于 172.18.2.0 和 172.18.3.0 网段的信息，这便是无法互相访问的原因所在了。

提示：因为 RIPv1 没有传送子网掩码的能力，同时在类的边界进行自动汇总操作，这样会把由 s0 和 s1 接口收到的关于 172.18.0.0 的路由表项过滤掉,不能进入到路由表中,因为从 R3 角度来看,对于 172.18.0.0 有更好的路由,通过 E0 口直接相连的路由。

3. 配置 RIPv2

1) 配置 RIPv2 路由选择协议

(1) R1 配置。

```
R1(config)#router rip                          //启动 RIP 路由协议
R1(config-router)#version 2                    //启动 RIPv2
R1(config-router)#no auto-summary              //关闭路由自动汇总
```

(2) R2 配置。

```
R2(config)#router rip                          //启动 RIP 路由协议
R2(config-router)#version 2                    //启动 RIPv2
R2(config-router)#no auto-summary              //关闭路由自动汇总
```

(3) R3 配置。

```
R3(config)#router rip                          //启动 RIP 路由协议
R3(config-router)#version 2                    //启动 RIPv2
R3(config-router)#no auto-summary              //关闭路由自动汇总
```

提示:使用无类的路由协议如 RIPv2,OSPF,EIGRP,拥有相同主网络号的不同子网就可以使用不同的子网掩码,假如在路由表中到达目的网络的匹配条目不止一条,将会选择子网掩码长的那条进行匹配. RIPv2 和 EIGRP 会像基于类的路由协议那样,在网络的边界进行自动汇总,而默认 OSPF 和 IS-IS 不会进行自动汇总. 无类的路由协议的自动汇总可以手动关闭,否则自动汇总会影响不连续的子网或者 VLSM 的使用而造成错误的汇总路由信息。

2) 测试全网连通性

(1) 主机之间互相测试连接。

① 在主机 A 上 ping 主机 B。

② 在主机 A 上 ping 主机 C。

③ 在主机 B 上 ping 主机 C。

(2) 查看路由选择信息。

在 R3 的特权模式下输入 show ip route:

```
R3#show ip route
```

提示:开启了 RIPv2 之后可以看到路由表中增加了到 172.18.0.0/16 网段的路径,这样便可以通过 RIPv2 处理存在不连续子网的拓扑。

25.4.2 使用 RIPv2 协议处理可变长子网掩码网络

按照图 25-2 所示的网络拓扑结构连接网络设备。此拓扑结构与之前的拓扑结构相同,只是路由器不同接口分配的子网掩码并非全部都是 255.255.255.0,这是典型的不连续子网的情况,实验要求通过对 RIP 协议的配置,实现全网的连通性。

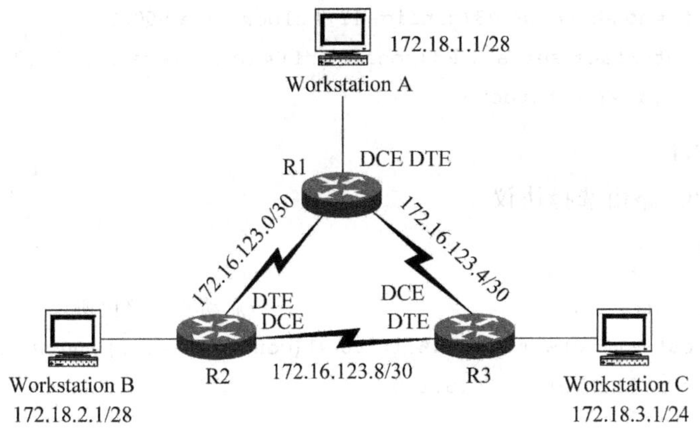

图 25-2　网络拓扑结构

1. 对三个路由器进行初始化配置

1）R1 配置

（1）配置 ethernet 端口。

```
R1(config)#interface ethernet 0 R1(config-if)#ip address 172.18.1.254 255.255.
255.240 R1(config-if)#no shutdown
```

（2）配置 serial 端口。

```
R1(config)#interface serial0 R1(config-if)#ip address 172.16.123.1 255.255.255.
252 R1(config-if)#no shutdown R1(config-if)#clock rate 56000
R1(config)#interface serial1 R1(config-if)#ip address 172.16.123.5 255.255.255.
252 R1(config-if)#no shutdown
```

2）R2 配置

（1）配置 ethernet 端口。

```
R2(config)#interface ethernet 0 R2(config-if)#ip address 172.18.2.254 255.255.
255.240 R2(config-if)#no shutdown
```

（2）配置 serial 端口。

```
R2(config)#interface serial0 R2(config-if)#ip address 172.16.123.2 255.255.255.
252 R2(config-if)#no shutdown
R2(config)#interface serial1 R2(config-if)#ip address 172.16.123.9 255.255.255.
252 R2(config-if)#no shutdown R2(config-if)#clock rate 56000
```

3）R3 配置

（1）配置 ethernet 端口。

```
R3(config)#interface ethernet 0 R3(config-if)#ip address 172.18.3.254 255.255.
255.240 R3(config-if)#no shutdown
```

（2）配置 serial 端口。

```
R3(config)#interface serial0 R3(config-if)#ip address 172.16.13.6 255.255.255.252
```

```
R3(config-if)#no shutdown R3(config-if)#clock rate 56000
R3(config)#interface serial1 R3(config-if)#ip address 172.16.23.10 255.255.255.
252 R3(config-if)#no shutdown
```

2. 配置 RIPv1

1）配置 RIPv1 路由选择协议

（1）R1 配置。

```
R1(config)#router rip                    //启动 RIP 路由协议
R1(config-router)#network 172.16.123.0 R1(config-router)#network 172.16.123.4 R1
(config-router)#network 172.18.1.0
```

（2）R2 配置。

```
R2(config)#router rip                    //启动 RIP 路由协议
R2(config-router)#network 172.16.123.0 R2(config-router)#network 172.16.123.8 R2
(config-router)#network 172.18.2.0
```

（3）R3 配置。

```
R3(config)#router rip                    //启动 RIP 路由协议
R3(config-router)#network 172.16.123.4 R3(config-router)#network 172.16.123.8 R3
(config-router)#network 172.18.3.0
```

2）测试全网连通性

主机之间互相测试连接：

（1）在主机 A 上 ping 主机 B。

（2）在主机 A 上 ping 主机 C。

（3）在主机 B 上 ping 主机 C。

3. 配置 RIPv2

1）配置 RIPv2 路由选择协议

（1）R1 配置。

```
R1(config)#router rip                    //启动 RIP 路由协议
R1(config-router)#version 2              //启动 RIPv2
R1(config-router)#no auto-summary        //关闭路由自动汇总
```

（2）R2 配置。

```
R2(config)#router rip                    //启动 RIP 路由协议
R2(config-router)#version 2              //启动 RIPv2
R2(config-router)#no auto-summary        //关闭路由自动汇总
```

（3）R3 配置。

```
R3(config)#router rip                    //启动 RIP 路由协议
R3(config-router)#version 2              //启动 RIPv2
R3(config-router)#no auto-summary        //关闭路由自动汇总
```

2）测试全网连通性

（1）主机之间互相测试连接。

① 在主机 A 上 ping 主机 B。

② 在主机 A 上 ping 主机 C。

③ 在主机 B 上 ping 主机 C。

（2）查看路由选择信息。

在 R3 的特权模式下输入 show ip route：

```
R3#show ip route
```

提示：开启了 RIPv2 之后可以看到路由表中增加了到 172.18.2.0/28 和 172.18.3.0/24 网段的路径，这表明可以通过 RIPv2 处理 VLSM 问题，从而可以灵活高效地进行 IP 地址的分配。

25.4.3 配置 IGRP 协议

按照图 25-3 所示的网络拓扑结构连接网络设备。本实验希望通过添加新的路由选择度量——带宽值，来体会 IGRP 路由选择协议与 RIP 路由选择协议的不同。

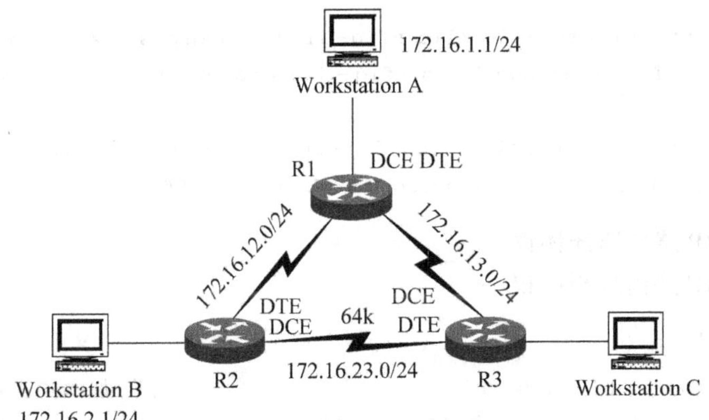

图 25-3 网络拓扑结构

1. 对三个路由器进行初始化配置

1）R1 配置

（1）配置 ethernet 端口。

```
R1(config)#interface ethernet 0 R1(config-if)#ip address 172.16.1.254 255.255.
255.0 R1(config-if)#no shutdown
```

（2）配置 serial 端口。

```
R1(config)#interface serial0 R1(config-if)#ip address 172.16.12.1 255.255.255.0
R1(config-if)#bandwidth 500 R1(config-if)#no shutdown R1(config-if)#clock
rate 56000
R1(config)#interface serial1 R1(config-if)#bandwidth 500 R1(config-if)#ip
address 172.16.13.1 255.255.255.0 R1(config-if)#no shutdown
```

2）R2 配置

（1）配置 ethernet 端口。

```
R2(config)#interface ethernet 0 R2(config-if)#ip address 172.16.2.254 255.255.255.0 R2(config-if)#no shutdown
```

（2）配置 serial 端口。

```
R2(config)#interface serial0 R2(config-if)#ip address 172.16.12.2 255.255.255.0
R2(config-if)#bandwidth 500 R2(config-if)#no shutdown
R2(config)#interface serial1 R2(config-if)#ip address 172.16.23.2 255.255.255.0
R2(config-if)#no shutdown R2(config-if)#bandwidth 64 R2(config-if)#clock rate 56000
```

3）R3 配置

（1）配置 ethernet 端口。

```
R3(config)#interface ethernet 0 R3(config-if)#ip address 172.16.3.254 255.255.255.0 R3(config-if)#no shutdown
```

（2）配置 serial 端口。

```
R3(config)#interface serial0 R3(config-if)#ip address 172.16.13.3 255.255.255.0
R3(config-if)#no shutdown R3(config-if)#bandwidth 64 R3(config-if)#clock rate 56000
R3(config)#interface serial1 R3(config-if)#ip address 172.16.23.3 255.255.255.0
R3(config-if)#no shutdown R3(config-if)#bandwidth 64
```

2. 配置 IGRP 路由选择协议

1）配置 IGRP 路由选择协议

（1）R1 配置。

```
R1(config)#router igrp 100                    //启动 IGRP 路由协议
R1(config-router)#network 172.16.12.0 R1(config-router)#network 172.16.13.0 R1(config-router)#network 172.16.1.0
```

（2）R2 配置。

```
R2(config)#router igrp 100                    //启动 IGRP 路由协议
R2(config-router)#network 172.16.12.0 R2(config-router)#network 172.16.23.0 R2(config-router)#network 172.16.2.0
```

（3）R3 配置。

```
R3(config)#router igrp 100                    //启动 IGRP 路由协议
R3(config-router)#network 172.16.23.0 R3(config-router)#network 172.16.13.0 R3(config-router)#network 172.16.3.0
```

2）测试全网连通性

（1）主机之间互相测试连接。

① 在主机 A 上 ping 主机 B。

② 在主机 A 上 ping 主机 C。

③ 在主机 B 上 ping 主机 C。

(2) 查看路由选择信息。

在 R3 的特权模式下输入 show ip route:

```
R3#show ip route
```

观察此时的路由表中到达 172.16.12.0/24 网段采用的是哪条路由。

提示:倘若同样的网络拓扑结构,配置的不是 IGRP,而是 RIP 路由选择协议,show ip route 查看到路由表有何不同。RIP 协议中带宽值没有意义,因为 RIP 是以跳数为唯一度量值的;而对 IGRP 协议来说,带宽是重要的度量值,所计算出来的路由表可以相对真实地反应出路由的状况,因此 IGRP 为我们提供的路由更加准确可信,这也是 IGRP 管理距离小于 RIP 路由选择协议的重要原因。

25.4.4 实验命令汇总

实验命令如表 25-1 所示。

表 25-1 实验命令

命　　令	作　　用
ip address *ip_address mask*	配置接口的 IP 地址
clockrate *n*	设置时钟频率
router rip	创建(进入)RIP 路由选择协议
version 2	在 RIP 协议配置模式下设置 RIP 版本 2
no auto-summary	关闭路由自动汇总
network *network_id*	声明网络
network *ip-address wildcard-mask* area *area-id*	把接口加入到 OSPF 区域中
show ip interface brief	查看所有接口及其 IP 地址的摘要信息
show controllers serial n	查看制定串行接口的控制器
show ip route	查看接口信息
show ip protocol	查看 IP 协议信息
debug ip rip	检测 RIP 协议
clear ip route*	清除路由表
no ip domain-lookup	关闭 IP 查询查询

25.5 实验思考题

(1) 在 25.4.1 小节中,主机之间互相测试连接时,为何主机之间无法 ping 通?在实际网络环境中该如何排错?输入哪些命令来找出错误所在?

(2) 在 25.4.2 小节中,主机之间互相测试连接时,为何主机之间无法 ping 通?是什么原因致使三台主机无法互联?通过查看路由表,分析其中缘由?

实验 26　企业网组建

26.1　实验背景知识

目前国内各企业大多数都已经建立或准备组建自己的计算机网络，计算机网络正在成为企业日常运行的基石。下面以某集团公司网络为例，介绍企业网的组建。

1. 需求分析

由于涉及的建筑物较多，规模较大，因此将其定位为智能化园区综合布线系统。园区的综合布线系统是一个高标准的布线系统，水平系统和工作区采用超五类元件，主干采用光纤，构成主干千兆以太网，不仅能满足现有数据、语音、图像等信息传输的要求，也为今后的发展奠定基础。整个园区一共有 3000 个左右的信息点，每分公司各有 300 个左右。针对以上要求，对计算机内网综合布线系统提出自己的解决方案。

建筑群间的光缆采用上海的 OT-T 多模光纤系统，大楼内的布线采用 AVAYA 的超五类双绞线结构化布线系统。

2. 布线系统结构

综合布线系统部分结构如图 26-1 所示。

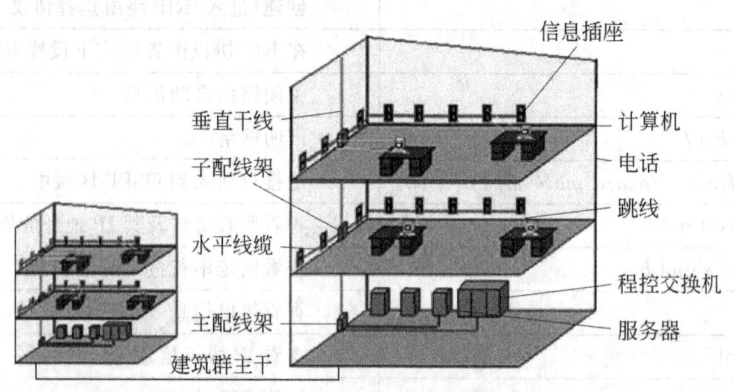

图 26-1　综合布线系统结构

根据综合布线国际标准 ISO 11801 的定义，综合布线系统可由以下子系统组成：

(1) 工作区子系统。工作区子系统由信息插座延伸至用户终端设备的布线组成，包括信息插座和相应的连接软线。用户能方便地把计算机、电话、传真等不同的终端设备接入大楼的通信网络系统。

(2) 水平布线子系统。水平布线子系统由楼层配线间延伸至信息插座的布线组成，通常可采用超 5 类双绞线，这里采用的是超 5 类双绞线，也可采用光缆以满足高传输带宽应用或长传输距离的要求。水平布线子系统提供大楼网络通信系统到用户终端设备的信息传输。

(3) 建筑物主干子系统。建筑物主干子系统由大楼配线间延伸至各楼层配线间的布线组成。该子系统亦包括各配线间的配线架、跳接线等，采用的线缆是超5类双绞线。大楼配线间和楼层配线间通常也用于放置网络设备和其他有源设备。建筑物主干子系统提供大楼内通信网络信息交换的主干通道。

（4）建筑群布线子系统。建筑群布线子系统由建筑群配线间延伸至各大楼配线间的布线组成，采用的线缆为光纤。建筑群配线间通常也用于放置电信接入设备和广域网连接设备。建筑群布线子系统提供了各建筑物间通信网络连接和信息交换的通道。

3. 施工注意事项

（1）仔细查阅其他专业的施工图纸。在施工前，必须仔细查阅其他专业的施工图纸，尤其是土建结构施工图和水、电、通风施工图。因为水平路由的长短将会对设计的等级有一定的影响，而土建结构施工图和水、电、通风施工图对水平布线子系统管线路由的走向影响最大。在审图时，建议用比例尺在图纸上认真测量，为水平布线子系统找出最合理的路由走向，这样既节省水平线缆的长度，又避免与其他专业管路发生冲突。由于电气专业管线不可避免地要与其他各专业管路交叉重叠，发生矛盾的现象，给土建专业带来地面超高等问题。综合布线一般由专业公司负责安装调试，施工方仅做管路预埋、线缆敷设。如果在施工中敷衍了事，不遵循“管线路由最短”的原则，就会增加水平布线子系统管线的长度，不利于提高综合布线系统的通信能力，不利于通信系统的稳定性，不利于通信传输速率的提高。

（2）建议在施工中应满足设计裕量。因为在实际施工中，不可能使水平线缆一直保持直线路由，所以实际安装中，需要的线缆总会比图纸上统计的量大得多，需要电气工程师考虑一定的裕量。裕量的计算方法是将一张平面图纸上离配线架最远的信息点的线缆图纸长度（图纸上用比例尺量出的长度），和最近的信息点的线缆图纸长度相加，除以2，得出的数值为信息点的平均图纸长度，取平均长度的30%作为裕量；否则就会造成不必要的材料浪费或不足。

（3）采用质量可靠的管路和线缆，以避免日后的麻烦。在大多数设计中，水平布线子系统是被设计在吊顶、墙体或底板内的，所以可以认为水平子系统是不可更改、永久的系统。在安装中，应尽量使用性能优良、质量可靠的管路和线缆，保证用户日后不破坏建筑结构。

（4）严格遵守综合布线系统规范。良好的安装质量，可以使水平布线子系统在其工作周期内，始终保证良好工作状态和稳定的工作性能，尤其对于高性能的通信线缆和光纤，安装质量的好坏对系统的开通影响尤其显著，因此在安装线缆中，要严格遵守 EIA/TIA569 规范标准。

（5）选材标准必须一致。综合布线系统所选用的线缆、信息插座、跳线、连接线等部件，必须与选择的类型一致，如果选用超5类标准，则线缆、信息插座、跳线、连接线等部件必须为超5类；如果系统采用屏蔽措施，则系统选用的所有部件均为屏蔽部件，只有这样才能保证系统屏蔽效果，达到整个系统的设计性能指标。

26.2 实验目的

组建符合用户需求的企业网络。本实验的目标是建立如下系统：

（1）构造一个既能覆盖本地又能与外界进行网络互通、共享信息、展示企业的计算机企业网。

(2) 选用技术先进、具有容错能力的网络产品，在投资和条件允许的情况下也可采用结构容错的方法。

(3) 完全符合开放性规范，将业界优秀的产品集成于该综合网络平台之中。

(4) 具有较好的可扩展性，为今后的网络扩容做好准备。

(5) 采用 OA 办公，做到集数据、图像、声音三位一体，提高企业管理效率、降低企业信息传递成本。

(6) 整个公司计划采用 10Mb/s 光纤接入到运营商提供的 Internet。集团统一到一个出口，便于控制网络安全。

(7) 设备选型上必须在技术上具有先进性和通用性，且必须便于管理和维护。应具备良好的可扩展性和可升级性，保护公司的投资。设备要在满足该项目的功能和性能外还具有良好的性价比。设备在选型上要采用拥有足够实力和市场份额的主流产品，同时也要有好的售后服务。

26.3 实验设备及环境

服务器、PC、路由器、交换机、防火墙等全套网络设备。

26.4 实验内容及步骤

26.4.1 网络设计方案

组建企业网络，首先要进行组网方案的设计。

1. 网络设计需求

6 个分公司有 4 个分公司在武汉某工业园内各自的建筑物里面，公司为 38 层的主楼，6 个分公司都是 7 层楼。第一分公司与主楼相距 50m，第二分公司与主楼相距也是 50m，第三分公司与主楼相距 5km，第四分公司与主楼相距 8km，另两个分公司在北京和上海各自有自己的办公楼，如图 26-2 所示。

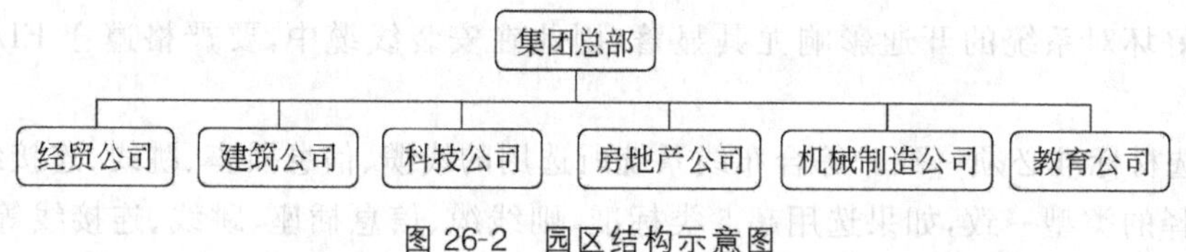

图 26-2 园区结构示意图

各子公司部门结构：这 6 个分公司都有各自的微机室(10 人)、财务部(20 人)、行政部(20 人)、生产部(100 人)、研发部(30 人)、后勤部(10 人)、业务部(80 人)、人力资源部(10 人)。总公司行政划分也是如此，人数比例大致与 6 个分公司类似。

2. 方案设计策略

为了实现以上网络设计原则，使园区网络具有良好的扩展性，便于管理，易于维护，在网络设计上采用了以下策略。

(1) 因特网接入和园区网分离。将因特网接入部分和园区网主体部分分离，每部分完成其自身的功能，可以减少两者之间的相互影响。因特网接入的变化，只影响接入的变化，对园区网络没有影响；而园区网络的变化对因特网接入部分影响较小。这样可以增强网络的扩展能力，保持网络层次结构清晰，便于管理和维护。

(2) 降低各个子公司之间的网络关联度。将各个子公司之间的网络的关联度降低到最低的策略，可以最大限度地减少各个子公司网络之间的相互影响，便于分别管理，或者在不同子公司扩展网络的新应用。

(3) 统一标准，统一网络。统一的IP应用标准(IP地址、路由协议)、安全标准、接入标准和网络管理平台，才能实现真正的统一管理，便于集团的管理和网络策略的实施。

26.4.2 网络设备选型

设计好组网方案后，下一步是网络设备的选型。

1. 选型原则

在网络系统设计时考虑如下特点：

(1) 稳定可靠的网络。只有运行稳定的网络才是可靠的网络，而网络的可靠运行取决于诸多因素，如网络的设计、产品的可靠性，而选择一个具有运营此类网络规模经验的网络合作厂商则更为重要。要求有物理层、数据链路层和网络层的备份技术。

(2) 高带宽。为了支持数据、话音、视频图像等多媒体的传输能力，在技术上要达到当前的国际先进水平。要采用最先进的网络技术，以适应大量数据和多媒体信息的传输，既要满足目前的业务需求，又要充分考虑未来的发展。为此应选用高带宽的先进技术。

(3) 易扩展的网络。系统要有可扩展性和可升级性，随着业务的增长和应用水平的提高，网络中的数据和信息流将按指数增长，需要网络有很好的可扩展性，并能随着技术的发展不断升级。易扩展不仅仅指设备端口的扩展，还指网络结构的易扩展性，即只有在网络结构设计合理的情况下，新的网络节点才能方便地加入已有网络；网络协议的易扩展，指无论是选择第三层网络路由协议，还是规划第二层虚拟网的划分，都应注意其扩展能力。

(4) 安全性。网络系统应具有良好的安全性，由于网络连接园区内部所有用户，安全管理十分重要。应支持VLAN的划分，并能在VLAN之间进行第三层交换时进行有效的安全控制，以保证系统的安全性。

(5) 容易控制管理。因为上网用户很多，如何管理他们的通信，做到既保证一定的用户通信质量，又合理地利用网络资源，是建好一个网络所面临的首要问题。

(6) 符合IP发展趋势的网络。在当前任何一个提供服务的网络中，对IP的支持服务是最普遍的，而IP技术本身又处在发展变化中，如IPv6、IP QoS、IP Over SONET等新兴的技术不断出现，园区网网络必须跟紧IP发展的步伐，也就是必须选择处于IP发展领导地位的网络厂商。

2. 核心层设备

由于园区网网络发展规模较大，未来需提供多媒体办公、办公自动化、图书资料检索、远程互联、视频会议等复杂的网络应用，为便于管理，建议选用交换机作为网络组建交换设备。选用1台Cisco 6509交换机作为主干交换机，实现1000Mb/s做主干、100Mb/s到桌面的需求。

Cisco 6509系列交换机支持堆叠技术，将来扩充端口极为灵活方便，不必改变原有网络的任何配置。通过增加堆叠交换机数量或做 Port Trunking(端口干路)两种办法均可扩充网络规模;并且实现了本地化交换,改善了整个网络,使整个网络的性能发生了质的变化。选用千兆光纤模块,与主干上连,实现主干的千兆传输。Cisco 6509 系列交换机支持网管和堆叠,可以很容易地根据需要,通过堆叠扩充端口数量。另外,Cisco 6509 系列交换机建立在一个功能强大且绝对无阻塞的 32Gb/s 交换背板上,可以保证堆叠中的所有端口间实现无阻塞的线速交换。

此外,Cisco 6509 交换机在安装千兆光纤模块的同时,还可以安装百兆光纤模块,完全可以适应现在或将来的楼内光纤布线,灵活性很强。

3. 汇聚层设备

考虑到集团要求每个子公司的网络自成体系,单个子公司的局域网广播数据流不能扩展到全网,单个子公司的网络故障不应该扩展到全网,汇聚层交换机也应该采用具有路由功能的多层交换机,以达到网络隔离和分段的目的。子公司的主交换机负责子公司内部的网络数据交换和园区网的其他路由。

汇聚层设备选择 Cisco 公司的 Catalyst 3550 系列的交换机,每个子公司的主交换机选择 WS-C3550-48-EMI 交换机。Catalyst 3550 是一个新型的、可堆叠的、多层次级交换机系列,可以提高网络的可用性、可扩展性、服务质量(QoS)、安全性,改进网络运营的管理能力,从而提高网络的运行效率。

Catalyst 3550 系列包括一系列快速以太网和千兆位以太网配置,可以用全套千兆位接口转换器(GigaBit Interface Converter,GBIC)设备提供强大的千兆位以太网连接;并将 Cisco IOS 软件中的一套第 2～4 层功能——IP 路由、QoS、限速、访问控制列表(Access Control List,ACL)和多播服务扩展到边缘,堪称一款适用于企业和城域应用的强大选择。用户第一次可以在整个网络中部署智能化的服务,如先进的服务质量、速度限制、Cisco 安全访问控制列表、多播管理和高性能的 IP 路由,并同时保持了传统 LAN 交换的简便性。通过高性能的 IP 路由实现了网络的可扩展性,利用基于硬件的 IP 路由和增强型多层软件镜像,Catalyst 3550 系列交换机可以在所有端口上提供高达 17Mpps(百万包每秒)的线速路由;基于 Cisco 快速转发(CEF)的路由架构有助于提高可扩展性和性能,该体系结构支持极高速的搜索功能,并可确保必要的稳定性和可扩展性,以满足未来的需求。凭借内置 Cisco 集群管理套件,Catalyst 3550 系列交换机可简化网络的部署。

WS-C3550-48-EMI 交换机,有 48 个 10/100 端口和 2 个基于 GBIC 的 1000Base-X 端口,通过使用多层软件镜像(EMI),可以提供路由和多层交换功能,满足三层交换需求。可以满足服务器群的高密度、高速率的接入需要,也可以满足因特网接入的需求。

4. 接入层设备

接入层交换机放置于楼层的设备间,用于终端用户的接入,能够提供高密度的接入,对环境的适应能力强,运行稳定。

楼层接入设备选择 Cisco 公司的 WS-C2950-48-EI 智能以太网交换机。WS-C2950-48-EI 交换机属于 Catalyst 2950 系列智能交换机。Catalyst 2950 系列是固定的配置,可堆叠的独立设备系列,提供了线速快速以太网和千兆位以太网连接。Catalyst 2950 系列是最廉价的 Cisco 交换机产品系列,为中型网络和城域接入应用边缘提供了智能服务,可以为局域网提供极佳的性能和功能。这些独立的 10/100Mbp/s 自适应交换机能够提供增强的服务质量(QoS)和组播管理特性，所有的这些都由基于Web的Cisco集群管理套件(CMS)和集成Cisco IOS软件来进行管理。带有100Base上行链路的Catalyst 2950交换机，可为中等规模的公司和企业分支机构办公室提供理想的解决方案，以使他们能够拥有更高性能的千兆以太网主干。

WS-C2950-48-E交换机，有48个10/100端口和2个基于千兆接口转换器(GBIC)的1000Base-X端口，能够为用户提供千兆的光纤骨干和高密度的接入端口；具有高达13.6Gb/s的背板带宽，能够提供10.1Mpps的转发速率；增强型的IOS，能够支持250个VLAN，提供安全、QoS、管理等各方面的智能交换服务。

26.4.3 骨干网络技术选型

在园区网网络的建设中，主干网选择何种网络技术对网络建设的成功与否起着决定性的作用。选择适合园区网网络需求特点的主流网络技术，不但能保证网络的高性能，还能保证网络的先进性和扩展性，能够在未来向更新技术平滑过渡，保护用户的投资。

根据用户要求，主干网络可选用千兆以太网技术。目前流行的局域网、城域网技术主要包括以太网、快速以太网、ATM(异步传输模式)、FDDI、CDDI、千兆以太网等。在这些技术中，千兆以太网以其在局域网领域中支持高带宽、多传输介质、多种服务、保证QoS等特点正逐渐占据主流位置。

1. 现有技术介绍

(1) 以太网(Ethernet)。以太网是应用最为广泛的网络技术，基于CSMA/CD(冲突检测媒体访问/载波侦听)机制，采用共享介质的方式实现计算机之间的通信，带宽为100Mb/s。CSMA/CD技术采用总线控制技术及退避算法。当一个站点要发送时，首先需监听总线以决定介质上是否存在其他站的发送信号。如果介质是空闲的，则可以发送；如果介质是繁忙的，则隔一次间隔后重发，即采用某种退避算法。

早期的以太网由于它介质共享的特性，当网络中站点增加时，网络的性能会迅速下降，另外缺乏对多种服务和QoS的支持。随着网络技术的发展，现在的以太网技术已经从共享技术发展到交换技术，交换以太网的出现使传统的共享式以太网技术得到极大改进。共享式局域网上的所有节点(如主机、工作站)共同分享同一带宽，当网上两个任意节点交换数据时，其他节点只能等待。交换以太网则利用网络交换机在不同网段之间建立多个独享连接(就像电话交换机可同时为众多的用户建立对话通道一样)，采用按目的地址的定向传输，为每个单独的网段提供专用的频带(即带宽独享)，增大了网络的传输吞吐量，提高了传输速率，其主干网上无碰撞问题。虚拟网技术与交换技术相结合，有效地解决了广播问题，使网络设计更加灵活，网络的管理和维护更加方便。交换式以太网克服了共享式以太网的缺点，并借助于IP技术的新发展，如IP Multicast、IP QoS等技术的推出使得交换以太网可以支持多媒体技术等多种业务服务。

(2) 快速以太网(Fast Ethernet)。快速以太网技术仍然是以太网，也是总线型或星型结构的网络。快速以太网仍支持共享模式，在共享模式下仍采用的是广播模式(CSMA/CD竞争方式访问，IEEE 802.3)，所以在共享模式下的快速以太网继承了传统共享以太网的所有特点，但是带宽增大了10倍。

快速以太网的应用主要是基于它的交换模式。在交换模式下，快速以太网完全没有

CSMA/CD 这种机制的缺陷，除了上面谈到的交换以太网的优点以外，交换模式下的快速以太网可以工作在全双工的状态下，使得网络带宽可以达到 200Mbps。因此快速以太网是一种在局域网技术中性能价格比非常好的网络技术，在支持多媒体技术的应用上可以提供很好的网络质量和服务。

(3) 千兆位以太网技术(Gigabit Ethernet)。千兆位以太网技术以简单的以太网技术为基础，为网络主干提供 1Gb/s 的带宽。千兆位以太网技术以自然的方法来升级现有的以太网络、工作站、管理工具和管理人员的技能。千兆位以太网与其他速度相当的高速网络技术相比，价格低，同时比较简单，如保留以太网的帧格式、管理工具和对网络概念上的认识。千兆以太网是相当成功的 10Mb/s 以太网和 100Mb/s 快速以太网连接标准的扩展。现在千兆位以太网成熟的标准为 IEEE 802.3z。

千兆以太网通过载波扩展(Carrier Extension)，采用带中继、交换功能的网络设备以及多种激光器和光纤，将连接距离扩展到 500～3000m。如采用 1300nm 激光器和 50μm 的多模光纤，传输距离可以达到 3km。现在，某些厂家的交换机上的千兆以太网接口还支持 LH(Long Haul)的标准，采用光纤可以支持高达 60km 的传输距离。

千兆位以太网能够提供更高的带宽，并且成为有强大伸缩性的以太网家族的第三个成员。利用交换机或路由器可以与现有低速的以太网用户和设备连接起来，因为千兆位以太网的帧格式和帧尺寸大小等与所有以太网技术都相同，不需要对网络做任何改变。这种升级方法使得千兆位以太网相对于其他高速网络技术而言，在经济和管理性能方面都是较好的选择。

千兆位以太网的设计非常灵活，几乎对网络结构没有限制，可以是交换式、共享式或基于路由器的。现在正在应用的网络互联技术，例如，特定 IP 交换技术和第三层的交换技术，都与千兆位以太网完全兼容。千兆位以太网可以通过价格便宜的共享集线器、交换机或路由器来实现。千兆位以太网支持新的交换机之间或交换机-工作站之间全双工的连接模式，同时也支持半双工连接模式，以便与基于 CSMA/CD 存取方式的共享集线器连接。

2. 网络技术选型结论

综上所述，在选择园区网网络技术时应该考虑如下因素：

(1) 长远来看如何保护现有投资。保护现有投资的有效途径就是在将来网络技术升级时还能使用现有的网络技术和产品。如同计算机的发展速度一样，网络技术的发展也是非常迅速的。如果现有技术不能合理保证在将来网络升级后还能够使用，那么将会带来极大的资金浪费。从目前的趋势来看，采用千兆以太网技术是最适宜的。

(2) 性能价格比。以太网、快速以太网和千兆以太网三者性能状况由低到高，但是价格也是由低到高的。在建设园区网网络时要充分考虑到办公的资金有效使用，选择适用的网络技术是关键，因此选择华为网络产品实现是最佳选择。

(3) 售后服务。园区网网络的使用，从以往经验来看，有很大部分产品目前无法实现良好的售前、售后服务的支持，换修时间一般在 3～6 个月。在园区网网络建设中，在主干以及接入层的交换设备选择上，应该采用售后服务好的厂商。

26.4.4 路由交换部分的设计

为了使园区网高效、稳定地运行，便于管理与维护，对局域网交换和路由技术的相关方面进行了规范设计，包括 VTP、VLAN、STP、TRUNK、ETHERCHANNEL、HSRP、VPN 等。每一台都连接所有的汇聚层交换机，但相互之间并不连接，提高网络的故障收敛速度。作为二层的核心，只保证数据的高速转发。网络的可靠性由汇聚层的路由协议提供保证。

1. VLAN 设计规范

集团内的局域网进行 VLAN 划分，可以减少网络内的广播数据包，提高网络运行效率；可以区分不同的应用和用户，方便集团的管理与维护。建议每栋建筑物内的局域网划分 8 个 VLAN。VLAN 用途如表 26-1 所示（应用类 1 指集团的 OA 类应用）。

表 26-1　VLAN 用途

VLAN	用　　途	VLAN	用　　途
VLAN1	应用类 1 的微机室工作人员	VLAN5	应用类 1 的后勤部工作人员
VLAN2	应用类 1 的财务部工作人员	VLAN6	应用类 1 的人力资源部工作人员
VLAN3	应用类 1 的行政部工作人员	VLAN7	应用类 1 的业务部工作人员
VLAN4	应用类 1 的研发部工作人员	VLAN8	应用类 1 的生产部工作人员

2. IP 地址分配方案

IPv4 的地址结构，各个位的使用规划如表 26-2 所示。

表 26-2　IP 地址规划

0～7	8～11	12～15	16～18	19～31
集团标识	子公司标识	预留	类别标识	用户空间地址

其中各个部分的取值如表 26-3 所示。

表 26-3　各个部分的取值

位	取　　值	含　　义	备　　注
0～7	00001010	某某集团	私有地址
8～11	0000	保留	
	0001	总部	主楼的用户标识
	0010	子公司 1	子公司 1 的用户标识
	0011	子公司 2	子公司 2 的用户标识
	0100	子公司 3	子公司 3 的用户标识
	0101	子公司 4	子公司 4 的用户标识
	0110	子公司 5	子公司 5 的用户标识
	0111	子公司 6	子公司 6 的用户标识
	1000～1111	保留	
12～15	0000	默认	
	0001～1111	保留	

续表

位	取　值	含　义	备　注
16～18	000	保留	
	001	网管类	交换机设备地址，路由器环回地址，网管工作站地址
	010	互联类	交换机、路由器等设备之间互相连接用
	011	应用类 1	集团 OA 类应用
	111	因特网类	集团的 Internet 网连接，Internet 应用
	100～110	保留	
19～31	任意		用户地址

其中，16～18 取值 011(应用类 1，指集团的 OA 类应用)的时候，对 19～21 位的使用进行了重新的定义，如表 26-4 所示。

表 26-4　各个部分的取值

0～7	8～11	12～15	16～18	19～21	22～31
			0 1 1		
集团标识	子公司标识	预留	类别标识	VLAN 标识	用户空间地址

根据以上的规定，具体的地址分配表如表 26-5 所示。

表 26-5　IP 地址分配

机　构	地址空间	用　途
	10.0.0.0/8	集团全部地址空间
	10.16.0.0/13	总部全部地址空间
	10.16.64.0/17	总部网管类全部地址
	10.16.128.0/17	总部互联类全部地址
	10.16.196.0/17	总部应用类全部地址
	10.17.0.0/17	总部 Internet 全部地址
	10.16.196.0/21	总部应用类 1 微机室工作人员地址空间
	10.16.200.0/21	总部应用类 1 财务部工作人员地址空间
	10.16.204.0/21	总部应用类 1 行政部工作人员地址空间
	10.16.208.0/21	总部应用类 1 研发部工作人员地址空间
	10.16.212.0/21	总部应用类 1 后勤部工作人员地址空间
	10.16.216.0/21	总部应用类 1 人力资源部工作人员地址空间
	10.16.220.0/21	总部应用类 1 业务部工作人员地址空间
	10.16.224.0/21	总部应用类 1 生产部工作人员地址空间

续表

机　　构	地址空间	用　　途
子公司 1	10.32.0.0/13	子公司 1 全部地址空间
	10.32.64.0/17	子公司 1 网管类全部地址空间
	10.32.128.0/17	子公司 1 互联类全部地址空间
	10.32.192.0/17	子公司 1 应用类全部地址空间
	10.33.0.0/17	子公司 1Internet 全部地址
	10.32.196.0/21	子公司 1 的应用类 1 微机室工作人员全部地址空间
	10.32.200.0/21	子公司 1 的应用类 1 财务部工作人员全部地址空间
	10.32.204.0/21	子公司 1 的应用类 1 行政部工作人员全部地址空间
	10.32.208.0/21	子公司 1 的应用类 1 研发部工作人员全部地址空间
	10.32.212.0/21	子公司 1 的应用类 1 后勤部工作人员全部地址空间
	10.32.216.0/21	子公司 1 的应用类 1 人力资源部工作人员全部地址空间
	10.32.220.0/21	子公司 1 的应用类 1 业务部工作人员全部地址空间
	10.32.224.0/21	子公司 1 的应用类 1 生产部工作人员全部地址空间
子公司 2	10.48.0.0/13	子公司 2 全部地址空间
	10.48.64.0/17	子公司 2 网管类全部地址空间
	10.48.128.0/17	子公司 2 互联类全部地址空间
	10.48.192.0/17	子公司 2 应用类全部地址空间
	10.49.0.0/17	子公司 2Internet 全部地址
	10.48.196.0/21	子公司 2 的应用类 1 微机室工作人员全部地址空间
	10.48.200.0/21	子公司 2 的应用类 1 财务部工作人员全部地址空间
	10.48.204.0/21	子公司 2 的应用类 1 行政部工作人员全部地址空间
	10.48.208.0/21	子公司 2 的应用类 1 研发部工作人员全部地址空间
	10.48.212.0/21	子公司 2 的应用类 1 后勤部工作人员全部地址空间
	10.48.216.0/21	子公司 2 的应用类 1 人力资源部工作人员全部地址空间
	10.48.220.0/21	子公司 2 的应用类 1 业务部工作人员全部地址空间
	10.48.224.0/21	子公司 2 的应用类 1 生产部工作人员全部地址空间
子公司 3	10.64.0.0/13	子公司 3 全部地址空间
	10.64.64.0/17	子公司 3 网管类全部地址空间
	10.64.128.0/17	子公司 3 互联类全部地址空间
	10.64.192.0/17	子公司 3 应用类全部地址空间
	10.65.0.0/17	子公司 3Internet 全部地址

续表

机　构	地址空间	用　途
	10.64.196.0/21	子公司 3 的应用类 1 微机室工作人员全部地址空间
	10.64.200.0/21	子公司 3 的应用类 1 财务部工作人员全部地址空间
	10.64.204.0/21	子公司 3 的应用类 1 行政部工作人员全部地址空间
	10.64.208.0/21	子公司 3 的应用类 1 研发部工作人员全部地址空间
	10.64.212.0/21	子公司 3 的应用类 1 后勤部工作人员全部地址空间
	10.64.216.0/21	子公司 3 的应用类 1 人力资源部工作人员全部地址空间
	10.64.220.0/21	子公司 3 的应用类 1 业务部工作人员全部地址空间
	10.64.224.0/21	子公司 3 的应用类 1 生产部工作人员全部地址空间
子公司 4	10.80.0.0/13	子公司 4 全部地址空间
	10.80.64.0/17	子公司 4 网管类全部地址空间
	10.80.128.0/17	子公司 4 互联类全部地址空间
	10.80.196.0/17	子公司 4 应用类全部地址空间
	10.81.0.0/17	子公司 4Internet 全部地址
	10.80.196.0/21	子公司 4 的应用类 1 微机室工作人员全部地址空间
	10.80.200.0/21	子公司 4 的应用类 1 财务部工作人员全部地址空间
	10.80.204.0/21	子公司 4 的应用类 1 行政部工作人员全部地址空间
	10.80.208.0/21	子公司 4 的应用类 1 研发部工作人员全部地址空间
	10.80.212.0/21	子公司 4 的应用类 1 后勤部工作人员全部地址空间
	10.80.216.0/21	子公司 4 的应用类 1 人力资源部工作人员全部地址空间
	10.80.220.0/21	子公司 4 的应用类 1 业务部工作人员全部地址空间
	10.80.224.0/21	子公司 4 的应用类 1 生产部工作人员全部地址空间
子公司 5	10.96.0.0/13	子公司 5 全部地址空间
	10.96.64.0/17	子公司 5 网管类全部地址空间
	10.96.128.0/17	子公司 5 互联类全部地址空间
	10.96.192.0/17	子公司 5 应用类全部地址空间
	10.97.0.0/17	北京子公司 Internet 全部地址
	10.96.196.0/21	子公司 5 的应用类 1 微机室工作人员全部地址空间
	10.96.200.0/21	子公司 5 的应用类 1 财务部工作人员全部地址空间
	10.96.204.0/21	子公司 5 的应用类 1 行政部工作人员全部地址空间
	10.96.208.0/21	子公司 5 的应用类 1 研发部工作人员全部地址空间
	10.96.212.0/21	子公司 5 的应用类 1 后勤部工作人员全部地址空间

机　构	地址空间	用　途
	10.96.216.0/21	子公司5的应用类1人力资源部工作人员全部地址空间
	10.96.220.0/21	子公司5的应用类1业务部工作人员全部地址空间
	10.96.224.0/21	子公司5的应用类1生产部工作人员全部地址空间
子公司6	10.112.0.0/13	子公司6全部地址空间
	10.112.64.0/17	子公司6网管类全部地址空间
	10.112.128.0/17	子公司6互联类全部地址空间
	10.112.192.0/17	子公司6应用类全部地址空间
	10.113.0.0/17	上海子公司Internet全部地址
	10.112.196.0/21	子公司6的应用类1微机室工作人员全部地址空间
	10.112.200.0/21	子公司6的应用类1财务部工作人员全部地址空间
	10.112.204.0/21	子公司6的应用类1行政部工作人员全部地址空间
	10.112.208.0/21	子公司6的应用类1研发部工作人员全部地址空间
	10.112.212.0/21	子公司6的应用类1后勤部工作人员全部地址空间
	10.112.216.0/21	子公司6的应用类1人力资源部工作人员全部地址空间
	10.112.220.0/21	子公司6的应用类1业务部工作人员全部地址空间
	10.112.224.0/21	子公司6的应用类1生产部工作人员全部地址空间

其中，在项目实施的时候，接入层交换机的IP地址建议使用网管类地址空间10.*.34.0/24，多层交换机的LOOPBACK接口的IP地址建议使用网管类地址10.*.35.*/32；所有汇聚层设备互连IP地址建议使用互连类空间10.16.65.0/27和10.16.65.32/27，相互备份的两台汇聚层设备的IP地址建议使用互连类地址空间10.*.65.248/29。

26.4.5　网络系统平台

网络系统平台介绍如下内容：

1. 设计原则

随着集团近年来的高速发展，集团的业务已经涉及各个商业领域，集团及公司内部的组织结构也日益复杂。在本项目的设计实施过程中，要求工程实施方案在规划系统设计时充分考虑到企业管理的需求，设计合理的系统管理结构，能够很大程度地降低集团在系统管理上的成本，并能满足各种商务工作的需求，具体设计应依据以下原则：

(1) 清晰的逻辑结构。要求集团范围内的系统管理结构清晰，层次分明，能够充分地与集团的管理结构相吻合。集团总部和各个分公司应是相互独立的管理单元，各个单位在自己公司范围内实现用户账户及网络安全的管理。总部管理员有权管理各个子公司的系统。

(2) 便于管理。整个系统设计要便于网络管理员的管理，在系统中提供便于管理员管理的各种有效方式，使管理员在任何一个位置均能对服务器进行维护和管理。集团总部及各分公司都有专职系统管理员，应保障管理员只对本公司具有管理权限。总部管理员对集团所有系统有管理权限。

(3) 简单的设计。在保障满足需求的前提下,设计方案应简单为佳,避免由于复杂的设计增加工程实施难度和增加集团系统管理的复杂性。

(4) 合理的用户管理。所有的用户采用统一的命名规则,每个单位对本单位员工账户进行独立的管理,并按不同部门管理账号。

2. 系统构架

根据集团的管理结构,本方案采用 Windows 系统提供的域模式来组织和管理全部系统资源。采用域的模式,不仅可以集中存储网络对象,并且管理简单,既实现了集中管理,又可以满足不同公司自身的安全需求。方案中将集团按公司单位划分不同的模块,集团总部作为域林的根,每个子公司为一个独立的域或者域树,形成一个完整的树状结构。采用这种结构,可以将网络中的全部资源分散到每个域的域控制器中存储,减少了每台域控制器的信息存储,从而减少复制流量和网络对象的查询时间。具体的实现如图 26-3 所示。

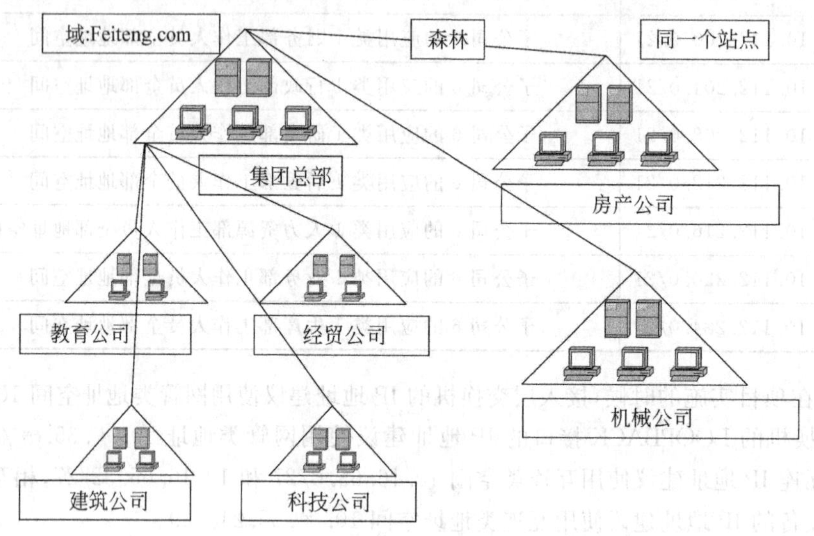

图 26-3　系统架构

在此构架设计中,集团需要独立的域名,所以在设计时,武汉的 4 个子公司作为总部的子域,北京和上海分公司作为一单独的域树,由于所有的资源都位于园区网内,具有高速的网络连接,因此所有的域均在一个站点内。即使域中的一台域控制器发生故障,仍然能保障系统的正常运行,并且提高了用户身份验证的速度。

操作主机在域中扮演着重要的角色,直接影响到域是否能够正常工作,在 Windows Server 2003 的域中,一共有 5 种操作主机,分别是构架主机、域名主机、RID 主机、PDC 仿真器和结构主机。其中前面两种在林范围内起作用,后面 3 种在域范围内起作用,为了使所有的操作主机更好地工作,保障正常的工作并且不产生大的复制流量,方案采用了 Windows 系统默认的设置,根域中第一台域控制器承担了 5 种操作主机的角色,每个子域中的第一台域控制器承担了域范围内的 3 种操作主机角色。

3. 系统管理设计

在系统设计时包括 3 个部分,分别是 OU、用户及组的设计。为了更好地满足集团的需要，便于系统管理员管理企业中的所有用户，系统管理结构与集团的管理结构相匹配，方案采用了如下所述的设计。

(1) OU 的设计。集团的 OU 设计目的是为了使用户管理更有效率，结构更加清晰，并能够使系统的管理结构与集团的商业模型相匹配。在本方案中按部门划分 OU 的方法，将每个公司以部门为单位创建 OU，并在部门 OU 中保存该部门的用户账户、计算机账户及组。采用这种设计方法，可以在系统管理中清楚地体现公司的管理结构，一般情况下，一个部门内部中的用户常常有相似的安全需求，利用这样的设计方法，也可以方便地将安全策略应用到某个部门。

(2) 用户管理。为了规范用户账户的管理，系统中所有的用户采用统一的命名规范，每个用户在网络中拥有唯一的登录名。用户账户在所属的部门的 OU 中创建。

(3) 组的管理。为了满足集团用户管理的需求，更好地在网络中管理用户权限的分配，使系统的管理得到最大的简化，方案中采用 AGDLP 策略及 AGUDLP 策略。在每个域中创建全局组，用于组织本域的账户；在每个域中创建域本地组，用于完成权限的指派。在本域内的权限的分配，可以使用 AGDLP 策略；在域间的权限分配，使用 AGUDLP 策略。依次将用户加入全局组，将全局组加入通用组，再将通用组加入域本地组，最后可以根据需要将权限授予指定的域本地组。采用这样的方式，不仅可以使用户的组织和权限分配简单，也可以减少域间的复制流量，从而提高系统的性能，如图 26-4 所示。

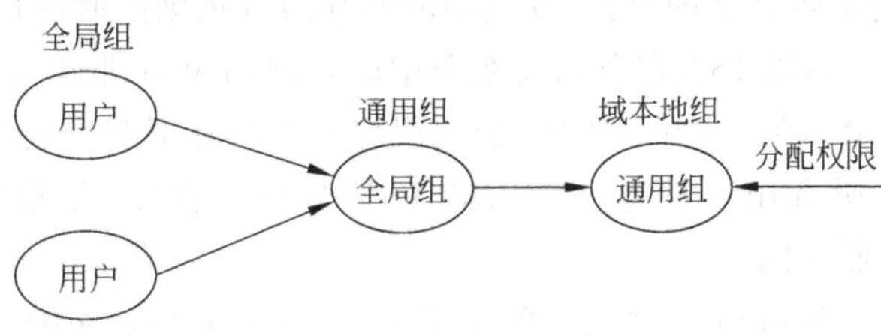

图 26-4　组结构

4. 系统安全设计

在设计方案中，安全的设计主要分两个部分。首先是 ISA Server 的应用，通过 ISA Server 的配置，建立软件防火墙，保护集团内部网络不受外部用户的攻击，同时利用 ISA Server 提供的网站过滤功能和服务器发布功能，对企业内部用户的上网行为进行规范，并能保障服务器的安全使用。其次，在方案设计中，充分应用 Windows 系统提供的组策略功能，利用组策略，可以在每个公司的域中设计安全策略，防止用户进行非授权的访问，保护用户在工作环境不受破坏。具体的设计方案如下：

(1) ISA Server. ISA Server 是微软公司出品的软件防火墙代理服务器产品，不仅可以起到代理服务器的缓存作用，也能实现防火墙的功能。通过在软件防火墙上设置过滤规则，可以控制内部用户对网站的访问，同时利用其提供的服务器发布功能，也可以将企业内部的服务器发布到 Internet 上，提供互联网的访问。在本方案的设计中，主要利用了网站过滤和服务器发布的功能，在集团中心机房安装和配置 ISA 服务器，继承防火墙功能和代理服务器的功能，将集团总部及子公司的 Web 服务器及 Mail 服务器发布到互联网上。集团中所有的客户端作为 ISA 客户端，所有的互联网的访问均通过 ISA 服务器转发，这样，就可以在 ISA 服务器上对所有网络流量进行监控并实现网络访问的过滤。具体部署如图 26-5 所示。

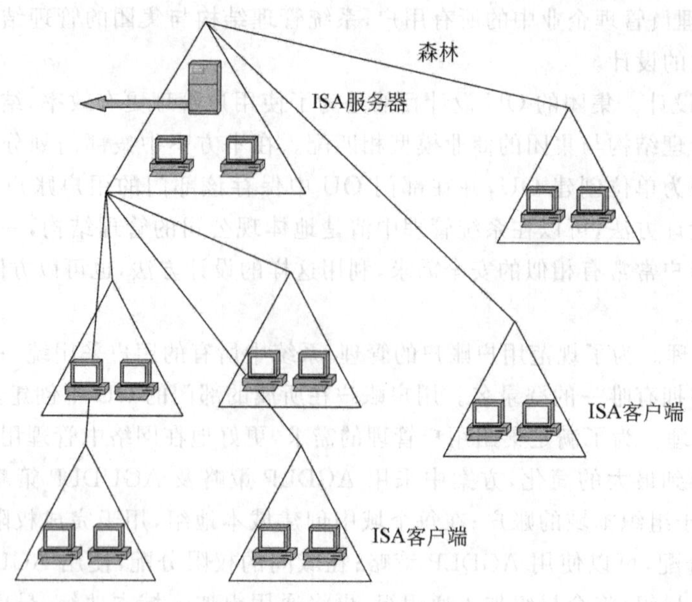

图 26-5　ISA 服务器的部署

(2) 防火墙功能。ISA 服务器位于企业网络和外网之间，采用三网卡分别连接内网、外网和 DZM 区，充分利用防火墙的角色，并利用网站和内容规则限制用户能够访问的网站。

(3) 服务器发布。利用 ISA 服务器将企业中的邮件和 Web 服务器发布到互联网上，保证外部用户可以访问公司的 Web 服务器，公司用户可以与外部客户利用邮件交换信息。

(4) 客户端。在所有用户计算机上安装 ISA 客户端软件，并配置浏览器，使用 ISA Server 作为代理服务器上网。

(5) 安全策略。在 Windows 系统中的域模式下，安全策略是保护系统及用户在工作环境不被破坏的重要工具，在本方案中采用了组策略这个工具对全部系统提供安全保护，由于集团各个子公司采用独立的管理模式，所以在每个域中单独设置组策略，并使组策略应用到每个域中的用户和计算机。各个子公司的系统管理员可以独立地管理子公司的域，并可以在以后修改和编辑组策略，以适应公司未来的需求。在本方案中，根据集团目前的需求，建立了基本的组策略：

- 密码长度最小值为 7。
- 密码最长存留期为 30 天。
- 密码过期期限为 50 天。
- 账户锁定阈值为 5 次无效登录。
- 启动密码必须符合复杂性需求策略。

26.4.6　网络安全设计

集团园区网有 3000 个用户，网络规模比较大，并且和因特网存在连接。为了保障网络系统的运行安全，保护集团的信息安全，必须进行网络安全方面的规划和实施。

一个网络的安全，首先要有严格和有效执行的管理制度。建议集团制定严格的网络安全管理策略，并有效地执行。其次，必须具有一定的技术手段来保障网络的安全。技术和管理手段相结合实施，才能够产生良好的效果。

通过以下几个技术方面的实施，可以在一定程度上保障网络的安全。

1. 提高设备的物理安全性

设备的物理安全性是指对于运行中的设备，未经授权的人员不能直接接触到。提高设备的物理安全性，是最基本的要求。通过将设备安置在独立的设备间中，并增加门禁系统，确保只有授权的管理和维护人员才能接触到物理设备。

2. 配置设备的密码

配置设备的密码，是防止非授权的人员更改网络系统的配置的重要手段。要为所有的设备设置密码。要为每一台设备配置Console密码、AUX密码、VTY密码、特权密码等。在密码方面，需要制定管理制度并严格执行。密码管理制度包括密码的设置、保管、更改、口令的强度等内容。

3. 进行VTP域的认证

进行VTP域的认证，能够保证局域网的VLAN等的安全。设置了密码之后，除非交换机设置了正确的密码，否则新交换机不能自动加入到已存在的管理域中。这样保证了局域网的运行安全，可以避免因为VLAN被错误或恶意地增加、删除造成的运行事故。

4. 园区用户的接入控制

因为一般的安全措施都不是针对网络的用户的，严格控制用户的接入，可以避免非法用户接入带来的潜在的安全隐患。园区网系统建设验收完毕之后，确保交换机的所有用户端口处于关闭状态。只有用户使用申请通过批准之后，网络管理员才能将端口激活。

5. 应用系统的访问限制

可以根据集团的应用需求，在汇聚层的多层交换机上实施访问控制，限制园区网用户对特定应用系统的访问，或者只允许特定的用户访问某些资源。

6. 因特网的接入安全控制

因特网的接入安全控制是非常重要的，不仅需要布置防火墙等安全设备，还要指定严格的安全策略。

26.4.7 技术支持服务

本节介绍技术支持服务的主要内容。

1. 售后服务内容

售后服务包括技术培训、技术咨询、维修服务和用户跟踪等服务项目。质量保证期为12个月，自双方代表在验收单上签字之日起计算。一般厂商承诺为系统集成项目提供的免费售后服务内容如下：

(1) 保修。质量保证期内设备正常使用下发生的损坏，免费维修；非正常使用的损坏，只收取成本费。在质量保证期内，争取在72小时内完成业主所提出的维修要求，其中超过24小时不能完成维修，提供一台相同功能的设备应急。

(2) 技术支持。3年内提供系统功能扩充的技术咨询服务。必要时提供现场技术支持和维护，即试运行期及其后1年内，系统运行发生问题，对于不能电话(邮件或传真)解决的复杂问题，到现场进行技术支持服务。

(3) 现场操作支持。1年内，系统使用过程中，对于不能电话(邮件或传真)解决的复杂问题,到现场进行系统操作方面的技术支持服务。维护期以优惠的价格提供零配件并进行定期巡检。

2. 服务质量保证措施

(1) 同类工程不定期举办技术讲座或培训班。单项工程在系统设备交付前试运行过程由工程负责人安排为用户培训人员,使其掌握系统性能,会正确操作,排除简单故障。

(2) 技术咨询服务分电话服务和信函(传真)回复。当用户在使用过程中遇到技术问题或其他问题时,服务人员通过电话耐心解释,一时难以回答的技术问题应及时组织相关人员商量研究,尽量在当日内答复用户,并作记录。

用户用信函反映问题时,收到信函后 3 日内予以电话或挂号信回复,用户来信要有登记,并交售后服务部门存档。

(3) 售后服务质量信息收集。售后服务部门负责售后服务质量信息的收集、整理,每季度召集各相关项目的项目经理开会,探讨不断提高工程质量的有效措施,并付诸实施。

(4) 迅速提供服务。系统设备使用过程中出现故障,接到信息后,记录信息,内部协调后,立即用电话回复,约定时间,组织力量前往上门服务。保修期内免费,非正常使用的损坏,只收取成本费。

(5) 售后服务报告。维修人员完成任务(排除故障)后与用户共同填写“售后(技术)服务报告”一式两份,交用户和售后服务部门保存。此报告作为维修人员报销、考核的依据。

(6) 用户跟踪服务。根据工程项目联系卡,建立用户跟踪服务制度。对重点工程重点跟踪。重点工程跟踪在工程验收投入使用后的第 1 年,每月主动电话咨询一次。第 2 年,每季度跟踪一次;第 3~5 年,每半年跟踪询问一次,有问题及时沟通,及时解决。每次电话内容要有记录。

(7) 组织用户座谈。条件成熟时组织用户座谈会,走访用户,开展上门服务。

26.5 实验思考题

(1) 企业网络的组建主要包括哪些方面?

(2) 通过实际调研,撰写详细的企业网络组建方案。

参 考 文 献

[1] 杨学明.组网与网络管理技术.北京：中国水利水电出版社,2009.

[2] 吴功宜.计算机网络.第2版.北京：清华大学出版社,2007.

[3] 杨雅辉.网络规划与设计教程.北京：高等教育出版社,2008.

[4] 谢希仁.计算机网络教程.北京：人民邮电出版社,2002.

[5] 杨云江.计算机网络管理技术.北京：清华大学出版社,2005.

[6] 张卫.计算机网络工程.北京：清华大学出版社,2004.

[7] 王达.网管员必读——网络组建.第2版.北京：电子工业出版社,2007.

[8] 刘永华.计算机网络组网与维护技术.北京：清华大学出版社,2006.

[9] 张国鸣.网络管理实用技术.北京：清华大学出版社,2002.

[10] 黎连业.网络综合布线系统与施工技术.第2版.北京：机械工业出版社,2003.

[11] 王宝智.局域网设计与组网实用教程.北京：清华大学出版社,2004.

[12] 邱亮.Windows Server 2003 网管员培训教程.北京：电子工业出版社,2004.